Linguistische
Arbeiten 117

Herausgegeben von Herbert E. Brekle, Hans Jürgen Heringer,
Christian Rohrer, Heinz Vater und Otmar Werner

Wus van Lessen Kloeke

Deutsche Phonologie und Morphologie

Merkmale und Markiertheit

Max Niemeyer Verlag
Tübingen 1982

CIP-Kurztitelaufnahme der Deutschen Bibliothek

Lessen Kloeke, Wus van:
Deutsche Phonologie und Morphologie : Merkmale und Markiertheit / Wus van Lessen Kloeke. - Tübingen : Niemeyer, 1982.
(Linguistische Arbeiten ; 117)
NE: GT

ISBN 3-484-30117-1 ISSN 0344-6727

 Printed in Germany. Druck: fotokop Wilhelm Weihert KG, Darmstadt.

VORWORT

Die vorliegende Untersuchung wurde im Sommer 1981 von der Faculteit der Letteren der Rijksuniversiteit te Leiden als Dissertation angenommen. Der Text wurde an einigen Stellen, insbesondere in Kapitel 4 und 5, für die Drucklegung überarbeitet.

Für die Betreuung dieser Arbeit möchte ich C. Soeteman und J. G. Kooij aufs herzlichste danken, ebenso wie W. Zonneveld, der von Anfang an lebhaften Anteil an der Entstehung nahm und zahlreiche wertvolle Hinweise gab. M. J. Elsakkers vom Instituut A. W. de Groot voor Algemene Taalwetenschap in Utrecht habe ich dafür zu danken, daß mir die benötigte Literatur stets in kürzester Zeit zur Verfügung stand. Ich danke außerdem C. J. Ruijgh, H. Schultink, A. C. M. Rietveld, W. L. M. Wetzels, M-L. Kean, M. Bierwisch, F. H. H. Kortlandt, T. N. Höhle und anderen Freunden und Kollegen, die bereit waren, eigene Forschung zu erläutern und mir dabei zu helfen, unausgearbeitete Ideen zu konkretisieren. G. Schank hat freundlicherweise das Manuskript noch einmal auf korrektes Deutsch hin überprüft. H. Vater, der diese Untersuchung für die Leidener Fakultät und für Linguistische Arbeiten begutachtete, hat den Text durch hilfreiche Hinweise und Korrekturen ergänzt. E. Weuster, M. Denk, H. P. Beyenburg und Ch. H. van Os haben Korrektur gelesen, und ihnen möchte ich an dieser Stelle ebenfalls herzlich danken.

Krisja und den Kindern, Koosje und Willem, die das Licht der Welt erblickten, als die Arbeit Gestalt annahm, ist das Buch gewidmet.

Nijmegen, Oktober 1981 W.K.

INHALT

EINLEITUNG

Diese Arbeit bemüht sich darum, eine deutsche Phonologie zu erstellen, die dem neueren Stand linguistischer Theorie Rechnung trägt. Sie baut auf W. G. Moulton, M. Bierwisch und W. U. Wurzel weiter und hält sich bei der Darstellung im Rahmen einer 'revised standard theory', für die N. Chomsky und M. Halle in The Sound Pattern of English (SPE) den Grundriß entworfen haben. Weiter werden für die Analyse und die Beschreibung Ideen über Markiertheit herangezogen, die bereits auf N. S. Trubetzkoy, R. Jakobson und J. H. Greenberg zurückgehen, die aber durch M-L. Kean einen neuen formalen Ausdruck erhalten haben.

Grundlage für die Untersuchung ist das Wörterbuch der deutschen Aussprache (WdA). Die Beschreibung orientiert sich demnach an der Umschrift einer Norm für die Artikulation einzelner Wörter in der 'Zitierform'. Das (übrigens hier und da im Interesse der Exposition erweiterte) Korpus umfaßt Stammwörter wie Fremdwörter, Eigennamen wie fremdsprachliche Begriffe in allgemeiner deutscher Hochlautung bzw. einer "gemäßigten Eindeutschung" (WdA: 22).

Für die Zwecke der Diskussion wird angenommen, daß die Grammatik folgendermaßen strukturiert ist. Sie enthält eine syntaktisch-semantische und eine phonologische Komponente. Die phonologische Komponente besteht aus einem Regelsystem, das zugrundeliegende Formen mit phonetischen Oberflächenformen verbindet. Zugrundeliegende Repräsentationen haben die Form von Markiertheitsmatrizen mit m- und u-Werten; universelle Markiertheitskonventionen überführen diese Werte in vollständig spezifizierte +/- Matrizen. Die phonologische Komponente enthält eine Menge von Regeln, die über binär spezifizierte Merkmale operieren, ganze Segmente einführen oder tilgen. Schließlich gibt es sprachspezifische, phonetische Regeln, welche die binären phonologischen Merkmale auf mehrwertige skalenmäßige Merkmale abbilden.

Das Buch gliedert sich in folgende Abschnitte. In Kapitel 1 werden die Segmente der 'Oberflächenrepräsentation' mit sprachinternen Argumenten klassifiziert und durch binäre phonologische Merkmale spezifiziert. In Kapitel 2 werden die phonologischen Merkmale selber im Rahmen einer Markiertheitstheorie einer Überprüfung unterzogen. Pro Merkmal gibt es je eine Markiertheitskonvention, von der sich Markiertheitsregeln projizieren lassen, welche die Markiertheitsspezifizierungen dieses Merkmals erschöpfend charakterisieren. Durch die Markiertheitsregeln ist die Komplexität sowohl der einzelnen Segmente wie des gesamten Segmentsystems zu errechnen. Kapitel 3 diskutiert die Natürlichkeit als mögliches Kriterium für phonologische Regeln. Es werden aus mehreren Sprachen Argumente dafür herangezogen, daß das Merkmal 'syllabic' keinen Platz in der Theorie hat und zugunsten der Silbengrenze bzw. der phonologischen Silbe aufgegeben werden muß. In Kapitel 4 werden zunächst Wortbildung und Allomorphie auf informelle Weise diskutiert. Mit dem Ausgangspunkt, daß Flexion denselben morphologischen Prinzipien unterliegt wie Wortbildung, werden nacheinander die Flexionsparadigmata des Substantivs, des Adjektivs und des Verbs analysiert und beschrieben. Daraus geht hervor, daß das Schwa in jedem dieser Paradigmata eine zentrale Rolle spielt und jeweils mit verschiedenen morphologischen Zeichen assoziiert werden muß. In Kapitel 5 werden die einzelnen segmentalen Regeln des Deutschen unter Zuhilfenahme des in den vorigen Kapiteln erarbeiteten Apparats, der inhärenten phonologischen Merkmale und der nichtsegmentalen Spezifizierungen vorgeführt.

1. DAS DEUTSCHE SEGMENTINVENTAR

1.1 Oberklassenmerkmale

Konsonanten unterscheiden sich von Vokalen durch das Vorhandensein einer Hemmung in der Rachen- oder Mundhöhle. Sie tragen das Merkmal [+ consonantal], während die Öffnungslaute, d.h. Vokale und Laryngale, als [- consonantal] spezifiziert werden können. Laute, deren Erzeugung mit spontaner Stimmbildung einhergeht, d.h. Vokale und Sonanten (Nasale und Liquiden), erhalten das Merkmal [+ sonorant], während Geräuschlaute, d.h. (stimmhafte und stimmlose) Obstruenten und Laryngale, als [- sonorant] spezifiziert werden können. Aus den Definitionen ergibt sich, daß der Hauchlaut und der Glottisverschlußlaut weder der Klasse der konsonantischen noch der Klasse der sonoranten Laute angehören und daß sich vier Oberklassen unterscheiden lassen (1.1):

(1.1)	Sonanten	Obstruenten	Vokale	Laryngale
consonantal	+	+	-	-
sonorant	+	-	+	-

Zu den Oberklassenmerkmalen wird meistens auch noch das Merkmal 'syllabic' gerechnet, womit einerseits orale 'Glides' von den Vokalen und andererseits silbische Nasale und Liquiden von den unsilbischen unterschieden werden. Es dürfte sich jedoch bei diesem Merkmal wohl kaum um die inhärente Eigenschaft eines Segments handeln — es entspricht ja eher dem Energiegipfel innerhalb einer Silbe. In Kapitel 3 wird 'syllabic' als distinktives Merkmal der phonologischen Silbengrenze gegenübergestellt und eingehender diskutiert.

1.2 Die Vokale

In betonter Stellung besteht eine Opposition zwischen zwei parallelen Reihen von Vokalen, die sich sowohl qualitativ wie quantitativ unterscheiden (1.2):

(1.2)	a	l[I]tt	b	L[i:]d
		H[Y]tte		H[y:]te
		m[U]ß		M[u:]s
		B[ɛ]tt		B[e:]t
		H[œ]lle		H[ø:]hle
		R[ɔ]tte		R[o:]te
		B[a]nn		B[ɑ:]hn

Die kurzen, offenen Vokale aus der Reihe in (1.2a) kommen, wie die Alternationen in (1.3a) zeigen, auch in unbetonter Stellung vor. Der Quantitätsunterschied der geschlossenen Vokale in (1.3b) wird jedoch in unbetonter Stellung zugunsten der Kürze aufgehoben, während der qualitative Kontrast erhalten bleibt:

(1.3)	a	S[Í]nn	b	s[I]nníeren
		L[Ý]mphe		l[Y]mphátisch
		K[Ú]tsche		k[U]tschíeren
		M[ɛ́]xiko		m[ɛ]xikánisch
		T[œ́]pfer		T[œ]pferéi
		D[ɔ́]ktor		D[ɔ]któren
		B[á]lsam		b[a]lsámisch
	b	L[í:]nie		l[i]níeren
		t[ý:]pisch		T[y]pologíe
		M[ú:]se		M[u]séum
		l[é:]bend		l[e]béndig
		M[ǿ:]bel		m[ø]blíeren
		s[ó:]mit		s[o]mít
		d[ɑ́:]rein		d[ɑ]réin

Vokallänge erweist sich damit als eine vom Wortakzent und von der Vokalqualität abhängige Größe. Die Debatte darüber, welches Merkmal für die paarweise geordneten Vokale das unterscheidende ist, Quantität, Qualität oder Silbenschnitt, ist von Marga Reis (1974: 180-92) von neuem aufgegriffen und erschöpfend behandelt worden, so daß sie hier nicht noch einmal aufgerollt zu werden braucht. Weil sowohl Länge wie Anschlußart ausscheiden, kann sich die Diskussion auf die Frage zuspitzen, ob das üblicherweise benutzte Merkmal 'gespannt' genügend motiviert ist, oder aber durch eine andere Klassifizierung ersetzt werden muß. Das wird in Abschnitt 1.2.1 geschehen. Immerhin umfaßt das Kontrastinventar mindestens vierzehn vokalische Segmente, die sich folgendermaßen klassifizieren lassen (1.4):

(1.4)

	vorn ungerundet	vorn gerundet	hinten ungerundet	hinten gerundet
hoch	I,i	Y,y		U,u
mittel	ɛ,e	œ,ø		ɔ,o
tief			a,ɑ	

Zusätzlich zu den sieben langen Vokalen in (1.2b) gibt es jedoch noch einen achten: den langen, offenen ä-Laut wie in [tsɛ:] zäh. Er stört die Symmetrie in (1.4) insofern, als es kein Gegenstück zu ihm zu geben scheint, oder es müßte das (kurze) offene [ɛ] sein. Aber zu letzterem gesellt sich bereits das (unter Betonung lange) geschlossene [e]. Um den vorderen ä-Laut im Schema unterbringen zu können, scheint die Wahl darin zu bestehen, daß man ihn entweder als 'tief' klassifiziert und mit einer Lücke im System vorlieb nimmt, oder aber ihn als 'mittleren' Vokal einstuft und ein zusätzliches Merkmal verwendet. Zu vermerken ist noch, daß die orthographisch als ä repräsentierten Laute in der norddeutschen Variante der Hochsprache immer mit geschlossenem [e] realisiert werden, also [tse:], eine Aussprache, die jedoch von den Aussprachewörterbüchern abgelehnt wird. Alle Darstellungen geben indessen übereinstimmend an, daß beim ä-Laut bloß die Länge distinktiv ist, was sich in solchen Alternationen wie D[ɛ́:]mon : D[ɛ]mónen bestätigt. Philipp (1974: 34) sieht darin einen Grund, sowohl das Merkmal 'lang' wie das Merkmal 'gespannt' beizubehalten.

In einigen Darstellungen ist eine weitere Asymmetrie zu vermerken, denn manche bestreiten, daß es einen qualitativen Unterschied bei den a-Lauten gibt – so Marchand (1961), dessen Interpretation Reis (1974: 198 FN 11) jedoch aus methodischen Gründen anficht. Von den Ausspracheworterbüchern machen übrigens weder die von Mangold u.a. bearbeitete Ausgabe des Duden Ausspracheworterbuch (Duden) noch der von De Boor u.a. herausgegebene Siebs, Deutsche Hochsprache (Siebs) diese Trennung, sie unterscheiden bloß nach Länge. Wie sich diese Tatsachen für die vorliegende Darstellung auswirken, wird sich in Abschnitt 1.2.2 über den ä-Laut zeigen.

Mit diesen Einschränkungen im Gedächtnis kann man die potentiell langen Vokale entsprechend Moulton (1961) und Wurzel (1970b) mit einem Makron symbolisieren, und folgende Merkmalspezifizierungen für das Vokalsystem in (1.4) annehmen (1.5):

(1.5)

	i	ī	ü	ǖ	u	ū	e	ē	ö	ȫ	o	ō	a	ā
consonantal	-	-	-	-	-	-	-	-	-	-	-	-	-	-
sonorant	+	+	+	+	+	+	+	+	+	+	+	+	+	+
back	-	-	-	-	+	+	-	-	-	-	+	+	+	+
low	-	-	-	-	-	-	-	-	-	-	-	-	+	+
high	+	+	+	+	+	+	-	-	-	-	-	-	-	-
labial	-	-	+	+	+	+	-	-	+	+	+	+	-	-
tense	-	+	-	+	-	+	-	+	-	+	-	+	-	+

In dieser Matrix wird statt des Merkmals 'round' aus SPE das Merkmal 'labial' verwendet. Die einzelnen distinktiven Merkmale kommen in Kapitel 2 zur Sprache, lediglich auf das Merkmal 'gespannt' (oder [± tense]) ist schon im anschließenden Abschnitt 1.2.1 einzugehen.

1.2.1 Das Merkmal 'gespannt'

Das Merkmal 'gespannt', das Sievers (1901: 98-101) in der 5. Auflage seines Handbuchs einführte, ist bis heute umstritten, weil es dafür keine Vergleichsmöglichkeiten mit physikalischen Werten gibt. Miller (1974) gibt eine kritische Übersicht über die Verwendung dieses Merkmals in der phonologischen Literatur. In einem anregenden Buch, das unter anderem dieses Thema aufgreift, widmet ihm Lass (1976: 39-50) einen Appendix. Darin erlangt das Attribut 'gespannt' zwar etwas parodistische Züge, aber der eigentliche Grund, weshalb Lass es ablehnt, ist der, daß es nach seiner Meinung bloß als diakritisches Merkmal ohne inhärenten Gehalt zu werten ist, obwohl – wie Zonneveld (1978: 45) zu Recht bemerkt – Diakritikum an sich noch kein unanständiges Wort ist. Lass' Alternative für die Unterscheidung der beiden Teilsysteme ist eine bisegmentale Analyse, die es gestattet, 'lange' Vokale ebenso wie Diphthonge als VV-Sequenzen zu klassifizieren, 'kurze' Vokale dagegen als Einzelsegmente. Für das Deutsche erwägen Moulton (1956), Thurber (1959) und Vennemann (1968: 304 FN) im Prinzip dieselbe Analyse. Moulton begründet sie mit phonotaktischen Argumenten: Langvokale und Diphthonge treten frei vor Pause (bzw. Silbengrenze) und anderen Vokalen auf, während Kurzvokale in dieser Position nicht zugelassen sind; umgekehrt können vor velarem Nasal bloß Kurzvokale auftreten, während Langvokale und Diphthonge in dieser Position ausgeschlossen sind. Ergebnis einer solchen Analyse ist nicht nur, daß sich das Vokalinventar in (1.4) von vierzehn auf sieben reduzieren läßt, sondern auch, daß ein diskutables Merkmal eliminiert werden kann.

Diese 'bimorische' Analyse hat jedoch auch einen Nachteil, der sowohl formaler wie intuitiver Natur ist. Angenommen, man gibt den Wörtern [nʊs] Nuß und [fu:s] Fuß die Repräsentation /nus/ und /fuus/, dann muß die Regel, die diese Wörter umlautet, folgende Formulierung erhalten (1.6):

(1.6) ([- cons]) [- cons] → ([- back]) [- back] / ...

Sowohl der Fokus wie die strukturelle Veränderung dieser Regel muß Parenthesen enthalten, um das, was formal zwei Regeln sind, zusammenfassen zu können. Eine Regel mit solcher Disjunktion sowohl links wie rechts vom Pfeil schreiben Lass/Anderson (1975: 120) tatsächlich für den altenglischen Umlaut. Es wird also eigentlich als getrennte Vorgänge beschrieben, was als ein identischer Vorgang empfunden wird. Die Analyse wird erst recht suspekt, wenn man den Umlaut von deutschen Diphthongen in Betracht zieht. Der Plural ['bɔ͜ømə] Bäume von [ba͜om] Baum hat nur einen umgelauteten Abglitt. Es ist natürlich möglich, die Vokale in der Umlautregel zu koindizieren als ($[- \text{cons}]_i$) $[- \text{cons}]_i$, so daß nur der Abglitt umgelautet wird, aber diese Form verhüllt geradezu, daß in ['nYsə] Nüsse, ['fy:sə] Füße, ['bɔ͜ømə] Bäume jeweils nur ein Segment umgelautet wird: [- cons] → [- back] / ... In der 'bimorischen' Analyse erfaßt die längere Regelexpansion bloß die 'langen' Vokale, während die kürzere Regel für die Diphthonge und für die 'kurzen' Vokale gelten soll. Weil die Umlautregel nur bei dieser verkehrten Klassifikation funktionieren kann und weil sie aus zwei Teilregeln statt aus einer Hauptregel besteht, wird hier die monosegmentale Analyse bevorzugt.

Die Ähnlichkeit zwischen 'langen' Vokalen und Diphthongen könnte übrigens auch eine andere Erklärung finden. Das WdA und Siebs transkribieren nämlich die Diphthonge durchweg mit einem Digraph, in dem das zweite Symbol ein Segment aus der 'langen' Reihe ist, also [a͜o, ɔ͜ø, a͜e]. Freilich sind die Transkriptionen bei Duden nicht mit folgender Interpretation im Einklang, aber sie stehen ihr auch nicht im Wege. Die von Moulton beobachtete Regelmäßigkeit bestünde dann darin, daß bloß nach einem [- cons, + tense] Segment Pause oder Wortgrenze möglich wäre, aber daß ein 'kurzer' Vokal nicht in freiem Auslaut stehen könnte. Diese Einschränkung könnte als Morphemstrukturbedingung (MSB 1.7) ausgedrückt werden:

(1.7) MSB wenn: $\begin{bmatrix} - \text{cons} \\ - \text{tense} \end{bmatrix} \begin{bmatrix} \quad \end{bmatrix}$
dann: $\qquad\qquad\quad \smile$ [+ segm]

Allerdings muß das Schwa als Ausnahme von dieser MSB gelten. In Kapitel 5 wird MSB (1.7) noch einmal überprüft werden.

Wenn nun die sequentielle Analyse ausscheidet und von den suprasegmentalen Merkmalen sich weder Vokaldauer noch Akzent als bedingend für die jeweilige Klassenzugehörigkeit der Vokale in (1.2a) und (1.2b) erweisen, muß es sich bei diesem Unterschied um eine inhärente Eigenschaft handeln. Es gibt indessen wohl einige empirische phonetische Anhaltspunkte für die Gültigkeit des fraglichen Merkmals. Die sogenannten 'gespannten' Vokale liegen in der Formantebene im allgemeinen weiter auseinander als ihre 'ungespannten' Gegenstücke (vgl. Jørgensen 1969), was auch einen anderen Namen, wie 'dezentralisiert' gegenüber 'zentralisiert', rechtfertigen würde. Außerdem läßt sich die propriozeptiv erschlossene Unterscheidung zwischen gespannten und ungespannten Vokalen, die der geübte Ohrenphonetiker Sievers einmal machte, auch bei ungeübten Versuchspersonen feststellen, welche Ähnlichkeitsurteile abgeben müssen (vgl. Rietveld 1979).

Mag sich das Attribut 'gespannt' phonetisch schwer definieren lassen, es erweist sich phonologisch als konstante Eigenschaft. Man betrachte folgende Alternationen (1.8):

(1.8)	a	V̄̈	b	V̄
		Kalkǘl		kalkulíeren
		Latitǘde		latitudinál
		nervǿs		Nervositǻt
		religiǿs		Religiositǻt

Bei diesem Wechsel, den man ähnlich wie Dell/Selkirk (1979) für das Französische, als "Backing" bezeichnen könnte, stellt man fest, daß sich das Merkmal 'hinten' jeweils verändert, aber daß die betroffenen Vokale dieselbe Spezifizierung für 'gespannt' behalten. Auch beim Umlaut wechseln die betroffenen Vokale die Klasse nicht (1.9):

(1.9)	a	V	V̈	b	V̄	V̄̈
		Nuß	Nüsse		Fuß	Füße
		Koch	Köche		Not	Nöte
		Hand	Hände		-	-

Die umgelauteten Wörter haben denselben Wert für 'gespannt' wie ihre Basis. Auffälligerweise besteht eine Asymmetrie beim Umlautsprodukt des langen, gespannten a̲: [ʃtɑ:p] Stab lautet um zu [ˈʃtɛ:bə] Stäbe mit langem, ungespanntem [ɛ:], ein langes, geschlossenes [e:] hingegen ist im synchronen System der (in den Aussprachwörterbüchern genormten) deutschen Hochlautung niemals Umlautsprodukt.

Wenn man zunächst vom langen ä-Laut absieht, kann man folgende Umlautregel annehmen (1.10):

(1.10) Umlaut

$$[-\text{cons}] \rightarrow \begin{bmatrix}-\text{back}\\ -\text{low}\end{bmatrix} \;/\; \_\_\_\; C_o \; \overset{+\ \text{e}}{[+\text{Plur}]}$$

Daß das Merkmal 'gespannt' nicht bloß ein Diakritikum ist, sondern eine inhärente Eigenschaft repräsentiert, zeigen die Beispiele in (1.2) und (1.3), denn es läßt sich nicht aus anderen tautosegmentalen Merkmalen ableiten. Eine einschlägige segmentale Redundanzbedingung (SRB 1.11) bestätigt das:

(1.11) SRB

$$\text{wenn:}\; \begin{bmatrix}\text{V}\\ +\text{long}\\ +\text{stress}\end{bmatrix} \quad \cup \quad \text{dann:}\; [+\text{tense}]$$

SRB (1.11) sagt voraus, daß betonte lange Vokale auch gespannt sind, aber Gegenbeispiele sind nasalierte Vokale wie in [tɛ̃:] Teint, [par'fœ̃:] Parfum, [par'dɔ̃:] Pardon, [rɛsto'rɑ̃:] Restaurant (die üblichere Aussprache ist [tɛŋ], [par'fy:m], [par'dɔŋ] bzw. [par'do:n], [rɛsto'raŋ]), Wörter aus dem Englischen wie [fɛ:r] fair, [sœ:] Sir [ʃɔ:rts] Shorts, sowie Wörter mit langem, offenem ä: [tsɛ:] zäh, [bɛ:r] Bär, ['fɛ:tər] Väter, ['tɛ:tɪç] tätig, [gaŋ'grɛ:n] Gangrän. SRB (1.12) macht dagegen durchweg die korrekte Voraussage:

(1.12) SRB

$$\text{wenn:}\; \begin{bmatrix}\text{V}\\ +\text{tense}\\ +\text{stress}\end{bmatrix} \quad \cup \quad \text{dann:}\; [+\text{long}]$$

Die betreffenden Vokale haben also 'gespannt' als distinktive Eigenschaft. Eine Längungsregel (1.13) bewirkt die erforderliche Quantitätsveränderung:

(1.13) Vokallängung

$$\begin{bmatrix}\text{V}\\ +\text{tense}\end{bmatrix} \rightarrow [+\text{long}] \;/\; \begin{bmatrix}\overline{1\ \text{stress}}\end{bmatrix}$$

Lass (1976: 48-9) leugnet namentlich, daß sich die ungespannten und die gespannten Vokale paarweise entsprechen. Das Merkmal 'gespannt' ist aber nicht nur wie beim Umlaut konstant oder wie bei der Vokallängung phonologisch wirksam, es ist — wenigstens laut WdA — in einigen Alternationen auch das einzige Merkmal, das die binäre Spezifizierung wechselt (1.14):

(1.14)	a V	b V̄:
	Ísra[ɛ]l	isra[é:]lisch
	Mósl[ɛ]m	mosl[é:]misch
	Sówj[ɛ]t	sowj[é:]tisch
	Eléktr[ɔ]n	elektr[ó:]nisch
	Däm[ɔ]n	däm[ó:]nisch
	Kólch[ɔ]s	Kolch[ó:]sen
	Jáp[a]n	jap[ɑ́:]nisch
	Sát[a]n	sat[ɑ́:]nisch
	Cäs[a]r	Cäs[ɑ́:]ren
	Mák[a]k	Mak[ɑ́:]ken
	Pástin[a]k	Pastin[ɑ́:]ken
	Itáli[ə]n	itali[é:]nisch

Anders als Wurzel (1970a) annimmt, übt der Wortakzent bestenfalls mittelbaren Einfluß aus, denn es scheint vor allem der Affixtyp eine Rolle zu spielen. Dieser muß entweder Präakzentuierung bewirken oder aber selber den Hauptakzent annehmen (1.15):

(1.15)	a V	b V̄:	c V̄
	Jáp[a]n	Jap[ɑ́:]ner	Jap[ɑ]nológe
	Dárw[I]n	darw[í:]nisch	Darw[i]nísmus
	Surin[á]m	surin[ɑ́:]misch	-
	Kóns[U]l	-	Kons[u]lát
	Chér[U]b	-	cher[u]bínisch
	Séneg[a]l	-	seneg[ɑ]lésisch
	Háns[ə]	-	Hans[e]át

Die einschlägige Regel für diese Alternation lautet (1.16):

(1.16) Vokaldehnung in offener Silbe

$$V \rightarrow [+\text{ tense}] \ / \ \underline{\quad} \ C_o^1 \ [-\text{ cons}]$$

Umgekehrt gibt es eine Lautveränderung, die begreiflicherweise nicht in einem orthoepischen Wörterverzeichnis kodifiziert wird: In der Gesprächssituation werden oft bloß noch die betonten Vokale gespannt gesprochen, wie zum Beispiel Kiparsky (1965: 53) feststellt, und k[u]ríeren, M[ɑ]th[e]m[ɑ]tík werden zu k[U]ríeren, M[a]th[ə]m[a]tík. Kurzum, es sind vor allem die phonologischen Regeln, die das Merkmal 'gespannt' letztlich motivieren.

1.2.2 Der ä-Laut

Das lange, offene [ɛ:] läßt sich nicht ohne weiteres in das Vokalsystem (1.5) integrieren, weil ihm nicht wie den anderen langen Vokalen ein kurzes Gegenstück gegenüberzustehen scheint. In den meisten Darstellungen wird es als peripher behandelt und etwa als "schulmeisterliche Aussprache" (Bluhme 1970: 364) oder "mock-formal pronunciation" (Moulton 1947: 213 FN) abgetan, wohl mit gutem Grunde, weil es sich aller Wahrscheinlichkeit nach um eine 'spelling pronunciation' handelt.

Sanders (1972) findet eine Lösung, indem er statt des gespannten /ē/ ein "Sozio-Archiphonem" /Ē/ in das System einsetzt, dem "sich in einem sprachgeschichtlich oder dialektal differenzierten Subsystem die beiden Phoneme /ē/ und /ǟ/ unterordnen" (: 58). Alle Aussprachewörterbücher schreiben aber übereinstimmend vor, etwa zwischen ['be:tən] beten, ['bɛtən] Betten und ['bɛ:tən] bäten zu unterscheiden.

Darstellungen, die nicht bloß klassifizieren, sondern eine Analyse nach distinktiven Merkmalen vornehmen, wie die von Philipp (1974), können weder auf das Merkmal 'lang' noch auf das Merkmal 'gespannt' verzichten. Andere, die außerdem ein phonologisches Regelsystem ansetzen, können eine abstraktere Lösung wählen. Wurzel (1970b: 149) stellt die Symmetrie insofern wieder her, als er parallel zu einem 'tiefen', 'gespannten' /ǟ/ ein ungespanntes /ä/ annimmt. "Späte phonologische Regeln" oder "phonetische Regeln" (: 274) weisen dann diesen Segmenten den korrekten Wert zu. Der Vorteil ist, daß sich bei Wurzel die Umlautregel einfacher formulieren läßt, denn die strukturelle Veränderung enthält dadurch ein Merkmal weniger als Regel (1.10), nämlich V → [- back] / ... Es muß dann in Kauf genommen werden, daß dieses ungespannte /ä/ absolute Neutralisation erfährt, denn es fällt immer mit der Realisation des ungespannten /e/ zusammen.

Moulton (1962: 69) warnt übrigens vor dem Versuch, den ä-Laut ([ę:] in seiner Transkription) mit dem ähnlichen Laut aus manchen Mundarten gleichzusetzen: "There are many dialects with long open /ę:/ opposed to long close /ẹ:/, but their use of /ę:/ bears little resemblance to the prescribed use of [ę:] ..." (vgl. jedoch Hinderling 1978, der auch Dialekte berücksichtigen will). Moulton (1961) zählt auf, welche historischen Quellen das neuhochdeutsche [ɛ:] (graphemisch <ä>) hat: /ǣ/ (z.B. zäh), /æ/ (z.B. Träne), /ę/ (z.B. Bär), /e/ (z.B. zählen) und Analogie (z.B. Schwäne). In Mehrheit entspricht mhd. /ǣ/ jedoch nhd. /ē/, was einen

Ausschluß aus dem phonologischen System des Deutschen voll zu rechtfertigen scheint, "will man nicht den Glauben an Lautgesetze überhaupt aufgeben" (Reis 1974: 178).

Folgende Beispiele zeigen eine qualitative Opposition zwischen dem langen offenen und dem langen geschlossenen Laut (1.17):

(1.17)	a	[ε:]	b	[e:]
		gäben		geben
		nähmen		nehmen
		sähen		sehen
		Bären		Beeren
		zäh		Zeh
		Dänen		dehnen
		Fräser		Fraser (EN)

Es gibt quantitative Alternationen in der Derivation, die mit wechselnder Betonung zusammenhängen (1.18):

(1.18)	a	[ε:]	b	[ε]
		Prátor		Prätóren
		Dámon		Dámonen
		Cásar		Cäsáren
		Gangrán		gangränós
		Fároer		Färóer
		Práfix		Präfíx
		Prápositiv		Präpositív
		Práhistorie		Prähistórie

Diese Beispiele zeigen eindeutig, daß Vokallänge in unbetonter Stellung neutralisiert wird und das Segment als ungespannt einzustufen ist. Diese graphemisch meistens durch <ä>-Transkription markierten Fälle (vgl. aber auch [pi'ε:sə] Piece, ['bε:sə] Baisse) verstoßen zugleich gegen SRB (1.11), nach der lange Vokale im Deutschen gespannt sind. Daß diese Markiertheit sich auch auf die kurzen <ä>-Vokale erstreckt, zeigt MSB (1.7). Vor Pause oder im Auslaut sind deutsche Vokale im allgemeinen gespannt, aber nicht nur Europäer, Sabäer, säen, nähen, mähen, spähen, krähen – also lange Vokale – sind Ausnahmen von dieser Redundanzbedingung, sondern auch kurze Vokale mit <ä>-Schreibung: Pr[ε 'á]mbel, Pr[ε 'ɔ]kkupatión, M[ε 'á]nder.

Die Verstöße gegen SRB (1.11) und MSB (1.7) und die weithin uniforme orthographische Markierung dieser Abweichung deuten von sich aus auf einen Ausnahmestatus der ä-Laute hin. Die Regel für Vokallängung kann diese Fälle nicht erfassen, es sei denn, der Fokus wird entsprechend erweitert, also nicht nur [+ tense]-Vokale, sondern auch <ä>-Vokale werden in betonter Stellung gelängt. Das Merkmal, das diese Ausnahmen – man könnte auch sagen 'Einnahmen', denn es handelt sich hier um "overapplication" – erfaßt, ist ein Alphabetmerkmal im Sinne von SPE (: 138) und Zonneveld

(1978). Es ist ein diakritisches Merkmal, das durch geschweifte Klammern in die Längungsregel einbezogen wird (1.19):

(1.19) Vokallängung (Neufassung 1.13)

$$\begin{bmatrix} \text{V} \\ \left\{ \begin{matrix} +\text{ tense} \\ +\text{ L} \end{matrix} \right\} \end{bmatrix} \rightarrow [+\text{ long}] \;/\; \begin{bmatrix} \_\_\_\_ \\ 1\text{ stress} \end{bmatrix}$$

Wörter mit <ä>-Schreibung erhalten das Merkmal [+ L]. Mit anderen Worten, außer gespannten Vokalen mit dem Merkmal [+ tense] erfaßt die Längungsregel also auch solche, die [- tense, + L] spezifiziert sind. Interessanterweise eignet sich dasselbe Alphabetmerkmal nun auch für bei SRB (1.11) erwähnte Wörter aus dem Englischen wie [fɛ:r] <u>fair</u>, [sœ:] <u>Sir</u>, [ʃɔrts] <u>Shorts</u> ([ˈhɑ:rtfi:lt] <u>Heartfield</u> und [ˈmɑ:kətɪŋ] <u>Marketing</u> werden regelmäßig mit gespanntem [ɑ:] eingedeutscht) und für nasalierte Vokale in aus dem Französischen entlehnten Wörtern wie [garˈsɔ̃:] <u>Garçon</u>, [tɛ̃:] <u>Teint</u> (<u>Cancan</u> wird regelmäßig mit gespanntem Vokal als [kɑ̃ˈkɑ̃:] oder aber als [kaŋˈkaŋ] eingedeutscht). Die lexikalische Repräsentation der 'englischen' Wörter erhält also das Merkmal [+ L], damit Regel (1.19) die betreffenden ungespannten Vokale mit Längung erzeugt. Die 'französischen' Wörter brauchen jedoch nicht in dieser Weise markiert zu werden, weil alle nasalierten Vokale potentiell längungsfähig sind, und deshalb genügt eine morphologische Ausgleichsregel ("Readjustment Rule") (1.20):

(1.20)

$$[u\text{ L}] \rightarrow [+\text{ L}] \;/\; \begin{bmatrix} \_\_\_\_ \\ -\text{ cons} \\ +\text{ nas} \end{bmatrix}$$

Nun ist der <u>ä</u>-Laut nicht bloß ein Kennzeichen für fremde Herkunft oder ein Mittel zur Vermeidung von Homonymie, es ist auch ein Umlautprodukt wie etwa in [ˈkɛ:nə] <u>Kähne</u> (aus [kɑ:n] <u>Kahn</u>). Wenn man die Umlautregel (1.10) und die Längungsregel (1.19) auf die zugrundeliegenden Repräsentationen von <u>Kahn</u> und <u>Kamm</u> anwendet und zunächst die Ableitung des Schwa vernachlässigt, erhält man Ableitungen (1.21) nach folgendem Muster:

(1.21)

		Kamm	Kämme	Kahn	Kähne
a		/kam/	/kam+e/	/kān/	/kān+e/
	Uml.	-	e	-	ē
	Läng.	-	-	ā:	ē:
		[kam]	[kɛmə]	[kɑ:n]	*[ke:nə]
b		/kam/	/kam+e/	/kān/	/kān+e/
	Läng.	-	-	ā:	ā:
	Uml.	-	e	-	ē:
		[kam]	[kɛmə]	[kɑ:n]	*[ke:nə]

Zwar ist der Vokal in <u>Kähne</u> lang, aber in der genormten Hochlautung muß er dieselbe Qualität haben wie <u>Kämme</u>. Eine mit Fischangeln versehene Ergänzung ergibt folgende Umlautregel (1.22):

(1.22) Umlaut (Neufassung 1.10)

$$\begin{bmatrix} -\text{ cons} \\ \langle +\text{ low}\rangle \end{bmatrix} \rightarrow \begin{bmatrix} -\text{ back} \\ -\text{ low} \\ \langle -\text{ tense}\rangle \end{bmatrix} \; / \; \_\_\_ \; C_o \; \overset{+e}{[+\text{ Plur}]}$$

Diese Regel wird noch einmal ausführlich zur Sprache kommen in Kapitel 5.

Die beiden Regeln für Längung (1.19) und Umlaut (1.22) ergeben zwei Ableitungsmöglichkeiten (1.23):

(1.23)

		Kamm	Kämme	Kahn	Kähne
a		/kam/	/kam+e/	/kān/	/kān+e/
	Uml.	-	e	-	e
	Läng.	-	-	ā:	-
		[kam]	[kɛmə]	[kɑ:n]	*[kɛnə]
b		/kam/	/kam+e/	/kān/	/kān+e/
	Läng.	-	-	ā:	ā:
	Uml.	-	e	-	e:
		[kam]	[kɛmə]	[kɑ:n]	[kɛ:nə]

Die Regelordnung Längung > Umlaut ergibt hier das erwünschte Resultat.

Die <u>ä</u>-Laute zerfallen also in zwei Gruppen. Die nichtalternierenden wie <u>Bär</u> tragen das Alphabetmerkmal [+ L], so daß die zweite Teilregel von (1.19) sie erfassen kann. Die Umlautprodukte dagegen wie <u>Kähne</u> haben kein solches Merkmal, bloß die Formulierung der Regel (1.22) stellt den Zusammenhang zwischen der Basis und der Umlautform her. Varianten des Hochdeutschen, die wohl ein langes [e:] als Umlautprodukt des langen [ɑ:] haben, besitzen die einfachere Regel (1.10). Dafür ist die Reihenfolge der Regelanwendung Längung > Umlaut nicht wesentlich.

Was den <u>a</u>-Laut betrifft, nehmen, wie schon in Abschnitt 1.2 erwähnt, viele an, daß es dabei bloß einen quantitativen Unterschied gibt — so Ungeheuer (1977: 110-1), der auch eine Literaturübersicht bietet. Von den Ausspracheworterbüchern machen weder Siebs noch Duden eine qualitative Unterscheidung. Moulton (1962: 62) beschreibt das lange <u>a</u> jedoch als "decentralized" und "tense", das kurze <u>a</u> dagegen als "centralized" und "lax", und das WdA bezeichnet ersteren Laut als "dunkleres" [ɑ] gegenüber einem "helleren" [a]. Es muß hier gleich vorweggenommen werden, daß beide <u>a</u> aufgrund ihres phonologischen Verhaltens als [+ back] zu spezifizieren sind, denn der Ach-Laut kommt bloß nach hinterem Vokal vor und das gilt für [nɑ:x] nach ebenso wie für ['naxən] Nachen. Wenn man nun gegen Moulton und gegen das WdA, obwohl dieses in diesem Buch ja als Maßstab genommen wird, dennoch nur einen a-Laut ansetzen will, dann gibt es zwei Möglichkeiten — entweder ein zugrundeliegendes ungespanntes /a/ oder ein gespanntes /ā/. Angenommen, Kahn und Kamm enthalten beide letzteres Segment, also /kān/ bzw. /kām/, dann muß der Vokal in Kamm ein Minusmerkmal [- R. 1.19] erhalten, um zu verhindern, daß er gelängt wird. Wenn man dagegen ein ungespanntes Segment in der Repräsentation annimmt, also /kan/ bzw. /kam/, dann muß der Vokal in Kahn ein extra Merkmal erhalten, damit er gelängt werden kann, und angesichts der Formulierung in Regel (1.19) gibt es dann folgende Wahl: entweder das Merkmal [+ tense] oder das Alphabetmerkmal [+ L].

Von den drei Möglichkeiten ist die erste am wenigsten plausibel, denn dann bestünde eine Lücke bei den ungespannten Vokalen und außerdem müßte ein Ausnahmemerkmal bei den Wörtern wie Kamm angesetzt werden. Da liegt es schon näher, für die Wörter wie Kahn ein a mit dem Merkmal [+ tense] (und nicht [+ L]) zu wählen, aber es muß hervorgehoben werden, daß diese Entscheidung ebenfalls ad hoc getroffen wird, denn 'gespannt' wird hier offensichtlich als Diakritikum gebraucht. Die Rechtfertigung für die Wahl des Merkmals [+ tense] gibt erst eine Markiertheitstheorie, wie sie in Kapitel 2 beschrieben wird. Es muß bereits festgestellt werden, daß sowohl für die in Siebs und Duden beschriebenen Lautsysteme ohne [ɑ,a]-Unterscheidung, wie für norddeutsche Varianten der gemäßigten Hochlautung ohne [ɛ:,e:]-Unterscheidung dasselbe Vokalsystem (1.5) gilt wie für das WdA.

Es sind noch vier Sonderfälle zu erwähnen. Das WdA gibt an, daß der Plural zu [ʃtat] Stadt ['ʃtɛ:tə] Städte lautet und daß die betonten Vokale in ['ɑrɑbər] Araber, [me'tɑfər] Metapher, [ko'zɑkən] Kosaken wider Erwarten mit gespanntem, kurzem [ɑ] auszusprechen sind, obwohl man auch [me'tafər], [ko'zakən] hört. Letztere Wörter sind für Siebs und Duden selbstverständlich keine Ausnahmen, weil 'gespannt' bei den a-Lauten kein Distinktionsmerkmal ist, aber im WdA-System müssen diese drei Wörter tatsächlich das Merkmal [- R. 1.19] erhalten. Das Wort Stadt bekommt dagegen eine [+ L]-Spezifizierung zu den Ableitungen, damit Städte und städtisch durch Regel (1.19) gelängt und durch (1.21) umgelautet werden. Weil die Umlautregel in dieser Form alle langen a-Laute erfaßt, brauchen nur die Wörter mit nichtalternierendem ä-Laut wie zäh ein Alphabetmerkmal [+ L] zu bekommen. Dieses Merkmal läßt sich auch für andere Wörter mit mittlerem, ungespanntem Vokal wie Sir und Garçon benutzen.

Statt eines segmentalen distinktiven Merkmals [+ long] wird hier also ein Sondermerkmal [+ L] für Längung verwendet. Es wäre ja schon von vornherein implausibel, daß ein prosodisches Merkmal für Dauer die inhärente phonologische Eigenschaft eines Segments sein könnte. In bezug auf das hochdeutsche Vokalsystem ist aber wesentlich, daß die Verwendung eines Merkmals für Vokallänge den ä-Laut genauso regelmäßig erscheinen ließe wie die anderen Vokale. Außerdem bliebe dann unausgedrückt, daß Länge im Hochdeutschen nur unter Akzent vorkommt. Wenn man dagegen ein Sondermerkmal verwendet, dann erwartet man auch, daß es Sprachvarianten gibt, in denen der ä-Laut fehlt. Dies trifft für die norddeutsche Variante zu, denn darin sind zäh und Zeh homonym [tse:]. Durch das Alphabetmerkmal [+ L] kommt zum Ausdruck, daß die langen, offenen [ɛ:] eine Sonderstellung im System einnehmen, was ihrem vermutlichen Ursprung einer 'spelling pronunciation' entsprechen dürfte.

1.2.3 Die Diphthonge

Die Diphthonge haben, wie bei MSB (1.7) erwähnt, in der genormten Aussprache einige Eigenschaften mit den langen Vokalen gemeinsam. Sie können vor Pause ([ma͜e] Mai, [hɔ͜ø] Heu, [ba͜o] Bau) und vor anderem Vokal (['la͜eə] Laie, ['rɔ͜øə] Reue, ['a͜oə] Aue) stehen, während sie vor velarem Nasal [ŋ] nicht vorkommen, aber das bedeutet noch nicht, daß sie ebenso wie die Langvokale als Einzelsegmente gewertet werden müssen. Gerade die Umlautserscheinungen machen plausibel, daß es sich bei den Diphthongen um Vokalcluster handelt, weil nur der zweite Teil des [a͜o] in Baum diesen Wechsel zum Vorderlaut [ɔ͜ø] (Bäume) erfährt. Die Glieder können jeweils mit Segmenten aus dem System in (1.5) identifiziert werden, ohne daß zusätzliche Merkmale gebraucht werden. Aus diesen Gründen schließt sich die vorliegende Darstellung der mehrheitlichen Auffassung an, die " ... stark einer biphonematischen Interpretation zuneigt" (Werner 1972: 34).

Nachdem er die monosegmentale Analyse bei Bach/King (1968) abgelehnt und die Umlautprozesse in Zwicky (1967) als zu merkmalaufwendig kritisiert hat, schlägt Wurzel (1970b: 138) folgende zugrundeliegende Repräsentation für die Diphthonge vor: /ej, öy, ow/ (wobei /j, y, w/ als 'Glides' zu verstehen sind). Er muß die Repräsentation /ej/ für [a͜e] (andere transkribieren [aI]) wählen, um zu verhindern, daß dieser Diphthong umgelautet wird, denn seine Regel (U 1) erfaßt 'silbische' Elemente:

[+ silb] → [- hint] / ... An sich ist gegen diese Repräsentation noch nichts einzuwenden, aber die Prozesse, die Wurzel vorsieht, sind eher dazu angetan, Kritik hervorzurufen. Zunächst muß der silbische Teil des Diphthongs umgelautet werden, dann muß eine universelle sequentielle Markiertheitskonvention (IK 21) den 'Glide' umlauten und schließlich muß eine Dissimilationsregel bewirken, daß der silbische Teil wieder das Merkmal [+ hint] bekommt. Diese Dissimilationsregel ist mit einer anderen zusammengefaßt, welche die silbischen Ansätze in den beiden anderen Diphthongen [+ niedrig] macht. Wurzels Derivationen verlaufen so (1.24):

(1.24)	/ej/	/öy/	/ow/	/ow/	
	-	-	-	öw	Umlaut U 1 (: 163)
	-	-	-	öy	IK 21b (: 153)
	aj	-	aw	-	Dissimilation P5a (: 166)
	-	oy	-	oy	Dissimilation P5b (: 166)
	[aI]	[oY]	[aU]	[oY]	

Eine Umlautregel, die statt 'silbisch' das Merkmal 'konsonantisch' im Fokus verwendet, braucht indes eine Repräsentation /aē/ für [ae] erst gar nicht zu vermeiden, sie erfaßt bloß das zweite Glied im velaren Diphthong. Nur ist statt der Dissimilationsregel eine Assimilationsregel notwendig, denn es gibt eine MSB (1.25):

(1.25) MSB wenn: $[-\text{cons}]\ \begin{bmatrix}-\text{cons}\\-\text{back}\end{bmatrix}$

dann: $[\alpha\ \text{lab}]\ [\alpha\ \text{lab}]$

nach der in palatalen Diphthongen die beiden Glieder dieselbe Rundungsspezifizierung haben. Die zugrundeliegende Repräsentation für [a͜e, ɔ͜ø, a͜o] kann also /aē, oō, aō/ sein, aber zusätzlich zu Regel (1.22), die /aō/ zu /aō/ macht, ist folgende Assimilationsregel (1.26) zu formulieren:

(1.26) Rundungsassimilation

$$[-\text{cons}] \rightarrow [+\text{lab}]\ /\ \_\_\ \begin{bmatrix}-\text{cons}\\-\text{back}\\+\text{lab}\end{bmatrix}$$

Wie Wurzel (1970b: 247) in einer MSB formuliert, ist das erste Glied in einem Diphthong immer ungespannt. Um nun zu gewährleisten, daß bloß tautosyllabische Vokale durch (1.26) assimiliert werden (vgl. MSB 1.7), könnte man noch die Spezifikation [- tense] in den Fokus aufnehmen, aber vorläufig ist davon auszugehen, daß die Regel damit überspezifiziert wäre. Über die in 1.2.1 diskutierte Qualität des zweiten Gliedes bestehen

Meinungsverschiedenheiten, aber die Regeln (1.22) und (1.26) sind auch auf Repräsentationen anwendbar, die der Transkription im Duden entsprechen [aI, oY, aU]. Darauf ist in Kapitel 5 noch einmal zurückzukommen.

Der Diphthongumlaut erfolgt hier nach folgendem Muster (1.27):

(1.27)	/aē/	/oō̈/	/aō/	/aō̈/
Umlaut (1.22)	-	-	-	aō̈
Rundung (1.26)	-	-	-	oō̈
	[ae]	[ɔø]	[ao]	[ɔø]

Die vorgeschlagene Repräsentation der Diphthonge als Vokalcluster führt zu keinerlei Problemen, was die Verteilung über die Silben betrifft. Das erste Glied in einem Diphthong ist nämlich ungespannt, was völlig der MSB (1.07) entspricht; Vokale in offener Silbe, außer Schwa, sind dagegen immer gespannt. Die Diphthonge [a͜e , a͜o] in Eirene, Peitsche, Kautschuk, Saudiarabien können demnach mit /aē/ bzw. /aō/, die heterosyllabischen Sequenzen [ɑe, ɑo] in Aerosol, Paese, Baobab, Laokoon mit /āē/ bzw. /āō/ wiedergegeben werden. Schwankungen (D[a͜o]ismus neben T[ɑo]ismus, Kak[á͜o] neben Kak[ɑ́:o]) sind durch ähnliche Unterschiede in der Repräsentation zu verantworten. Aus alledem ergibt sich, daß das Segmentinventar in (1.5) auch ausreicht, um die Diphthonge zu repräsentieren.

1.2.4 Das Schwa

Wurzel (1970b) leitet das Schwa aus einem zugrundeliegenden ungespannten /e/ ab, das entweder durch Wortbildung oder durch Epenthese eingeführt worden ist. Issatschenko (1974) weist Wurzels Epentheseregeln zurück, weil nach seiner Meinung Kontexte keineswegs so eindeutig auf nur einen möglichen Einschub schließen lassen, und er leitet alle kürzeren, "elliptischen" Formen aus längeren, "expliziteren" Morphemvarianten ab. Dementsprechend verwirft er Wurzels zugrundeliegende Morpheme wie /ātm/ und /zēgl/ für atmen, Atem bzw. Segler, segeln als "unmöglich", weil sie im Deutschen als zweisilbig gesprochen werden. Letzteres 'Natürlichkeitsprinzip' führt ihn dazu, die betreffenden Morpheme mit einem "Schwa mobile" (symbolisiert durch {#}) zu repräsentieren: {'a:t#m} und {z'e:g#l}. Das Schwa aus dem Suffix -er dagegen, das immer in dieser lautlichen Form erscheint, gibt er mit einem "Schwa constans" (symbolisiert durch {E}) wieder, also Segler hat die "morphophonemische" Repräsentation {z'e:g#l+Er}.

Issatschenko setzt sich zwar von der "mechanischen" Epentheseregel in

Wurzels Beschreibung ab, aber wo dieser (: 171) zunächst aus /ātm+n/ und /zēgl+n/ die Verben /ātem+en/ und /zēgel+en/ erzeugt, die später wieder 'zurechtgestutzt' werden, nimmt Issatschenko nicht weniger abstrakte Formen mit {#} und {E} an, die unter bestimmten Bedingungen getilgt oder aber zu [ə] werden. Wo Wurzel auch links vom Fokus seine Regeln spezifiziert, kann Issatschenko darauf verzichten, weil der Fokus seiner Regel für "Vokalisierung" schon durch #-Symbol dafür vormarkiert worden ist, daß an eben dieser Stelle in der Kette ein Schwa auftauchen kann. Daß seine vier "Vokalisierungs"-Regeln geradezu identische Umgebungen aufweisen und sich gut zu einer Regel zusammenfassen ließen, ist bloß ein formaler Einwand. Ein wirklicher Nachteil in seiner Analyse ist jedoch, daß die Beziehung zwischen den "Morphophonemen" {#} und {E} eine rein zufällige ist, und eins wie das andere genausogut etwas anderes als [ə] werden könnte.

Einer Identifizierung des Schwa mit dem ungespannten [ɛ] steht, zumindest was den absoluten Auslaut betrifft, nichts im Wege. Zwar ist nach MSB (1.07) ein ungespannter Vokal in dieser Position sonst nicht statthaft, aber der ungespannte Zentralvokal ist hier reichlich belegt. Lexikalische Einheiten mit auslautendem Schwa (<u>Straße</u>, <u>Heine</u>, <u>Nupe</u>) können mit ungespanntem /e/ wiedergegeben werden, vorausgesetzt, man nimmt folgende Regel (1.28) an:

(1.28) e-Reduktion

$$/e/ \rightarrow ə \ / \ \left[\overline{} \atop \text{- stress}\right] \#$$

Für diese Interpretation sprechen Ableitungen aus <u>Börse</u>, <u>Goethe</u>, <u>Hanse</u>, <u>mauve</u>, denn sie weisen Vokaldehnung nach Regel (1.16) auf: <u>Börs</u>[e]<u>áner</u>, (neben <u>Börsianer</u>), <u>Goeth</u>[e]<u>áner</u>, <u>Hans</u>[e]<u>át</u>, <u>Mauv</u>[e]<u>ín</u>.

Um zu sehen, wie die Verhältnisse in ungegliederten Wörtern sind, kommt ein <u>Rückläufiges Wörterbuch der deutschen Gegenwartssprache</u> (Mater) sehr zustatten. In <u>Tínnef</u>, <u>Pársec</u>, <u>Fénnek</u>, <u>Tótem</u>, <u>Gólem</u>, <u>Hárem</u>, <u>Ítem</u>, <u>Ámen</u>, <u>Fáirneß</u> wird meist [ɛ], in <u>Péies</u>, <u>Níppes</u>, <u>Sámmet</u> immer [ə] gesprochen. Schwanken gibt es in folgenden Beispielen (1.29):

(1.29)	a	Ga[ŋə]s	b	Ga[ŋgɛ]s
		U[ə]r		U[hɛ]r
		Kirm[ə]s		Kirm[ɛ]s
		Krock[ə]t		Krock[ɛ]t

Bis auf wenige Ausnahmen ist ein [ɛ] vor auslautendem Konsonanten anscheinend nicht zu belegen. Daß es auch in dieser Position eine Beziehung zwischen dem Schwa und einem e-Laut gibt, zeigt sich in folgenden Beispielen (1.30):

(1.30)	a	Charákt[ə]r	b	charakt[e]rístisch
		Kadáv[ə]r		Kadav[e]rín
		Papáv[ə]r		Papav[e]rín
		Lúth[ə]r		luth[é:]risch (neben: lúth[ə]risch
		Wágn[ə]r		Wagn[e]riáner
		Púlv[ə]r		pulv[e]risíeren
		Páup[ə]r		Paup[e]rísmus

Für das Adjektiv numerisch dürfte eher eine direkte Beziehung zu Numerus als zu Nummer anzusetzen sein, aber es scheint sinnvoll, die Wörter in (1.30b) mit derselben Regel (1.16) abzuleiten, mit der die Derivation Tot[e]mísmus aus Tót[ɛ]m zustandekommt. Auch für die Pluralbildung bleibt dann eine Regelmäßigkeit erhalten, denn zwar ist die Akzentverlagerung in den Ableitungen von Charákter (Charaktére, charakterístisch) außergewöhnlich, aber sowohl Charakter wie Kalfakter können in Übereinstimmung mit Wurzel (1970b) ein Pluralsuffix -e erhalten. Letzteres Wort wirft diesen Vokal jedoch wieder ab (vgl. unten Abschnitt 4.4), weil in Substantiven die Sequenz ... ēR-e wohl, aber die Sequenz ... eR-e nicht gestattet ist (1.31):

(1.31)		/kārákter/	/kalfákter/
	Pluralbildung	+e	+e
	Akzentverlagerung	é	-
	Dehnung (1.16)	ē	-
	Tilgung	-	ø
		[karak'te:rə]	[kal'faktər]

Eine Alternation zwischen [ɛ] und [ə] vor Konsonantencluster in der Endsilbe ist anscheinend nicht zu belegen, wenigstens nicht in Wörtern, die ungegliedert sind. Mit Hilfe von Mater lassen sich einige wenige Wörter mit dem nebentonigen Vollvokal finden: Él[ɛ]nd, Búdap[ɛ]st, Ág[ɛ]ns, Prás[ɛ]ns, Nóns[ɛ]ns und die grammatischen Termini Óbj[ɛ]kt, Súbj[ɛ]kt. Demgegenüber gibt es auch nur ein paar mit Schwa: Ób[ə]rst, Gáll[ə]rt, Áb[ə]nd, Gég[ə]nd. In Anbetracht der sonstigen Verhältnisse scheint es gerechtfertigt, letztere Beispiele ebenfalls mit in die Reduktionsregel hineinzubeziehen (1.32):

(1.32) e-Reduktion (Neufassung 1.28)

$$/e/ \rightarrow \text{ə} \ / \ \left[\frac{\quad}{-\ \text{str}}\right] C_o \#$$

Die bei (1.29) erwähnten Ausnahmen (Tinnef usw.) und Schwankungen (Ganges usw.) sowie die letzthin genannten Wörter wie Elend können mit einem einschlägigen Minusmerkmal oder mit Nebenakzent versehen werden.

Der aufmerksame Leser wird bemerkt haben, daß die Reduktionsregel nur teilweise formalisiert worden ist. Das ist an diesem Punkt in der Diskussion auch nicht anders möglich, denn es fehlt noch eine argumentierte binäre Spezifikation des Schwa, während allerdings das /e/-Symbol durch die betreffenden Merkmale aus der Matrix (1.5) ersetzt werden könnte. Auf den phonologischen Status des Schwa ist aber noch zurückzukommen.

Das Schwa alterniert indessen nicht nur mit ungespanntem /e/, wie aus folgenden Wortpaaren (1.33) und (1.34) hervorgeht:

(1.33)	a	Omen	b	ominös
		Bitumen		bituminieren
		Examen		examinieren
		Albumen		albuminös
		Volumen		voluminös
		Alpen		alpinisch
		Pollen		Pollinium
		sensibel		Sensibilität
		Jubel		Jubilar
(1.34)	a	Formel	b	formulieren
		Triangel		triangulär
		Skrufel		skrufulös
		Mensel		Mensul
		Klausel		klausulieren
		Titel		titulieren
		Matrikel		immatrikulieren
		Schnabel		schnabulieren
		Fabel		fabulieren
		Regel		Regulator
		Muskel		Muskulatur
		Insel		insular
		Skrupel		skrupulös
		Mirakel		mirakulös
		Furunkel		Furunkulose, furunkulös
		Tuberkel		Tuberkulose, tuberkulös
		Fistel		fistulos
		Kapitel		Kapitular
		Vokabel		Vokabular

Zunächst sieht es so aus, als ob hier [i] respektive [u] mit Schwa alterniert, aber die Schreibung der Endungen in den jeweiligen (a)-Spalten verhüllt die Tatsache, daß die Vollvokale nicht nur mit Schwa, sondern auch mit Null wechseln. Höhle/Vater (1978) heben hervor, daß letztere Variante mit silbischer Aussprache der auslautenden Sonanten keineswegs auf Allegrorede beschränkt ist, sondern durchaus zur "normalen Umgangssprache" (vgl. ihre Definition auf Seite 183 FN 2) gehört. Sie belegen das reichlich mit Material, wo [l̩, m̩, n̩, ŋ̍] im Wortauslaut silbisch sind.

Es gibt also zwei Alternativen für die Alternationen in (1.33) und (1.34): entweder eine Vokalreduktionsregel oder eine Vokaltilgungsregel und zusätzlich eine Epentheseregel. Für die Annahme, daß es ohnehin eine Epentheseregel gibt, sprächen die in Wurzel (1970b: 170-2) gesammelten Fakten. Es sind Beispiele wie (1.35):

(1.35)	a	Segel	b	Segler
		Atem		atmen
		eben		ebnen
		vollkommen		vervollkommnen
		offen		öffnen

Fälle von Assimilation wie ['haːkŋ̍] (neben ['haːkən]) Haken und ['kɔmm̩] (neben ['kɔmən]) kommen sind nur insofern relevant, als sich zugrundeliegendes /n/ an vorhergehende Konsonanten angleicht und zumindest postkonsonantisches [ŋ] immer aus /n/ abzuleiten ist. Es geht also um Epenthese vor /l,m,n/ (1.36) ähnlich wie Wurzels Regel (SV-1b,c):

(1.36) Sproßvokal

$$\emptyset \rightarrow ə \ / \ \begin{Bmatrix}[-\text{son}]\\ [-\text{cont}]\end{Bmatrix} \ \_\_ \ \begin{Bmatrix}[+\text{nas}]\\ [+\text{lat}]\end{Bmatrix} \#$$

Bedingung: fakultativ

Auch nichtalternierende lexikalische Einheiten wie Penzl, Trakl, Ischl, Double, Dirndl, Brettl, Fin de siècle, Kreml, Axolotl, Ibn, Haydn können demnach Vokaleinschub erfahren, aber das WdA, das nur die letzten fünf erwähnt, schreibt fakultatives Schwa in ['sǐkəl] und sonst Aussprache ohne Sproßvokal vor. Zunächst muß offenbleiben, welche Form für die Alternationen in (1.35) grundsätzlich als Basis zu wählen wäre, aber auf jeden Fall könnte für die Substantive in (1.35a) eine schwalose Form zugrundegelegt werden, um das korrekte Resultat zu bekommen.

Regel (1.36) kann die Opposition zwischen folgenden Wortpaaren freilich nicht erfassen (1.37):

(1.37)	a	ebne	(1.P.Sg.Präs.)	b	Ebene	(Subst.)
		eigne	,, ,, ,,		eigene	(Adj.)
		trockne	,, ,, ,,		trockene	(Adj.)

Die Verbalformen in (1.37a) können zwar außerdem als Allegroformen der (b)-Beispiele akzeptiert werden, aber die Formen in (1.37b) sind auf jeden Fall als Nomina zu verstehen. Auf diese Besonderheiten wird in Kapitel 4 eingegangen werden, wo auch die fakultative Erscheinung eines

Schwa wie in (1.38) noch zu erörtern ist:

(1.38)	(ich) ändere, ändre, änder	(1.P.Sg.Präs.)
	teuerer, teurer	(Komp.Adj.)

Wohl sind einige bei Issatschenko (1974) signalisierte Fälle ohne weiteres zu erklären. Für die Basis von Kärnten und Kärntner ist eine Repräsentation /kerntn/ zu wählen, während für Badner (aus Baden bei Wien) die Form /bādn/ und für Badener (aus Baden-Württemberg) die Form /bāden/ genügt. Die Epentheseregel (1.36) könnte auch für Wörter wie Exempel und Möbel (neben Exemplar und möblieren) gelten, vorausgesetzt, sie bekämen die Repräsentation /eksempl/ und /mōbl/.

Bis jetzt sind außer den Wörtern in (1.29-1.31) die Wörter auf ... er unberücksichtigt geblieben. Die Alternation Schwa/Null ist anscheinend nicht zu belegen, das WdA erlaubt eine silbische Aussprache des [r] erst gar nicht und Höhle/Vater (1978) lassen diesen Laut denn auch außer Betracht. Nach Vokalen wird er nämlich bis zur vokalischen Auflösung reduziert und die Nachsilbe ... er wird entweder "als eine Art Kurz-Diphthong ... gesprochen (mit vokalisiertem /r/) oder als Pseudo-Monophthong ... " (Martens 1975: 50). Wenn man diese r-Vokalisierungsregel, über die in Abschnitt 1.5.1 und in Kapitel 5 noch zu sprechen sein wird, nach der Epentheseregel (1.36) anwendet, könnte freilich auch der Wechsel Schwa/Null vor r beschrieben werden (1.39):

(1.39)	a	Filter	b	filtrieren
		Kaliber		kalibrieren
		Massaker		massakrieren
		Orchester		orchestrieren
		Register		registrieren
		Oktober		Oktobrist

Regel (1.36), die bloß Nasale und Laterale als rechte Umgebung hat, kann nunmehr verallgemeinert werden, indem sie alle Sonanten als rechte Umgebung nimmt. Obwohl das r, wie gesagt, meistens keine konsonantische silbische Variante hat, findet diese Analyse ihre Berechtigung in der Tatsache, daß die anderen Sonanten das Argument liefern. Sie entspricht der Beobachtung in Moulton (1962: 67), daß das Schwa vor [m, n, ŋ, l, r] "may show either this same allophone or an allophone which can best be described as 'syllabicity of the following consonant' ". Die Epentheseregel (1.40) wird damit praktisch identisch mit Regel (SV 1b,c) in Wurzel (1970: 171):

(1.40) Sproßvokal (Neufassung 1.36)

$$\emptyset \rightarrow ə \;/\; \left\{ \begin{matrix} [-\ \text{son}\ ] \\ [-\ \text{cont}] \end{matrix} \right\} \;\_\_\_\; \begin{bmatrix} +\ \text{cons} \\ +\ \text{son} \end{bmatrix} \#$$

Bedingung: fakultativ

Auch nichtalternierende Formen wie *Baldr*, *Banisadr*, *Timbre* können demnach einen Sproßvokal erhalten, insofern das auslautende *r* nicht vokalisiert ist. Die Derivationen von *Charakter*, *charakterisieren*, *Orchester*, *orchestrieren* gehen dann nach folgendem Muster (1.41):

(1.41)	/kārakter/	/kārakter+īz+īr+en/
Dehnung (1.16)	-	ē
Reduktion (1.32)	ə	ə
Sproßvokal (1.40)	-	-
	[kɑraktər]	[kɑrakterizi:rən]
	/orkestr/	/orkestr+īr+en/
Dehnung (1.16)	-	-
Reduktion (1.32)	-	ə
Sproßvokal (1.40)	ə	-
	[ɔrkɛstər]	[ɔrkɛstri:rən]

Es ist jetzt an der Zeit, zu erörtern, welche von beiden Alternativen für die Alternationen *Examen : examinieren* u.a. (1.33) und *Triangel : triangulär* u.a. (1.34) zu wählen ist. Es ist möglich, diese Formen mit derselben Regel zu erfassen, die auch die Alternationen *Charakter : charakteristisch* u.a. (1.30) beschreibt. Es würde sich dann eine eigens für sie formulierte Vokaltilgungsregel erübrigen, allein es müßte ein Alphabetmerkmal verwendet werden, um diese Ausnahmen mit durch die Reduktionsregel 'vereinnahmen' zu lassen. Es wäre aber auch möglich, die Vollvokale in der Endsilbe der Basisform zu tilgen, und dann wäre auf sie in der Tat dieselbe Epentheseregel anzuwenden, wie auf die Basisform von *Segel* u.a. (1.35), aber es besteht noch Ungewißheit, wie das Schwa binär zu spezifizieren ist, und es ist nicht wünschenswert, gerade bei der Epenthese ein unspezifiziertes Segment einzuführen.

In einem bestimmten Stadium der Derivation werden die binären Merkmale in skalenmäßige, numerische Merkmale überführt. Es besteht jedoch kein Anhaltspunkt dafür, daß diese 'phonetischen' Regeln einer der bisher behandelten Regeln vorgeordnet sind, und es ist zu vermeiden, daß gleich zwei Regeln ein unspezifiziertes Segment einführen, wenn das nicht notwendig ist. Wie die Derivation in (1.41) zeigt, besteht keine Ordnungsrelation zwischen der Reduktionsregel (1.32) und der Regel für den Sproßvokal (1.40).

Um es von den anderen Vokalen zu unterscheiden, spezifiziert Wurzel das Schwa als ungerundetes Gegenstück zum *o* [+ hinten, - hoch, - niedrig, - rund], aber er leitet es durch eine Reduktionsregel aus einem epenthetischen /e/ ab. Hier wurden bisher die Reduktionsvokale in (1.32) und die Sproßvokale in (1.40) mit [ə] symbolisiert. Die Möglichkeit, sie parallel zu Wurzel als [+ back, - lab] einzuteilen, besteht nur deshalb, weil Vokale dieser Klasse außer /a/ und /ā/ sonst fehlen. Englische Wörter mit Schwa werden jedoch ins Deutsche mit Schwa übernommen, z.B. *M*[ə]*cheath*, *Birmingh*[ə]*m*, *Christoph*[ə]*r*, während Vokale, die im Englischen als [+ back, - high, - low, - lab] spezifiziert werden, im Deutschen meist als [a] realisiert werden, und so bestehen homonyme Paare (1.42):

(1.42)	a	(Lord) Russell	b	rassel'
		(Davies) Cup		Kap
		Cutten		katten

Cutter, *Curry*, *Cutaway* werden auch mit [œ] eingedeutscht. Es spricht also nichts dafür, das [ə] als 'ungerundetes *o*' zu klassifizieren, die bezeugten Alternationen mit ungespanntem /e/ und Null sprechen eher dagegen. Vom Gesichtspunkt der Markiertheit gibt es noch mehr Gegenargumente, aber die werden erst am Ende des 2. Kapitels diskutiert.

Die strukturelle Veränderung der Regel für den Sproßvokal (1.40) ist hingegen gut mit den Merkmalen des /e/ zu spezifizieren, und dieses Segment kann wiederum als Eingabe für die Reduktionsregel dienen. Was nun die Alternationen in (1.33) und (1.34) betrifft, kann von einer ad hoc zu formulierenden Vokaltilgungsregel abgesehen werden. Mittels eines Alphabetmerkmals [+ R] können die betreffenden Vokale für unmittelbare Vokalreduktion vormarkiert werden. Die Regel für Sproßvokal hat dann die Form:

(1.43) Sproßvokal (Neufassung 1.40)

$$\emptyset \rightarrow \begin{bmatrix}-\text{ cons}\\-\text{ back}\\-\text{ high}\end{bmatrix} \;/\; \left\{\begin{matrix}[-\text{ son}]\\ [-\text{ cont}]\end{matrix}\right\} \;\_\_\_\; \begin{bmatrix}+\text{ cons}\\+\text{ son}\end{bmatrix} \#$$

Bedingung: fakultativ

Die Reduktionsregel ist nun folgendermaßen wiederzugeben (1.44):

(1.44) e-Reduktion (Neufassung 1.32)

$$\begin{bmatrix} \text{V} \\ \left\{\begin{matrix}\begin{bmatrix}-\text{ back}\\-\text{ high}\\-\text{ tns}\end{bmatrix}\\ [+\text{ R}]\end{matrix}\right\}\end{bmatrix} \rightarrow \text{ə} \;/\; \begin{bmatrix}\_\_\_\\-\text{ str}\end{bmatrix} C_o \#$$

Diese Formulierung ist jedoch nicht in Übereinstimmung mit der "One Feature Hypothesis" bei Zonneveld (1978: 219, 233), die eine Anwendung von geschweiften Klammern in phonologischen Regeln verbietet, wenn ein Alphabetmerkmal mit mehr als einem phonologischen Merkmal zusammengefaßt werden soll. Das führt dann zu der Frage, ob tatsächlich bloß das /e/ und die beiden gespannten Vokale in den fraglichen Reihen zu einem Zentralvokal werden. Es stellt sich nämlich heraus, daß außer dem <u>u</u> auch noch ein anderer hinterer Vokal mit Schwa alterniert (1.45):

(1.45)	a	Metáph[ə]r	b	metaph[ó:]risch
		Anáph[ə]r		anaph[ó:]risch
		Apóst[ə]l		apost[ó:]lisch

Es ist also notwendig, das Merkmal [+ R] sowohl mit dem Merkmal für 'hinten' wie mit dem für 'hoch' zusammenzuklammern. Problematisch bleibt dann noch die Spezifizierung [- tense], denn in allen Fällen in (1.33), (1.34) und (1.45) handelt es sich um eine Alternation zwischen gespanntem Vokal und Schwa. Es liegt auf der Hand, die Basisform für <u>Omen</u>, <u>Formel</u>, <u>Metapher</u> usw. ebenso wie für <u>Charakter</u> usw. mit ungespanntem zugrundeliegendem Vokal in der auslautenden Silbe als /ōmin/, /formul/, /mētāfor/ bzw. /kārakter/ anzusetzen und Vokaldehnung in offener Silbe nach Regel (1.16) anzunehmen. Andere Wörter mit <u>... VR-</u> im Auslaut der Basis, die ebenfalls Akzentwechsel unterliegen, brauchen dieses Alphabetmerkmal nicht, denn sie weisen keine Vokalreduktion auf (1.46):

(1.46)	a	Senát[o:]r	b	senat[ó:]risch
		Proféss[o:]r		profess[o]rál
		Térr[o:]r		terr[o]risíeren
		Fákt[o:]r		Fakt[ó:]ren

Viele sprechen im Auslaut der Wörter von (1.46a) auch kurzes [ɔ], aber dem WdA gemäß sind die Basen als /z̥ēnāt+ōR/ usw. anzusetzen.

Während sich das Merkmal 'tense' also ausklammern läßt, ist das für 'back' oder 'high' nicht möglich. Regel (1.47) ist folglich als Gegenbeispiel gegen die Zonneveldsche Hypothese zu werten:

(1.47) e-Reduktion (Neufassung 1.44)

$$\begin{bmatrix} \begin{bmatrix} -\text{ cons} \\ -\text{ tns} \end{bmatrix} \\ \left\{ \begin{matrix} \begin{bmatrix} -\text{ high} \\ -\text{ back} \end{bmatrix} \\ [+\text{ R}] \end{matrix} \right\} \end{bmatrix} \rightarrow \text{ə} \ / \ \begin{bmatrix} \overline{} \\ -\text{ str} \end{bmatrix} C_o \ \#$$

Die mit dem Alphabetmerkmal versehene Teilregel kann indessen auch die Alternation von Pronomina und Artikeln wie [du:] du, [zi:] sie, [de:m] dem usw. mit ihren Reduktionsformen [də], [zə], [dəm] erfassen (vgl. Höhle/Vater für weitere Ausführungen). Diese mit [+ R] markierten Fälle kommen in Kapitel 5 noch einmal zur Sprache.

Die Reduktionsregel läßt sich auch auf Präfixe ausweiten, denn auch da ist der ungespannte Vollvokal in einigen Positionen nicht zugelassen. Es gibt Präfixe mit gespanntem /ē/ (de-aktivieren, re-organisieren, her-geben), aber in den Präfixen be-, ge-, vize- steht ein Schwa, das mit dem ungespannten /e/ repräsentiert werden kann. Daß hier tatsächlich die Morphemgrenze der bedingende Faktor sein muß, machen u.a. aus Ungeheuer (1977) übernommene Beispiele glaubwürdig (1.48):

(1.48)	a	be-lutschen	b	Belutschen
		be-ton'		Beton
		ge-nesen		Genesen

Weder in den einsilbigen Präfixen ver-, zer-, ent-, des-, weg-,noch im mehrsilbigen Präfix empor- wird jedoch Schwa zugelassen. In der Endsilbe von über-, unter-, gegen-, neben-, wider-, wieder-, zwischen- kommt dagegen nur der Reduktionsvokal vor, in hyper-, super- hinwiederum nicht. Angenommen, daß letztere beiden Präfixe als Ausnahmen zu behandeln sind, dann kann die Reduktionsregel mit den entsprechenden Einschränkungen versehen werden, um auch auf Präfixe anwendbar zu sein (1.49):

(1.49) e-Reduktion (Neufassung 1.47)

$$\left[\begin{array}{c}\left[\begin{array}{l}-\text{cons}\\-\text{tns}\end{array}\right]\\ \left\{\begin{array}{c}\left[\begin{array}{l}-\text{high}\\-\text{back}\end{array}\right]\\ \left[+\text{R}\right]\end{array}\right\}\end{array}\right] \rightarrow \text{ə} \;/\; \langle VC_0\rangle \left[\begin{array}{c}\overline{}\\-\text{str}\end{array}\right] C_0^{\langle 1\rangle} \left[-\text{segm}\right]\Bigg]_{\langle \text{Pref}\rangle}$$

Unbetonte Suffixe mit [ɛ] gibt es nicht, wohl betonte: Kafka-ésk, Delikat-ésse, Korrespond-ént, major-énn, was wiederum auf eine Lücke schließen läßt. Daß das Schwa in den unbetonten Suffixen direkt auf einen zugrundeliegenden Vokal und nicht erst auf Epenthese zurückzuführen ist, zeigen aus Höhle/Vater (1978) übernommene Beispiele (1.50):

(1.50)	a	hell-em	b	Helm
		harr-en		Harn
		roh-em		Rom
		rauh-em		Raum
		klau-en		Clown
		Reih-en		rein

Daß dieses Schwa wiederum aus ungespanntem /e/ abzuleiten ist, legt die Alternation in (1.51) nahe:

(1.51) lébּ-[ə]nd leb-[ɛ́]nd-ig

In Kapitel 4 wird mehr in Einzelheiten gezeigt werden, daß das Schwa in den Flexionsendungen tatsächlich auf einen Vokal zurückgeht. Offensichtlich spielt ebenso wie bei den ungegliederten Wörtern die Zahl der auslautenden Konsonanten keine Rolle, und die Regel braucht deshalb nicht angepaßt zu werden, weil sie nicht nur Stammesendungen wie in Hanse, sondern auch Ableitungen wie Größ-e, groß-e, Neugier-de, Hälf-te, heb-en, Heb-el, Heb-er, Rät-sel, leb-end, leb-test erfaßt. Die Klammerung durch Fischangeln läßt übrigens die Opposition zwischen dem Präfix er- mit [ɛ] und dem Suffix -er mit [ə] intakt.

Man könnte sich fragen, ob eine solche mit 'Stacheldraht' versehene Regel die angemessenste Form für etwas so Einfaches wie Vokalreduktion ist. Die Alternative läge ja auf der Hand: Der Zentralvokal könnte als zugrundeliegend mit einem sehr wohl zu begründenden Merkmal 'zentral' spezifiziert werden. Abgesehen davon, daß es bei einer ersten Bestandsaufnahme der phonologischen Verhältnisse im Deutschen nicht angebracht ist, gleich ein neues Merkmal für den Kanon vorzuschlagen, um sich aus der Verlegenheit zu ziehen, gibt es auch systeminterne Argumente. Die Beziehung von ungespanntem /e/ und Schwa kommt nicht von ungefähr, denn es gibt nun einmal einschlägige Alternationen und die Regel gibt außerdem die Direktionalität einer solchen Entwicklung an. Gleichzeitig ist das Alphabetmerkmal ein Indiz dafür, daß die Reduktion anderer Vokale in derselben Position eine relative Seltenheit ist.

In einer alternativen Beschreibung mit zugrundeliegendem Zentralvokal müßte zumindest eine vergleichbare Regel vorkommen, die den Wechsel zwischen Schwa und Zentralvokal herausstellen würde. Die Regel wäre inadäquat, wenn sie bloß die Alternanten auflisten würde, denn es besteht ein enger Zusammenhang zwischen dem Vorkommen des Schwa und der morphologischen Struktur sowie den Akzentverhältnissen.

Regel (1.49) zeigt in der Tat, daß für alle Kategorien das Fehlen des Akzents und die Morphem- oder Wortgrenze ein gemeinsamer Faktor für die Vokalreduktion ist, aber daß die Reduktion in Präfixen größeren Einschränkungen unterliegt. Weil das Alphabetmerkmal bloß für Sonderfälle gilt, besagt die Regel, daß [ɛ] und [ə], die ja beide aus ungespanntem /e/ abgeleitet werden, in komplementärer Distribution stehen. Das Schwa kann dagegen wohl zu anderen Vokalen in Opposition stehen: *hessisch : Hessesch*, *Löwin : Löwen*, *Neutron : Neutren*. Die Opposition *Totem : totem* bildet kein Gegenbeispiel, vielmehr enthält die phonologische Repräsentation des Substantivs im Gegensatz zum flektierten Adjektiv keine interne Morphemgrenze. Weil es außerdem mit einem Minusmerkmal versehen ist (vgl. unter Regel 1.32), wird die Tatsache, daß der Vokal der auslautenden Silbe nicht reduziert wird, als Ausnahme klassifiziert. In der gesprochenen Sprache wird diese Opposition tatsächlich neutralisiert.

Der Unterschied zu Wurzels Analyse ist, daß dieses System nicht übergeneriert, in den meisten Fällen zugrundeliegendes ungespanntes /e/ der Basis und in einigen Fällen einen anderen Vollvokal (z.B. *Omen*, *Formel*, *Metapher*) und sonst null (z.B. *Segel*, *Filter*) annimmt. Diese Beschreibung hat noch eine oberflächliche Ähnlichkeit mit Issatschenko (1974), aber im Unterschied zu dessen Morphophonemen haben hier alle zugrundeliegenden Segmente phonologischen Gehalt.

1.3 Die Obstruenten

Im Deutschen gibt es folgende Obstruenten (1.52):

(1.52)	labial/dental	dental-alveolar	alveolar	palatal	velar
	p b	t d			k g
	f v	s z	ʃ ʒ	ç j	x

Die Velare sind durch das Merkmal 'hinten' von den übrigen Konsonanten zu unterscheiden. Die palatalen und alveolaren Konsonanten haben dieselbe Spezifizierung für das Zungenmerkmal 'hoch', aber erstere werden dorsal und letztere apikal artikuliert, weshalb sie die entgegengesetzte Spezifizierung für das Merkmal 'koronal' bekommen. Labiale, dentale und alveolare Laute werden meistens als 'anterior' bezeichnet, aber durch die Aufnahme des Merkmals 'labial' in den Kanon erübrigt sich eine solche Distinktion. Bei der Neuinterpretation von 'anterior' als Merkmal der Zungengestalt statt der Artikulationsstelle, wie sie in Kapitel 2 stattfindet, weicht die Spezifizierung sogar grundsätzlich von der üblichen ab. Das Merkmal 'dauernd' (oder [± continuant]) unterscheidet die Reibelaute von den Verschlußlauten. Das ergibt erst einmal folgende Merkmalmatrix (1.53):

(1.53)

	p	b	f	v	t	d	s	z	š	ž	ç	j	k	g	x
consonantal	+	+	+	+	+	+	+	+	+	+	+	+	+	+	+
sonorant	-	-	-	-	-	-	-	-	-	-	-	-	-	-	-
back	-	-	-	-	-	-	-	-	-	-	-	-	+	+	+
high	-	-	-	-	-	-	-	-	+	+	+	+	+	+	+
labial	+	+	+	+	-	-	-	-	-	-	-	-	-	-	-
coronal	-	-	-	-	+	+	+	+	+	+	-	-	-	-	-
continuant	-	-	+	+	-	-	+	+	+	+	+	+	-	-	+

Hier fehlt noch die Spezifizierung für Stimmhaftigkeit. Es ist möglich, nach der Artikulationsspannung [± tense] oder nach dem Vorhandensein von Stimmton [± stiff vocal cords] zu unterscheiden, denn in den stimmlosen Fortes geht das Merkmal [+ tense] mit dem Merkmal [+ stiff vocal cords] einher, während bei den stimmhaften Lenes das Merkmal [- tense] mit dem Merkmal [- stiff vocal cords] verbunden ist. Es fragt sich also, welches von beiden Merkmalen das relevante distinktive Merkmal ist.

Im Auslaut werden beide Unterschiede zugleich neutralisiert, denn in dieser Position gibt es bloß stimmlose Fortes (1.54):

(1.54)	a		b	
		Sta[p]		Stä[b]e
		Archi[f]		Archi[v]e
		Ba[t]		Bä[d]er
		Lo[s]		Lo[z]e
		Ta[k]		Ta[g]e

Nicht nur im Wortauslaut, sondern auch vor Konsonant und Laryngallaut findet diese Neutralisierung statt (<u>Kin</u>[t], <u>kin</u>[tl]<u>ich</u>, <u>kin</u>[th]<u>aft</u>, <u>kin</u>[t ']<u>ähnlich</u> gegen <u>Kin</u>[d]<u>er</u>, <u>kin</u>[d]<u>isch</u>). Angenommen, man setzt eine zugrundeliegende stimmhafte Lenis in diesen Formen an, dann kann man folgende Auslautverhärtungsregel formulieren (1.55):

(1.55) Auslautverhärtung

$$[-\text{ son}] \rightarrow \begin{bmatrix} +\text{ tns} \\ +\text{ stVC} \end{bmatrix} \;/\; \_\_\_ \; [-\text{ segm}] \begin{Bmatrix} [-\text{ segm}] \\ [+\text{ cons}] \\ [-\text{ son}] \end{Bmatrix}$$

(Die Sequenz [- segm] [- segm] bezeichnet die Wortgrenze, die sonst informell mit # symbolisiert wird. Alle drei Teilregeln haben also eine Morphemgrenze als bedingenden Faktor miteinander gemeinsam.)

Es gibt Fälle, in denen nur das eine der beiden Merkmale neutralisiert wird, und zwar wenn zwei nichtsonorante Segmente zusammenstoßen. Wenn eine Fortis mit einer Lenis zusammentrifft, gibt es nämlich folgende Alternation (1.56):

(1.56)	a		b
	[b]au		Au[fb̥]au
	[v]achen		au[fv̥]achen
	[d]ach		A[pd̥]ach
	[z]ehen		na[xz̥]ehen
	[j]udizieren		a[pj̊]udizieren
	[g]eben		au[sg̊]eben

Die Segmente, die in (1.56a) im Anlaut stehen, werden im Obstruentencluster in (1.56b) stimmlos gesprochen, aber sie behalten ihre Lenisaussprache bei. Man kann diese Alternation auf zweierlei Weise interpretieren: Entweder man erklärt die stimmlose Bindung in (1.56b) als Ergebnis einer progressiven Assimilation, die zugrundeliegende stimmhafte Obstruenten stimmlos macht, oder man setzt zugrundeliegende Lenes an, die im Wortanlaut (1.56a) stimmhaft werden. Für letztere Interpretation spricht die Tatsache, daß nach Aussage des WdA (: 68) im absoluten Anlaut "überwiegend Lenis ohne Stimmton artikuliert" wird. Also nicht nur im Auslaut (1.54a) und nach Fortis (1.56b), sondern auch im Anlaut ist Stimmhaftigkeit weitgehend reduziert. Es liegt also nahe, das Merkmal für Artikulationsspannung als zugrundeliegend zu betrachten.

Die einzige Position, in der Lenes laut WdA durchweg stimmhaft sind, ist im Morpheminlaut, allerdings nur in sonoranter Umgebung, also zwischen Vokalen und Sonanten. Obstruentencluster sind dagegen immer stimmlos. Das entspricht der MSB (1.57):

(1.57) MSB wenn: [- son] ◡ [- son] ◡
dann: [+ stVC] [+ stVC]

Ausnahmen von dieser MSB sind Verbindungen mit [ʒ], das übrigens auch im Wortanlaut meistens stimmhaft gesprochen wird, weil es, wie das WdA (: 45) bemerkt, " ... als fremder Laut empfunden wird, dessen Stimmhaftigkeit bewußt erhalten wird." Außer [ʒ]enie, le[ʒ]er und dergleichen sind [dʒ]ungel, [dʒ]unke, [bʒ]ezinski, [dʒ]ohnson, [dʒ]ingis-Khan (neben [tʃ]inggis-Chan), [gʒ]imek, Bu[dʒ]et, Ho[dʒ]a, Ha[dʒ]i (s.a. Abschnitt 1.3.5) Ausnahmen aufgrund eben dieser 'Fremdartigkeit'. Vereinzelte Ausnahmen von MSB (1.57) sind sonst [bd]ellium, [gd]ynia, [gd]ansk, In[gv]äone, So[vj]et und Inter[vj]ew. Die Stimmlosigkeit der Obstruentencluster in (1.56b) entspricht also der MSB (1.57). Sie gilt nicht nur über Morphemgrenzen hinweg wie in Gelü[pd̥]e (zu geloben) und Ja[kd̥]en (zu jagen) sondern auch innerhalb von Morphemen: Mä[kd̥]e, Wi[tv̥]e, [ʃv̥]er, [tsv̥]eifel, Rön[tg̊]en, a[kv̥]arium, Simba[pv̥]e, Wi[kv̥]am, Moly[pd̥]än, Lam[pd̥]a. In folgenden Beispielen ist die Artikulationsspannung das einzige unterscheidende Merkmal (1.58):

(1.58) a Tan[tsb̥]ar — b Tan[tsp]aar
Forschung[sd̥]aten — Forschung[st]aten
Sta[tg̊]asse — Sta[tk]asse

Allerdings alternieren die [b̥,d̥,g̊] aus den Beispielen in (1.58a), wenn auch fakultativ, mit stimmhaften Verschlußlauten. Es gibt jedoch die Beispiele in (1.59), in denen stimmlose Lenis nur mit stimmloser Fortis alterniert:

(1.59) a Ja[kt] — b Ja[kd̥]en
Ma[kt] — Mä[kd̥]e
Smara[kt] — Smara[kd̥]e

Außerdem gibt es ein Minimalpaar: (sie) jag[t]en : (die) Jag[d̥]en.

Die Regel, welche die Lenes stimmhaft macht, kann nunmehr folgendermaßen formuliert werden (1.60):

(1.60) Stimmhafte Lenis

$$\begin{bmatrix}+\ \text{cons}\\ -\ \text{son}\\ -\ \text{tns}\end{bmatrix} \rightarrow [-\ \text{stVC}] \;/\; \#\langle X\ [-\ \text{stVC}]\rangle \ \_\_\ \langle[-\ \text{stVC}]\rangle$$

Falls nun diese Regel nach der Auslautverhärtungsregel angewendet wird, kann letztere zu (1.61) vereinfacht werden:

(1.61) Auslautverhärtung (Neufassung 1.55)

$$[-\ \text{son}] \rightarrow [+\ \text{tns}] \;/\; \_\_\ [-\ \text{segm}] \left\{\begin{matrix}[-\ \text{segm}]\\ [+\ \text{cons}]\\ [-\ \text{son}]\end{matrix}\right\}$$

Daraus ergibt sich, daß der Terminus "final devoicing" für die neuhochdeutsche Auslautverhärtungsregel unangebracht und Stimmton ein redundantes Merkmal ist.

Gegen die Auffassung, daß bloß die Artikulationsspannung bei Obstruenten distinktiv ist, könnte man noch ins Feld führen, daß Fortes außerdem behaucht sind und daß etwa in den Beispielen in (1.59) die Opposition zwischen /t/ und /d̥/ dadurch gewährleistet ist, daß die auslautende Fortis ausgesprochen wird als [tʻ]. Dazu ist zu bemerken, daß die Behauchung (die in den Aussprachewörterbüchern übrigens nicht in der Transkription berücksichtigt wird) in der gemäßigten Hochlautung nur auf wenige Positionen beschränkt ist, namentlich daß sie vor folgendem Obstruenten entfällt: Ja[ktʻ] : Ja[ktsts]ene (vgl. WdA: 67).

Behauchung der Fortisverschlußlaute findet im Anlaut und im Auslaut unter Betonung statt, wenn auch mit einigen Einschränkungen. Bei sonoranten Segmenten wirkt sich diese Aspiration auch als teilweise Reduzierung der Stimmhaftigkeit aus: A[pʻ]éll, A[spʻ]ík, [pʻ]éch, [tʻ]ál, [pʻ]láge, [pʻ]néu, [pʻ]róbe (bzw. [pl̥]áge, [pn̥]éu, [pr̥]óbe). Weil im Deutschen auslautende Verschlußlaute gesprengt werden, kann auch da Aspiration erfolgen: á[pʻ], Belé[kʻ], Gewál[tʻ], versté[ktʻ], Hau[ptʻ]. Sowohl vor wie nach Akzent wird also behaucht: A[spʻ]í[kʻ], [k]on[tʻ]ra[stʻ], a[kʻ]ú[tʻ], aber vor anderen Obstruenten (versté[k]t, Háu[p]t, Á[p]satz) und in der morphemanlautenden Verbindung sp, st (ver[ʃt]éckt, [st]átus, [ʃp]íel, [sp]ásmus) unterbleibt die Aspiration. Entsprechend den Empfehlungen des WdA(: 44-5), dem ja auch die meisten Beispiele entstammen, läßt sich die Regel für die Behauchung formulieren (1.62):

(1.62) Behauchung

$$\begin{bmatrix} -\text{son} \\ +\text{tns} \\ -\text{cont}\end{bmatrix} \rightarrow [+\text{SG}] \;/\; \left\{ \begin{matrix} [-\text{segm}]\ X \;\_\_\; \left(\begin{bmatrix}+\text{cons}\\+\text{son}\end{bmatrix}\right) \begin{bmatrix}\text{V}\\+\text{str}\end{bmatrix} \\ \begin{bmatrix}\text{V}\\+\text{str}\end{bmatrix} C_0 \;\_\_\; \# \end{matrix}\right\}$$

Bedingung: $X \neq \ldots [-\text{segm}] \begin{bmatrix}-\text{son}\\+\text{cont}\end{bmatrix} \ldots$

In Kapitel 5 wird diese Regel noch einmal überprüft werden.

Ebenso wie die Regel für die stimmhafte Lenis (1.60) ist die Regel für Behauchung nach der Auslautverhärtungsregel (1.61) anwendbar. Wenn sie die Auslautverhärtungsregel erfaßt, werden Lenisverschlußlaute in Fortes verwandelt und sie sind dann ebenso wie zugrundeliegende Fortes Eingabe für die Behauchungsregel (vgl. Bun[d]es : Bun[t]hose : Bun[tʻ] neben bun[t]es : bun[t]gefärbt : bun[tʻ]). Im Morpheminlaut und im Morphemanlaut können Lenisobstruenten, ob Reibelaute oder Verschlußlaute, sowohl stimmhaft wie stimmlos vorkommen, aber in dieser Position werden sie nie behaucht (vgl. [d]ach : Ab[d̥]ach). M.a.W., anlautend gibt es für /d/ eine Alternation [d̥ : d], auslautend eine Konsonantenabstufung [d : t : tʻ].

Während Wurzel (1970b: 260) eine einzige Regel "Stimmlosigkeit im Auslaut und in stimmloser Umgebung" hat, werden hier zwei getrennte Prozesse (1.61) und (1.60) angenommen, und während er Stimmtonspezifizierung als zugrundeliegendes Merkmal annimmt, wird hier das Merkmal 'tense' als das distinktive Merkmal angesetzt. Im übrigen wird die Regel der Auslautverhärtung in Kapitel 3 noch einmal zur Sprache kommen im Zusammenhang mit der Syllabierung.

1.3.1 Die spitzen Zischlaute [s,z]

Im Anlaut und im Auslaut wird beim spitzen Zischlaut die Stimmtonopposition neutralisiert: Im Anlaut vor Vokal ist er stimmhaft (['zɑ:gən] sagen, im Auslaut stimmlos ([haos] Haus), bloß im Inlaut besteht durchgehend eine Opposition (['raesən] reißen : ['raezən] reisen, ['ho:sə] Hausse : ['ho:zə] Hose). Scholz (1972) wählt für letztere Fälle eine Repräsentation mit /ss/ bzw. /s/ und formuliert zusätzlich eine Regel, die intervokalisches und anlautendes /s/ stimmhaft macht (vgl. auch Ross 1967). Man könnte eine Bestätigung für diese Analyse darin sehen, daß nach kurzem, ungespanntem Vokal ein stimmhafter Zischlaut im Hochdeutschen nicht erlaubt ist, aber die Konsequenz ist, daß die Auslautverhärtung für den spitzen Zischlaut irrelevant wird. Genauer: Lenes werden dann durch Auslautverhärtung generell zu stimmlosen Fortes, der Zischlaut /s/ wird unter komplementären Bedingungen zur stimmhaften Lenis.

Die Unvereinbarkeit eines kurzen Vokals mit folgendem [z] kann jedoch auch aus der in Kloeke (1978a) formulierten und hier angepaßten MSB mit viel umfassenderer Gültigkeit erklärt werden (1.63):

(1.63) MSB wenn: $[-\text{cons}] \smile \begin{bmatrix} +\text{cons} \\ -\text{son} \\ -\text{tns} \end{bmatrix}$

dann: $[+\text{tns}]$

Vor stimmhaften Lenes sind Vokale im allgemeinen gespannt: Gabe, Laden, Lage, Möwe, Hase, Loge, Boje, und deshalb ist es auch angebracht, die Basis von Stab, Bad, Tag (vgl. 1.54) mit zugrundeliegendem Leniskonsonanten im Auslaut anzusetzen. Gegenbeispiele zu dieser MSB gibt es unter Wörtern vorwiegend niederdeutschen Ursprungs: Robbe, Kladde, Roggen, clever, meschugge. Das Vorkommen langer, gespannter Vokale vor zugrundeliegender Doppelkonsonanz wäre jedoch nicht mit MSB (1.64) zu vereinbaren:

(1.64) MSB wenn: $[-\text{cons}] \smile [+\text{cons}]_2$

dann: $[-\text{tns}]$

Gegenbeispiele zu MSB (1.64) sind aus Synkope entstandene Wörter wie Obst, Papst, Magd, Propst, Vogt, Krebs. Bei einer Repräsentation von Wörtern wie Maß, Stoß, Fuß mit /ss/ würde man zusätzliche Ausnahmen kreieren. Die Regel, die anlautendes /s/ vor Vokal stimmhaft machen müßte, hätte nicht nur Safe, Sujet, Sowjet, süffisant, Sir ([sœ:] neben [zø:r]), Saison ([sɛ'zɔ̃] neben [zɛ'zɔŋ]) als Ausnahmen, sondern müßte auch die Opposition ['zɑ:bɑ·] Saba 'biblisches Königreich' : ['sɑ:bɑ·] Sabah 'indonesische Insel' und ['zɑ:vɑ·] Sawah 'Reisfeld' : ['sɑ:vɑ·] Sawa 'Eigenname' verantworten. Sicherlich ist es angebracht, eine MSB anzunehmen, die anlautendes [z] vor Vokal zum Normalfall erklärt, aber eine abstraktere Analyse für diesen Laut führt zu Widersprüchen. Die beiden spitzen Zischlaute sind also als /s,z̥/ anzusetzen. Schließlich gibt es noch Argumente der typologischen Implikation, die für diese Analyse sprechen und die in Kapitel 2 behandelt werden.

1.3.2 Die breiten Zischlaute [ʃ,ʒ]

Wurzel (1970b: 226-32) analysiert den breiten Zischlaut [ʃ] in einheimischen Wörtern als eine Ableitung aus /s/ (vgl. auch Ross 1967, Vennemann 1968: 127-31, Scholz 1972). Die Formen /štat/ und /špīl/ wären dann aus /stat/ und /spīl/ in einem Schritt, aber das /š/ in Schiff aus /skif/ in zwei Schritten abzuleiten: erst /sk/ → /šk/ und dann /šk/ → /š/. Robinson (1972, 1974) lehnt diese Analyse als zu abstrakt ab, unter anderem, weil es keine einschlägigen Alternationen gibt. Eliasson (1976a,b) argumentiert gegen sie vom Gesichtspunkt der kontrastiven Linguistik, weil solche abstrakten Repräsentationen falsche Vorhersagungen nicht ausschließen. Wurzel muß selber bereits mehrere Ausnahmen in Kauf nehmen, aber diese mehren sich, wenn man auch Fremdwörter in die Phonologie einbezieht. Zwar wäre ein anlautender breiter Zischlaut in Skandal, Skizze, Skonto, Skulptur nicht ganz und gar wider Erwarten, aber für eine anschließende k-Tilgung als synchronen Prozeß gibt es doch wohl keine Anzeichen, selbst wenn man Skandinavien und Skiff aufgrund von Homonymenflucht als Ausnahmen bezeichnen möchte. Es besteht ja die Opposition Maske : Masche und außerdem dürften Neueingänge wie Chablis, Chiffre, Haschisch, shunten schwerlich mit zugrundeliegendem /sk/ anzusetzen sein. Das Natürlichkeitsprinzip ist dann entscheidend und deshalb ist /š/ als Repräsentation für den stimmlosen breiten Zischlaut anzusetzen.

Wie bereits in Abschnitt 1.3 erwähnt, wird der stimmhafte breite Zischlaut nicht nur intervokalisch (le[ʒ]er, Staffa[ʒ]e, Lo[ʒ]e), sondern auch im Anlaut ([ʒ]enie, [ʒ]ournal) immer stimmhaft gesprochen, also ohne Lenisvariante. Wenn er im Morphemauslaut steht, bleibt er stimmhaft (rou[ʒ(ə)], Presti[ʒ(ə)], Bour[ʒ(ə)]) und bildet eine Ausnahme von der sonst absolut ausnahmslosen Auslautverhärtungsregel (1.61). Eingedeutschte Formen wie Bri[tʃ], bei[ʃ], [zɛrʃ(ə)] (neben [sɛrʒ(ə)]) Serge alternieren nicht. Außerdem bilden Konsonantenverbindungen mit diesem Laut Ausnahmen von der MSB (1.57), die erfordert, daß Obstruentencluster immer stimmlos sind ([dʒ]ungel, Bu[dʒ]et). In Kapitel 5 kommt dieses Segment noch einmal zur Sprache, aber zunächst wird analog zu den in 1.3.1 gefundenen Oppositionen die Repräsentation /ž̥/ gewählt.

1.3.3 Die Reibelaute [j,v] und die Halbvokale

Trubetzkoy (1939: 64 FN) betrachtet den palatalen Engelaut [j] als kombinatorische Variante des Vokals /i/. Moulton (1962: 23-4) läßt ihn aus seiner Übersicht des deutschen Konsonantensystems aus, aber er setzt stattdessen einen phonemischen Halbvokal (/j/ in seiner Transkription) an. Im Abschnitt über unsilbische Vokale erörtert er die phonetische Unterscheidung zwischen [i], [ĭ] und [j] wie in Per[i]öke, Per[ĭ]ode, Bill[ĭ]on, Bil[j]et sowie die von ihm gewählte Transkription mit bloß zwei Symbolen [i] und [j] mehr in Einzelheiten:

> "... [I]t makes the phonetic dimension 'syllabic – non-syllabic' appear to consist only of these two extremes. In actual fact, this dimension is as much of a continuum as are all the other phonetic dimensions we have discussed, and [i] and [j] merely represent opposite ends of the dimension. In between these two ends it is quite possible to have phones which are not as fully syllabic as [i], and not as fully non-syllabic as [j]" (: 65).

Dann stellt er allerdings selber fest, daß der Halbvokal [ĭ], der bloß prävokalisch vorkommt, zusammen mit [i] als Allophon des /i/ betrachtet werden kann, aber daß dieser Halbvokal offensichtlich kontrastiert mit [j].

Gegen die Annahme, daß [i] und [j] als Allophone zu betrachten sind, wendet Werner (1972: 47) ein, daß sie in Vanil[j]e und Lil[ĭ]e "in gleicher Umgebung stehen" (Halbvokal und Vollvokal werden also wie üblich stillschweigend miteinander identifiziert). Moulton deutet aber gerade an, daß die Länge der vorangehenden Silbe eine Rolle spielt. Werners zweiten Einwand, daß in [jI]ddisch, in[ji]zieren und plebe[jI]sch zwei i-Laute nebeneinanderstünden, löst Moulton (1956: 380) bereits teilweise, indem er Repräsentationen mit Akzentangabe vorschlägt: /i´idiš/ oder /iídiš/.

Wurzel (: 244-6) untersucht nur Stammwörter und braucht bloß [j] im Morphemanlaut zu verantworten. Er betrachtet diesen Laut freilich nicht als Allophon des /i/, sondern er leitet ihn aus einem zugrundeliegenden 'Glide' ab. Sein Argument, daß [j] nirgends der Auslautverhärtung unterliegt, bleibt gültig, wenn man von Raritäten wie Bojchen, (er) schwojt (Vennemann 1968) absieht. Weiter ist zu bemerken, daß [j], obwohl selber Obstruent, selten in Obstruentenclustern vorkommt (Interview, Computer, tja, Tjost). Damit ist aber die Frage, ob das [j] mit einem 'Glide' oder gar mit einem Vollvokal zu identifizieren ist, noch nicht beantwortet.

Von folgenden Wörtern gibt es zwei Varianten (1.65):

(1.65)	a	Lieder[j]an	b	Liedr[i]an
		[j]ambus		[i]ambus
		[j]ason		[i]ason
		[j]onisch		[i]onisch
		[j]ota		[i]ota

Die fraglichen Segmente unterscheiden sich nicht nur in der Syllabizität, sondern auch in der Sonorität. Alternationen von [i] und [j] sind anhand der Ausspracheworterbücher sonst nicht nachzuweisen. Es gibt dagegen Wortpaare, die eine Alternation des jotierten i mit dem Vollvokal nahelegen (1.66):

(1.66)	a	Lín[ĭ]e	b	lin[i]íeren
		All[ĭ]ánz		all[i]íeren
		substant[ĭ]éll		substant[i]íeren
		spez[ĭ]éll		Spéz[i]
		Or[ĭ]ént		Ór[i]ent
		Ab[ĭ]óse		Ab[í]osis

Laut WdA ist in der gemäßigten Hochlautung ein i außer im Wortanlaut (D[í]a, F[i]áker, F[i]ésko, P[i]áno, P[i]éce) unsilbisch, falls es zwischen einem Obstruenten und einem nichtidentischen Vokal steht: sép[ĭ]a, Gró b[ĭ]an, prinzip[ĭ]éll, med[ĭ]ál, Mórph[ĭ]um, relig[ĭ]ós, Thrák[ĭ]en, Miss[ĭ]ón, glaz[ĭ]ál, nupt[ĭ]ál, kommerz[ĭ]éll, Énz[ĭ]an, Allúv[ĭ]um. Nach den Sonanten [l,m,n] wird der Laut jedoch nur unsilbisch, wenn ihnen kein Obstruent oder Nasal vorangeht. So erklären sich folgende Gegensätze (1.67):

(1.67)	a	Gall[ĭ]um	b	Herakl[i]on
		Kal[ĭ]um		Bibl[i]othek

(1.67) (Fortsetzung)

a	b
Grem[ĭ]um	Osm[i]um
Wolhyn[ĭ]en	Bosn[i]en
Sperm[ĭ]um	Kadm[i]um
Kaliforn[ĭ]um	Hafn[i]um
Il[ĭ]on	Gangl[i]on
Holm[ĭ]um	Omn[i]um

Der i-Laut ist nach [r] unter denselben Bedingungen unsilbisch wie nach den anderen Sonanten (Notar[ĭ]át, Valer[ĭ]án), aber es gilt die zusätzliche Einschränkung, daß der Akzent nach ihm fallen muß. Also weder Átr[i]um, Allótr[i]a, Nútr[i]a, Schléndr[i]an, Zypr[i]ót noch Diár[i]um, Brimbór[i]um, Malár[i]a enthalten den Halbvokal. Deshalb gibt es nach r je nach Lage des Wortakzents und je nach Art des vorangehenden Clusters ein silbisches oder ein unsilbisches i (1.68):

(1.68)

a	b
mater[ĭ]éll	Matér[i]e
Arter[ĭ]otomíe	Artér[i]e
Var[ĭ]ánt	Vár[i]a
Ordinar[ĭ]át	Ordinár[i]us
imper[ĭ]ál	Impér[i]um
minister[ĭ]éll	industr[i]éll
Karr[ĭ]ére	Kámbr[i]um

Viele sprechen die fraglichen Laute in (1.68b) jedoch auch unsilbisch.

Das jotierte i ist durch folgende Regel zu gewinnen (1.69):

(1.69) Jotiertes i

$$\begin{bmatrix}+\text{son}\\-\text{back}\\+\text{high}\\-\text{lab}\end{bmatrix}_i \rightarrow \begin{bmatrix}+\text{cons}\\+\text{son}\end{bmatrix} \;/\; X\,V\,\Bigl((C)\Bigl\langle\overset{C}{\begin{bmatrix}+\text{son}\\+\text{cont}\end{bmatrix}}\Bigr\rangle\Bigr)\;\overset{C}{\langle+\text{son}\rangle_a}\begin{bmatrix}\overline{}\\-\text{str}\end{bmatrix} V_j$$

Bedingung: (a) $i \neq j$

(b) wenn $C_a = /r/$ dann $XV \neq \ldots [+\text{str}] \ldots$

(Die Spezifizierung [+ cons] in der strukturellen Veränderung wird in Kapitel 2 begründet werden.) Von dieser Regel sind laut der Aussprachewörterbücher außerdem noch die Wörter brach[i]al und Bronch[i]en sowie die Präfixe anti- (ant[i]amerikanisch, Ant[i]alkoholiker) und peri- (Per[i]astrum, per[i]oral) auszunehmen.

Keinen, der einen Blick in Duden oder Siebs wirft, wird das Ergebnis, daß der Halbvokal [ĭ] mit dem Vokal [i] identifizierbar ist, überraschen, denn diese beiden Aussprachewörterbücher lassen unsilbische Aussprache des i-Lauts eigentlich nur nach t und s zu. Duden (: 40) geht in seinen Empfehlungen für die gemäßigte Hochlautung dagegen viel weiter als das WdA, denn er läßt auch unsilbische Aussprache im Wortanlaut zu (D[ĭ]alog usw.) und schließt auch andere Fälle ein, wo das WdA nur silbische Aussprache zuläßt (D[i]alog, Lib[y]en, Erin[y]en usw.).

Die Identifizierung des Reibelauts [j] mit dem Vollvokal [i] führt indessen zu erheblichen Schwierigkeiten. Erstens sind die Varianten vom Typ [i]ota neben [j]ota in (1.65) zu verantworten, weiter auch die Unterschiede im Anlaut wie F[i]aker neben F[j̊]ord (wenn man von Finessen, die das WdA bei der Aussprache von F[j̊]ord und F[j]odor gelten läßt, schon absehen will). Zwar trifft Moultons Beobachtung, daß [j] inlautend hauptsächlich nach kurzem Vokal mit einem Konsonanten vorkommt (Mi[rj]am, Vani[lj]e, Patrou[lj]e, Ta[lj]e, Comp[ĭ]e[nj]e, Dordo[nj]e) zu, aber es bleiben dann doch Gegenbeispiele Bi[lĭ]on, Mi[lĭ]arde und das Paar Bi[lj]arde 'Kugelspiel, Pl.' und Bi[lĭ]arde 'Zahl'. Zumindest nach den Aussprachewörterbüchern ist der Reibelaut [j] mit einem phonemischen /j̊/ zu repräsentieren.

Wurzel will auch das [v] aus einem 'Glide' ableiten, aber die Argumente, die noch bis zu einem gewissen Grade für das [j] gelten, entfallen hier gänzlich. Erstens kommt [v̥] in Obstruentenclustern vor ([kv̥]arz, [kv̥]ark, [tv̥]ist, Wi[tv̥]e) und zweitens wird es im Auslaut regelmäßig verhärtet (Archi[f], bra[f], Königslö[f]). Auch in Wurzels System mit zugrundeliegenden 'Glides' ergeben sich noch Schwierigkeiten. Wenn man von anglisierenden Aussprachevorschriften mit dem bilabialen [w] in Quarter, Quebec, Gwendolen, Whisky und vom unbetonten Vokal [u] in Guám, Guajákharz absieht, so bleibt doch der Unterschied zwischen [kv̥]addel, [kv̥]adrat, I[ŋv]er, I[ŋgv]äone einerseits und [kŭ]adros, Li[ŋgŭ]ist andererseits. Übrigens möchte man noch wissen, worin sich ein "doppellippiger Engelaut" [w] von einem "nichtsilbischen" [ŭ] nach WdA unterscheidet.

Im vorliegenden System läge es auf der Hand, den Halbvokal [ŭ] nach der Regel (1.69) abzuleiten, aber es stellt sich heraus, daß unsilbische Aussprache des u-Lauts die Ausnahme ist: akt[u]ell, us[u]ell, Stat[u]e, Jan[u]ar, Ping[u]in haben silbisches u, bloß wenige Wörter wie Ling[ŭ]ist (man hört aber auch [lIŋgu''Ist] sowie [lIŋ'gvIst]), ling[ŭ]al, S[ŭ]ade, S[ŭ]ebe (neben [zu''e:bə], ['sv̥e:bə]) enthalten den Halbvokal. Weil die phonologische Umgebung für die letzten beiden Wörter nicht mit der strukturellen Beschreibung links vom Fokus in Regel (1.69) übereinstimmt, ist sogar fraglich, ob es angebracht ist, diese Wörter mit einem Alphabetmerkmal mit zu 'vereinnahmen'. Statt dessen scheint es hier besser zu sein, Wörter wie die vier letztgenannten gesondert zu markieren. Es wird weiterhin angenommen, daß dem [v] ein zugrundeliegendes /ỵ/ entspricht.

1.3.4 Die dorsalen Reibelaute [x,ç]

Die Argumente, den Ach-Laut und den Ich-Laut als Allophone eines zugrundeliegenden Segments zu betrachten, sind hinreichend bekannt. Werner (1972: 46-50) faßt sie noch einmal übersichtlich zusammen. Vorausgesetzt, man akzeptiert, daß Wörter eine innere Struktur haben und Morphemgrenzen enthalten können, dann ist eine Regel, wie Wurzel (: 234) sie gibt, überzeugend genug (1.70):

(1.70)
$$\begin{bmatrix} +\text{obstr} \\ -\text{ant} \\ +\text{dnd} \end{bmatrix} \rightarrow \begin{bmatrix} -\text{hint} \\ -\text{kor} \end{bmatrix} \;/^{*}\; [-\text{hint}] \;\_\_\_\; (\ K\ )\ +$$

Diese Spiegelregel macht aus einem /x/ ein /ç/ in vier verschiedenen Umgebungen, aber sie muß voraussetzen, daß zugrundeliegendes /r/ koronal ist, also [- hinten]. In Kloeke (1978b: 174 FN) wird eine einfachere Regel vorgeschlagen, die den dorsalen Reibelaut außer nach nichtkonsonantischem, hinterem Segment als palatal spezifiziert (1.71):

(1.71) Dorsaler Reibelaut
$$\begin{bmatrix} -\text{son} \\ -\text{kor} \\ -\text{lab} \\ +\text{dau} \end{bmatrix} \rightarrow [\alpha\ \text{hint}] \;/\; \alpha\left\langle \begin{bmatrix} -\text{kons} \\ +\text{hint} \end{bmatrix} \right\rangle \;\_\_\_\;]_{M}$$

Die Regel funktioniert ebenso wie Wurzels Regel nur innerhalb von Morphemgrenzen und verantwortet den Ich-Laut im Morphemanlaut ([ç]ilderich, [ç]aron, [ç]rysander, [ç]auke, [ç]thonisch und Petro-[ç]emie, Männ-[ç]en), im Inlaut (S[ç]isma, s[ç]izophren, Mil[ç], Stor[ç], Mön[ç], Mor[ç]el) und nach nichtvelaren Vokalen (Be[ç]er, Entele[ç]ie, E[ç]o, Stry[ç]nin, Seu[ç]e). Nach velaren Nichtkonsonanten stehen dagegen Ach-Laute: Bau[x], Ba[x], Bu[x]e, Ko[x], Batra[x]omyoma[x]ie, Paro[x]ie, Tra[x]ee. Sie erklärt auch Oppositionen wie folgende (1.72):

(1.72)	a		b
		Tro[x]it	Tri[ç]it
		Ba[x]	Bä[ç]e
		tau[x]-en	Tau-[ç]en

Scheinbare Ausnahmen von der Regel sind auto[x]thon (vgl. [ç]thonisch) und Hypo[x]onder (vgl. Hypo[ç]ylie), aber diese beiden Wörter erhalten regelmäßig den Ach-Laut, wenn ihre zugrundeliegenden Formen ohne Morphemgrenze repräsentiert werden. Echte Ausnahmen sind dagegen Scheveningen, Brueghel, Chabarovsk, Tschechow, Chanukka, Chuzpe, José, Junta, insofern die Aussprachewörterbücher dafür 'fremde' Aussprache empfehlen.

Dressler (1977: 52) sieht in der Regel gerade ein Beispiel für Regelinversion, wie sie Vennemann (1972) diskutiert hat. Er will (ebenso wie Issatschenko 1973) namentlich aufgrund der weiteren Verbreitung des Ich-Lauts und der einheitlichen phonologischen Umgebung für den Ach-Laut aus zugrundeliegendem /ç/ ein /x/ machen. Das hat den Vorteil, daß Regel (1.71) keine Disjunktion mehr zu enthalten braucht. Damit entfernt sich ihre Form aber radikal von der verwandten Regel, die – und darauf weist Wurzel (1970b) ausdrücklich hin – in mehreren Dialekten des Deutschen funktioniert: Es handelt sich um den Wechsel /x/ → /š/. Während zwischen dem Ach-Laut und dem Ich-Laut ein 1:1-Verhältnis besteht, existiert dies für den Ach-Laut und den breiten Zischlaut keineswegs. Andererseits ist ja nicht von vornherein ausgeschlossen, daß sich Hochsprache und Dialekt auf diese Weise voneinander unterscheiden, doch Wetzels (1981) kommt zu dem Schluß, daß der Begriff 'Regelinversion' in Ermangelung einer ausreichenden theoretischen Fundierung zunächst abzulehnen ist.

Für die Analyse des hochdeutschen Lautsystems können jedoch schwerlich Argumente aus den Mundarten herangezogen werden; diese sind vielmehr langue-intern zu suchen. Gesetzt den Fall, daß in der Tat Regelinversion stattgefunden hat, dann entsteht für die oben erwähnten Ausnahmen ein Problem, denn es gäbe nur die Möglichkeit, sie mit zugrundeliegendem /x/ anzusetzen, dessen Identität mit dem Output der 'umgekehrten' Regel rein zufällig wäre. Dagegen macht die Annahme, daß der Ich-Laut aus dem Ach-Laut abzuleiten ist, die plausiblere Vorhersage, denn die Ausnahmen können dann mit einem Minusmerkmal [- R. 1.71] versehen werden, was impliziert, daß sie, wenn sie diesen Ausnahmestatus verlieren, regelmäßig den Ich-Laut erhalten, m.a.W., daß z.B. Tschechow in eingedeutschter Form mit inlautendem Ich-Laut gesprochen wird. Außerdem hätte die Wahl des /ç/ als zugrundeliegendes Segment statt /x/ Konsequenzen für den Aufbau des deutschen Lautinventars. Darüber ist am Ende des 2. Kapitels zu sprechen.

Im übrigen hat die Regel (1.71) einen negativen Grundzug: Um den dorsalen Reibelaut im Fokus nicht spezifizieren zu müssen, werden die Merkmale 'labial' und 'koronal' verwendet. In Kapitel 5 wird die endgültige Form dieser Regel für den dorsalen Reibelaut noch einmal erörtert werden.

1.3.5 Die Affrikaten – ein Segment oder zwei ?

Traditionell werden die Lautverbindungen [pf] und [ts] im Anlaut von Pfeil und Zeit als Affrikaten bezeichnet. Phonetisch geht es hier um eine Lautsequenz, die Frage ist aber, ob diese Sequenzen sich auf phonologischer Ebene wie Einzelsegmente verhalten. Letztere Auffassung wird in einer Reihe von Veröffentlichungen vertreten (vgl. Zacher 1969: 106 und Werner 1972: 50-5 für Literaturangaben). Trubetzkoy (1939: 50-9) stellt eine Reihe von Kriterien für die mono- bzw. polyphonematische Wertung von Lautverbindungen auf. Für ihn genügt das phonotaktische Argument, daß außer /štr/, /špr/ und /špl/ sonst keine dreigliedrigen Konsonantenverbindungen im Anlaut deutscher Wörter zugelassen sind. Wo aber Cluster von drei Konsonanten im Wortanlaut zugelassen sind, läßt sich dieser Tatsache kein Argument entnehmen, daß die anlautenden Cluster in Pflaume und zwei hingegen zweigliedrig und [pf] und [ts] Einzelsegmente sind. Trubetzkoys andere Kriterien sprechen eher gegen ihre monosegmentale Wertung. In Wörtern mit kurzem Vokal verteilen sich die Komponenten über zwei Silben:(si[t.s]en, hü[p.f]en) und es kann keine Rede davon sein, daß durch das Ansetzen von Affrikaten ein Parallelismus im Inventar hergestellt wird, eher im Gegenteil, denn bei den Velaren fehlt ohnehin eine Affrikata.

Wurzel (: 205) bezieht sich ebenfalls auf das phonotaktische Argument, wenn er darlegt, daß für die Repräsentation eines Wortes wie Zopf weniger Markierungen im Lexikon nötig sind, wenn man eine Affrikata, als wenn man eine Sequenz ansetzt. Dabei wird übersehen, daß die einzelnen Segmente /p,f,t,s/ ohnehin existieren und das Inventar also um zwei Segmente erweitert werden muß. Anders gesagt, jedes Argument für das Ansetzen eines Segments mit 'gradueller Lösung' ("delayed release"), gegen das es ein Gegenargument gibt, muß als widerlegt gelten, denn die Beweislast obliegt dem Befürworter einer Erweiterung des Systems.

Alternationen in deutschen Stammwörtern liefern nur spärlich Argumente dafür, labiale und dentale Affrikaten anzusetzen (1.73):

(1.73)	a	tro[pf]en	b	trie[f]en
		ne[ts]en		na[s]

(1.73) (Fortsetzung)

a	Hi[ts]e	b	hei[s]
	schwi[ts]en		Schwei[s]
	si[ts]en		sa[s]
	Ka[ts]e		Ka[t]er

In den Beispielen in (1.73a) fällt auf, daß sie sich von den paarweise geordneten Alternanten in (1.73b) dadurch unterscheiden, daß sich nicht nur der inlautende Konsonantismus ändert, sondern auch, daß vor den sogenannten Affrikaten nur kurze Vokale vorkommen, während vor den eingeklammerten Segmenten in (1.73b) sowohl kurze wie lange Vokale und Diphthonge erscheinen. Sprachgeschichtlich ist das auch erklärlich, denn im Althochdeutschen wurden die von der Lautverschiebung betroffenen Konsonanten *p*,*t*,*k* je nach Position entweder zu *ff*,*ʒʒ*,*xx* oder *pf*,*tʒ*,*kx*. Zwar wurden alsbald die Reibelautverbindungen nach langem Vokal oder Diphthong vereinfacht, aber die Cluster *pf*,*tʒ*,*kx* bewirkten im Mittelhochdeutschen ebenso wie andere Konsonantencluster eine Verkürzung des vorangehenden Vokals.

Dressler (1973: 10), der selber an eine monosegmentale Interpretation der sogenannten Affrikaten glaubt, liefert Beispiele aus der Sprache von Aphatikern. "Zum Unterschied von normalen Fehlleistungen ... können die als monophonematisch aufzufassenden Affrikaten in die Folge Verschlußlaut + Reibelaut aufgelöst werden (und umgekehrt) ..." Er erwähnt Fälle wie *Apfel*, *August*, *Bürste*, in denen die Cluster respektive zu [fp], [ts] und [ts] werden. Nach dieser Auffassung müßte die Metathese also in zwei Schritten vor sich gehen: 1. Aufspaltung eines Segments in zwei Segmente, 2. Metathese. Die bisegmentale Interpretation der sogenannten Affrikaten macht die Erklärung jedoch einfacher.

Meringer (1908) bringt eine sehr umfangreiche Sammlung von Material über sprachliche Fehlleistungen, fast alles Fälle von Vertauschung von Segmenten. Er zeichnet auch den Versprecher *Nest* (statt *Netz*, : 13) auf, und er beobachtet bei sich selber (: 121) den Lapsus linguae *Weizengrüste* (statt: *... grütze*) und fügt hinzu: "Metathese von ts zu st ist sehr unwahrscheinlich." Die hier verfochtene Deutung bereitet dagegen keine Probleme.

Wenn die sogenannten Affrikaten phonologisch als Einzelsegmente gewertet werden sollten, dann müßte Vokallänge vor [pf] und [ts] frei sein. Das ist jedoch nicht der Fall. Im Deutschen sind Langvokale und

Diphthonge vor [pf] morphemintern völlig ausgeschlossen. Vor [ts] ist der Sachverhalt jedoch etwas anders, denn es gibt Langvokale in dieser Position (Flöz, uzen) sowie Diphthonge (Kauz, Schnauze, Kreuz, schnäuzen, Reiz, Weizen). Zu den Beispielen mit Langvokal vor [ts] könnten auch noch duzen und siezen erwähnt werden, aber diese Wörter sind von den Personalpronomen du und Sie abgeleitet, so wie ihrzen von ihr. Sonst beschränken sich diese Sequenzen auf Eigennamen (Betz, Lazarus, Graz, Vaduz, Bozen) und Fremdwörter (Akazie, Fez, Notiz, Fiduz). Schließlich gibt es eine Alternation zwischen [t] und [ts], welche die Quantität des vorangehenden Vokals nicht beeinflußt (1.74):

(1.74)	a	Helve[ts]ien	b	helve[t]isch
		Fabrika[ts]ion		Fabrika[t]
		Reforma[ts]ion		Reforma[t]or
		Restaura[ts]ion		Restaura[t]eur

Es betrifft hier wiederum Fremdwörter und Eigennamen, bei denen der bedingende Faktor ein unbetontes i ist. Vor betontem i (Demokra[t]íe, Idio[t]íe), vor 'Erb'-Suffix (demokrá[t]isch, idió[t]isch) und nach s (Bés[t]ie, Indiges[t]ión) unterbleibt der s-Einschub. Zusammenfassend ist festzustellen, daß es kein einziges Argument gibt, die Sequenz [pf] als phonologische Affrikata zu repräsentieren, eher im Gegenteil. Für die monosegmentale Wertung der Lautfolge [ts] sind freilich Argumente zu finden, aber abgesehen von nur zwei Stammwörtern sind es bloß Eigennamen und Fremdwörter, die Indizien für diese Interpretation liefern.

Für eine monosegmentale Wertung der Lautfolge [tʃ] gibt es dagegen gerade Argumente aus dem Basisvokabular. Ähnliche phonotaktische Argumente, die gegen eine monosegmentale Repräsentation von [ts] und [pf] sprechen, können als Hinweis dafür gelten, daß im Deutschen eine alveopalatale Affrikata /č/ anzusetzen ist. Vokallänge vor [tʃ] ist offensichtlich frei (1.75):

(1.75)	a	Qu[a]tsch	b	Tr[ɑ:]tsch
		t[ɛ]tscheln		h[ɛ:]tscheln
		kl[I]tschen		qu[i:]tschen
		l[U]tschen		kn[u:]tschen

Fleischer (1966) weist nach, daß im Spätmittelalter, nachdem das /š/ (< /sk/) phonemisiert worden war, immer wieder Tendenzen bestanden, die Verbindung /t+s/ zu /č/ zu palatalisieren, wenn auch vorwiegend in

Eigennamen und Fremdwörtern. Auffällig ist jedoch, daß diese Lautverbindung gerade in schallnachahmenden, emotional betonten Wörtern vorkommt und auch neuhochdeutsch meistens eine expressive Färbung hat. Einige von den in (1.75) gegebenen Beispielen wird man denn auch vergeblich im WdA nachschlagen. Die stimmhafte Lautverbindung [dʒ] beschränkt sich auf nur wenige Vorkommen wie [dʒ]ungel, [dʒ]unke, [dʒ]inn, Kamb[ɔdʒ]a, H[adʒ]i, H[ɔdʒ]a, B[ydʒ]et. Sie geben kaum Anlaß zur Annahme, daß sie monosegmental wiedergegeben werden sollten. Die stimmlose Verbindung findet sich dagegen im Anlaut ([tʃ]üß, [tʃ]ilpen, [tʃ]ako), im Inlaut (Pei[tʃ]e, pan[tʃ]en, [tʃ]uk[tʃ]e) und im Auslaut (deu[tʃ], Ki[tʃ], Pu[tʃ]). Zum Wort H[a]rtschíer (< it. arciere 'Bogenschütze') gibt es die Dublette H[ɑ]tschíer mit gespanntem Vokal, und neben Viola da br[a]ccio gibt es die eingedeutschte Form Br[ɑ:]tsche. Bei einer bisegmentalen Interpretation müßten alle Wörter vom Typ (1.75b), in denen dieser Lautverbindung ein langer Vokal vorangeht, als Ausnahmen von MSB (1.64) bezeichnet werden. Wenn dagegen die Lautfolge [tʃ] als phonologisches Einzelsegment repräsentiert wird, müssen diese Wörter, die in der fraglichen Position einen Langvokal enthalten (ätsch, latschen, watscheln, Ratsche, gnatschig), nicht mehr wie Fremdwörter als Sonderfälle angesehen werden. Hier wird weiter davon ausgegangen, daß das deutsche Lautinventar wenigstens einen Plosiv mit gradueller Lösung umfaßt und zwar die palatoalveolare Affrikata /č/.

1.4 Die Laryngale

Im Deutschen gibt es zwei Laryngallaute, die folgendermaßen zu spezifizieren sind (1.76):

(1.76)

	ʔ	h
consonantal	-	-
sonorant	-	-
continuant	-	+

Alle sonstigen Merkmalspezifizierungen erübrigen sich, denn die stimmen jeweils mit dem folgenden Vokal überein.

Der feste Einsatz wirkt bedeutungsunterscheidend: verreisen : vereisen. Oppositionen findet man z.B. in ver[ʔ]eist : ver[h]eißt : ver[b]eißt. Vorgeschrieben ist der feste Einsatz in Hiatusstellung vor Vokal auf der Morphem- oder Wortgrenze: [ʔ]áus[ʔ]arten, [ʔ]ún[ʔ]er[ʔ]achtet, pseudo-[ʔ]eléktrisch, ánti[ʔ]amerikanisch. Dazu läßt sich folgende Regel formulieren (1.77):

(1.77) Fester Einsatz

$$\emptyset \rightarrow \begin{bmatrix} -\text{ cons} \\ -\text{ cont} \end{bmatrix} \;/\; ([-\text{ cons}])([-\text{ segm}]) \;\_\_\; \begin{bmatrix} -\text{ cons} \\ +\text{ son} \end{bmatrix}$$

Bedingung: im Anlaut von Wortstamm und Präfix obligatorisch

In Hiatusstellung zwischen Vokalen ist der Glottisverschluß weitgehend vorhersagbar (Hi[']átus, Gu[']ám, De[']ísmus, Be[']átrix, Di[']ógenes, eury[']ök, A[']ída, Anti[']óchia, Schi[']ít) und, daß die Wortbetonung dabei eine Rolle spielt, zeigen folgende Wortpaare (1.78):

(1.78)

	a	b
	Kíosk	Ki[']ósk
	Géorg	Ge[']órg
	Jóachim	Jo[']áchim
	Fárör	Fär[']ör
	Cháos	cha[']ótisch
	Dúal	Du[']ális

Wortintern, wenn keine Morphemgrenze involviert ist, und vor Suffixen – auch wenn Betonung und Morphemgrenze in der unmittelbaren Umgebung stehen – gibt es allerdings erhebliche Schwankungen im Gebrauch und das WdA läßt in vielen vergleichbaren Fällen auch die Aussprache ohne Neueinsatz zu: Ruíne (neben Ru[']ín), Autopsíe (oder Aut[']opsíe), desavouíeren (neben kontinu[']íeren), rituéll (neben virtu[']ell), Präadaptatión (neben Prä[']okkupatión), [']Iónen (neben Kat[']i[']ónen), sexuéll (neben bisexu[']éll), Kroáte (neben Serbokro[']áte). Es ist offensichtlich, daß diese Schwankungen viel mit dem Sprechstil zu tun haben, und deshalb wird auf eine Ergänzung der obligatorischen Regel (1.77) mit einer fakultativen Teilregel verzichtet. Wurzel (1970b: 261) bezieht in seine Regel noch andere Ebenen als die des Wortes ein, aber auch er macht auf dialektale und idiolektische Unterschiede aufmerksam. Übrigens kann die Epenthese dank der Tatsache, daß die Laryngallaute hier als 'nichtsonorant' spezifiziert worden sind, einfacher beschrieben werden als in Wurzels Regel (K 14).

Ableitungen wie Kar[b]yloxím neben Kar[p ']oxýl und Schwankungen wie Hé[b]amme neben Hé[p ']amme zeigen, daß ein Zusammenhang zwischen festem Einsatz und Auslautverhärtung besteht. Die dritte Teilregel von (1.61) bewirkt Auslautverhärtung vor Geräuschlaut. Je nachdem die betreffenden Wörter den (fakultativen) festen Einsatz erhalten oder nicht, kann Regel (1.61) Verhärtung im Morphemauslaut bewirken oder die Lenis unverändert lassen. In Kapitel 3 ist noch einmal ausführlicher auf die Auslautverhärtung zurückzukommen, während die Regel für den festen Einsatz noch einmal zu überprüfen ist in Kapitel 5.

Was das [h] betrifft, gibt es verschiedentlich Versuche, es mit einem zugrundeliegenden /x/ zu identifizieren (vgl. Werner 1972 für Literaturangaben). Zacher/Griščenko (1972) und Philipp (1974) suchen sogar eine Verbindung mit [j]. Vennemann (1968: 123 FN) warnt übrigens vor dem Versuch, /h/ aus /x/ abzuleiten, wenn es sich um Fremdwörter handelt. Zwar steht anlautend fast nie ein Ach-Laut, weil er dort mit dem Ich-Laut wechselt (vgl. Abschnitt 1.3.4), aber inlautend zwischen Vokalen kann sowohl der Laryngal wie der Ach-Laut (oder Ich-Laut) vorkommen: Wachau, Wacholder, Bacharach, Bocholt, Machandel, Kachexie, synekdochisch oder Hechingen, Michel, Dichotomie, Katechismus, Eucharistie und Tohuwabohu, Ahorn, Oheim, Es gibt sogar Minimalpaare Sáchara : Sáhara, Chóden : Hóden, Ophiúchus : Úhus. Das /h/ ist also als zugrundeliegendes Segment für das Deutsche anzusetzen.

1.5 Die Sonanten

Im Deutschen gibt es die Sonanten [m,n,ŋ,l] und, in freier Distribution, die r-Laute [r,R] sowie ein Reibe-r und postvokalisch einen Zentralvokal. Wenn man von letzteren Varianten absieht, lassen sich diese Laute in folgende Matrix unterbringen (1.79):

(1.79)

	m	n	ŋ	l	r	R
consonantal	+	+	+	+	+	+
sonorant	+	+	+	+	+	+
back	-	-	+	-	-	+
labial	+	-	-	-	-	-
nasal	+	+	+	-	-	-
lateral	-	-	-	+	-	-

Die Nasale bieten, was ihre Klassifizierung betrifft, kein Problem: Sie sind in der Opposition Wamme : Wanne : Wange belegt. Auf den velaren Nasal ist allerdings in Kapitel 3 noch einmal zurückzukommen. Der Laterallaut unterscheidet sich von den anderen Segmenten durch das Merkmal desselben Namens. Es fragt sich allein, welcher von den r-Lauten als zugrundeliegend angenommen werden kann, denn artikulatorisch unterscheiden sie sich erheblich, was sich auch auf die binäre Spezifizierung auswirkt. Im anschließenden Abschnitt 1.5.1 ist auf diese Frage näher einzugehen.

Meringer (1908) verzeichnet in seiner Sprechfehlersammlung fast nur Fälle von Segmentaustausch (vgl. auch Abschnitt 1.3.5), aber zwei "unerkärte Fälle" (: 121), "Nähladl" statt Nähnadel und "fahren" statt fallen, lassen sich bei obiger Klassifikation interpretieren, denn häufig ist zu beobachten, daß das Intrusionssegment und das angezielte Segment wesentliche Merkmale gemeinsam haben. In "Nähladl" liegt vermutlich antizipatorische Substitution vor, während in "fahren" das angezielte Segment ersetzt wird, ohne daß ein Ausgangssegment eindeutig nachweisbar wäre, aber jedenfalls haben /l/ und /n/, bzw. /r/ und /l/ die Hauptmerkmale [+ consonantal, + sonorant] und gegebenenfalls das Merkmal [+ coronal] gemeinsam.

1.5.1 Das deutsche R

Es gibt Spielarten des Deutschen, in denen der r-Laut durch ein Reibe-r vertreten ist (vgl. insbesondere Ulbrich 1972). Es betrifft hier einen Geräuschlaut, der mit Realisierungen des Ach-Lauts zusammenfallen kann. Ungeheuer (1977: 141, 146) sieht sich deshalb veranlaßt, eine Deutung des r als "lenis-Partner" zum /x/ zu erwägen. Durch die Klassifikation des r als Obstruent hätte die MSB (1.57) jedoch einen erheblichen Zuwachs an Ausnahmen zu verzeichnen, denn es müßte als Sonderfall angesehen werden, daß Konsonantencluster wie in Arbeit, Abraham, Ardennen, adrig, Ärger, Agrarier, Arsen überhaupt stimmhaft realisiert werden können. Die Distribution des r läßt darauf schließen, daß es mit dem l als Sonant zu klassifizieren ist, denn es kommt eben in Positionen vor, wo sonst kein Obstruent zugelassen ist: Gras, Glas, Schurz, Schulz. Mit der Spezifizierung [- sonorant] in der zugrundeliegenden Repräsentation wäre übrigens ein Teil der Regel (1.43) für Vokalepenthese gegenstandslos, weil der r-Laut dann nicht mehr mit den Nasalen und dem Laterallaut zu einer einheitlichen Klasse zusammengefaßt werden könnte. Auch wäre nicht zu vermeiden, daß Regel (1.71) diese Repräsentation je nach Umgebung fälschlicherweise als Ich-Laut interpretieren würde. Es gibt aber zwei Möglichkeiten: Entweder man ignoriert diese (übrigens frequenteste) Realisierung und beschränkt seine Beschreibung auf jene Varianten des Deutschen, in denen sonorante r-Laute gesprochen werden, oder aber man nimmt eine idiosynkratische Regel an, die das Reibe-r als Variante des Uvularlauts beschreibt.

Wie gesagt, ist die vokalische Auflösung des r (vgl. Abschnitt 1.2.4) auf die Position am Silbenende beschränkt, während Reibe-r, Zäpfchen-r und Zungenspitzen-r in allen Positionen gleichberechtigt nebeneinander stehen. Wenn man es akzeptiert, daß das Reibe-r als individuelle 'nichtsonorante' Variante des Zäpfchen-r aufzufassen ist, dann ist die Hauptklassifikation des r als [+ consonantal, + sonorant] unproblematisch und kann die vokalische Auflösung folgendermaßen formuliert werden (1.80):

(1.80) Vokalische Auflösung des r

$$\begin{bmatrix} +\text{ cons} \\ +\text{ son} \\ -\text{ nas} \\ -\text{ lat} \end{bmatrix} \rightarrow \text{ɐ̯} \;/\; \begin{bmatrix} -\text{ cons} \\ +\text{ son} \end{bmatrix} \_\_\_ \begin{Bmatrix} [+\text{ cons}] \\ [-\text{ segm}] \end{Bmatrix}$$

Ebenso wie in der entsprechenden Regel (SV 8) aus Wurzel (1970b: 188) ist die strukturelle Veränderung noch unspezifiziert, aber hier wird bereits eine Ähnlichkeit zwischen dem Schwa und dem vokalisierten Sonanten suggeriert. Die Regel erfaßt hier hingegen kein silbisches, sondern ein postvokalisches r, welcher Art auch immer der vorangehende Vokal sein mag. Ableitungen gehen, unter Weglassung irrelevanter Details, nach folgendem Muster (1.81):

(1.81)

	Ente	Enterich	Bitte	bitter	bitterer
	/énte/	/énte+Rix/	/bíte/	/bíteR/	/bíteR+eR/
e-Red. (1.49)	ə	ə	ə	ə	ə ə
Vok. (1.80)	-	-	-	ɐ̯	ɐ̯ ɐ̯
	['ɛntə]	['ɛntəRIç]	['bItə]	['bItəɐ̯]	*['bItəɐ̯əɐ̯]

Die Anwendung der Reduktionsregel und der Vokalisierungsregel führt in fast allen Fällen zu korrekten Ergebnissen und das Zusammenspiel der beiden Regeln ergibt auch den annähernd richtigen Unterschied zwischen dem einfachen Schwa in bitte und dem gedehnten Mittelzungenvokal in bitter, aber wie das Ergebnis für bitterer in (1.81) zeigt, wird intervokalisches r fälschlicherweise auch vokalisiert. Was Regel (1.80) nämlich nicht herausstellt, ist die Tatsache, daß das r genau dann vokalisiert wird, wenn es zur selben Silbe gehört wie der vorangehende Vokal. Auf diese Besonderheit ist in Kapitel 5 zurückzukommen.

Während verschiedene Fakten nunmehr eine Repräsentation des r als eines sonoranten Konsonanten nahelegen, besteht keine Notwendigkeit, sei es das Zäpfchen-r oder das Zungenspitzen-r als zugrundeliegend anzunehmen. Aus orthoepischen Gründen gilt das Zungenspitzen-r als das empfehlenswertere und gelegentlich begegnet sogar die Auffassung, daß bloß dieses r das ursprünglich deutsche wäre. Der vermeintliche Einfluß des Französischen auf die Verbreitung des Zäpfchen-r oder gar eine Urheberschaft der Pariser Précieuses läßt sich freilich nicht erhärten. Das Zäpfchen-r war bereits im 18. Jahrhundert offensichtlich ziemlich verbreitet (vgl. Voge 1978: 121), der im Jahre 1575 geborene Jakob Böhme sprach uvulares /R/ (vgl. Moulton 1952), Indizien aus der Orthographie und unreine Reime in mittelalterlichen Texten lassen wenigstens in bairischen Dialekten auf das Vorkommen des hinteren r schließen und die ahd. Monophthongierung des ai vor r,h,uu sowie die Umlauthemmung bei a vor rC legt dieselbe Klassifizierung nahe (vgl. Penzl 1961, 1971). Letzterer Fall zeigt, daß das Zäpfchen-r schon in einem frühen Stadium des Hochdeutschen phonemisch war und daß es unzutreffend wäre, es als "freie Variante" des Zungenspitzen-r zu bezeichnen. Im ganzen germanischen Sprachgebiet besteht uvulares neben apikalem r, namentlich das aus mittelhochdeutschen Dialekten hervorgegangene Jiddische weist vorwiegend uvulare Aussprache auf, während die umgebenden Sprachen in Osteuropa fast nur apikales r haben. Es gibt also keine triftigen Gründe, gerade das Zungenspitzen-r als das "deutsche R" zu bezeichnen. Im Gegenteil, Runge (1973) bringt eine Reihe überzeugende Argumente für seine Auffassung, daß der Ursprung für das Pariser [R] gerade außerhalb des Französischen zu suchen ist und daß die uvulare Aussprache vielmehr auf germanische Einflüsse zurückgeht. Weder sprachgeschichtliche noch synchrone Argumente können als Hilfe bei der Entscheidung für die Wahl zwischen dem Zungenspitzenlaut /r/ und dem Zäpfchenlaut /R/ als zugrundeliegendem Segment dienen. Die in dem vorliegenden Buch gewählte Repräsentation mit /R/ ist deshalb arbiträr.

1.6 Die Merkmalmatrix

Das erarbeitete Vokalsystem (1.5) kann als zugrundeliegend angesetzt werden, wenn zusätzlich die Längungsregel (1.19) angenommen wird, die in den entsprechenden Umgebungen Länge zuweist. Die Umlautregel (1.22) liefert ein Argument dafür, daß die Diphthonge aus Elementen des bestehen den Vokalinventars zusammengesetzt sind, ohne daß für sie eine spezielle Regel vonnöten wäre. Der ä-Laut erweist sich durch die Formulierung der Längungsregel (1.19) sowie durch das Alphabetmerkmal [+ L] einerseits als eine Sonderform, die doch mit einem der Elemente aus dem Inventar identifizierbar ist, andererseits aber als ein Umlautsprodukt durch die Regel (1.22), die außerdem zugleich deutlich macht, daß der lange [e:]-

Laut im synchronen System des genormten Neuhochdeutschen kein Ergebnis des Umlauts ist.

Wie die Beispiele in (1.14) und (1.15) zeigen, bildet die Regel für Vokaldehnung in offener Silbe (1.16) neue Eingaben für Vokallängung (1.19). Die Musterableitungen in (1.23) zeigen, daß für eine korrekte Derivation des *ä*-Lauts die Regelordnung Vokallängung (1.19) > Umlaut (1.22) entscheidend ist. Letztere Regel bildet wiederum neue Eingaben für die Rundungsassimilation (1.26) in Diphthongen. Außerdem ist die Regel für den dorsalen Reibelaut (1.71) aufgrund solcher Alternationen wie *Bach : Bäche* nach der Umlautregel anzuwenden. Die *e*-Reduktionsregel indiziert, daß der kurze *e*-Laut und das Schwa im Morphemauslaut nicht in Opposition stehen und daß sie in das in (1.5) präsentierte Vokalinventar integriert werden können. Alternanzen wie *Filter : filtrieren* zeigen, daß die Regel für Sproßvokal (1.43) sowohl für *e*-Reduktion (1.49) wie für vokalische Auflösung des *r* (1.80) Eingaben bildet. In (1.82a) werden einige Musterableitungen gegeben.

Was die konsonantischen Regeln betrifft, ist, wie schon in Abschnitt 1.4 argumentiert, die Regel für den festen Einsatz (1.77) der Auslautverhärtungsregel (1.61) vorzuordnen. Um Wörtern wie *Antiochia* und *Ophiuchus*, die wortintern einen festen Einsatz erhalten, nicht zweimal einen Ausnahmestatus zu geben, scheint es sinnvoll, die betreffende Regel (1.77) auch der Regel für jotiertes *i* (1.69) vorzuordnen. Sonst bildet die Auslautverhärtung (1.61) Eingaben sowohl für die Regel für stimmhafte Lenis (1.60) wie für Behauchung (1.62); Regel (1.60) und (1.62) sind nicht untereinander geordnet. Eine Ordnung dieser konsonan-

(1.82a)

	Stab	Bauch	Bäuche	Filter
	/šta̅b̥/	/b̥ao̅x/	/b̥ao̅x/	/filtR/
Plural	+e		+e	
Dehnung (1.16)	-	-	-	-
Längung (1.19)	a̅:	-	-	-
Umlaut (1.22)	e:	-	aȫ	-
Rundung (1.26)	-	-	oȫ	-
Dorsal. (1.71)	-	x	ç	-
Sproßvok. (1.43)	-	-	-	e
Reduktion (1.49)	ə	-	ə	ə
Fest. Eins. (1.77)	-	-	-	-
Auslautv. (1.61)	-	-	-	-
Jot. i (1.69)	-	-	-	-
Stimmh. (1.60)	b	b	b	-
Behauch. (1.62)	-	-	-	-
Vok. Aufl. (1.80)	-	-	-	ɐ̯
	[ʃtɛ:bə]	[ba͜ox]	[bɔ͜øçə]	[fɪltəɐ̯]

(1.82b)	Adverb	Adverbien	Hebamme
	/at+v̥eRḅ/	/at+v̥eRb̥/ +ien	/hēḅ+ame/
Plural			
Dehnung (1.16)	-	-	-
Längung (1.19)	-	-	ē:
Umlaut (1.22)	-	-	-
Rundung (1.26)	-	-	-
Dorsal. (1.71)	-	-	-
Sproßvok. (1.43)	-	-	-
Reduktion (1.49)	-	ə	ə
Fest. Eins. (1.77)	-	-	ʔ
Auslautv. (1.61)	p	-	p
Jot. i (1.69)	-	ĭ	-
Stimmh. (1.60	-	b	-
Behauch. (1.62)	- p^h	-	-
Vok. Aufl. (1.80)	ɐ̯	ɐ̯	-
	[at'vɛɐ̯pʻ]	[at'vɛɐ̯bĭən]	['he:p 'amə]

tischen Regeln gegenüber den vokalischen Regeln und der Regel für den dorsalen Reibelaut (1.71) läßt sich an diesem Punkt nicht feststellen. Einige Musterableitungen für konsonantische Alternationen werden in (1.82b) gegeben.

Bei den bisher erstellten Regeln wurde versucht, die Ausnahmen mit zu berücksichtigen. Besondere Anwendungen einer Regel spiegeln sich in einer besonderen Formulierung, z.B. durch ein Alphabetmerkmal wider. Zwei Regeln suggerieren jedoch durch ihre Form, daß sie Allgemeingültigkeit haben, obwohl sie nur auf Sonderfälle anwendbar sind: Es sind die Dehnungsregel (1.16), die für eine beschränkte Anzahl von Ableitungen, die Wörter in (1.14) und (1.15) sowie einige Verbalformen (vgl. Wurzel 1970b: 74-5) gilt, und zweitens die Umlautregel (1.22), die bloß ein Teilinventar des deutschen Wortschatzes erfaßt. Über diese Regeln wird noch in Kapitel 5 zu sprechen sein. In diesem Zusammenhang wird auch noch einmal die Regelordnung zur Sprache kommen müssen.

Unter Zuhilfenahme der erwähnten dreizehn Regeln kann nunmehr ein zugrundeliegendes Segmentinventar angenommen werden, wie es in (1.83a) und (1.83b) spezifiziert ist.

(1.83a)

	Vokale														Laryngal
	i	ī	ü	ǖ	u	ū	e	ē	ö	ȫ	o	ō	a	ā	h
cons	-	-	-	-	-	-	-	-	-	-	-	-	-	-	-
son	+	+	+	+	+	+	+	+	+	+	+	+	+	+	-
back	-	-	-	-	+	+	-	-	-	-	+	+	+	+	+
low	-	-	-	-	-	-	-	-	-	-	-	-	+	+	+
high	+	+	+	+	+	+	-	-	-	-	-	-	-	-	-
lab	-	-	+	+	+	+	-	-	+	+	+	+	-	-	-
cor	-	-	-	-	-	-	-	-	-	-	-	-	-	-	-
nas	-	-	-	-	-	-	-	-	-	-	-	-	-	-	-
cont	+	+	+	+	+	+	+	+	+	+	+	+	+	+	+
lat	-	-	-	-	-	-	-	-	-	-	-	-	-	-	-
tns	-	+	-	+	-	+	-	+	-	+	-	+	-	+	-

(1.83b)

	Sonanten																			Obstruenten
	m	n	ŋ	l	R	p	ḅ	f	ṿ	t	ḍ	s	ẓ	č	š	ẓ̌	j̇	k	ġ	x
cons	+	+	+	+	+	+	+	+	+	+	+	+	+	+	+	+	+	+	+	+
son	+	+	+	+	+	-	-	-	-	-	-	-	-	-	-	-	-	-	-	-
back	-	-	+	-	+	-	-	-	-	-	-	-	-	-	-	-	-	+	+	+
low	-	-	-	-	-	-	-	-	-	-	-	-	-	-	-	-	-	-	-	-
high	-	-	+	-	-	-	-	-	-	-	-	-	-	+	+	+	+	+	+	+
lab	+	-	-	-	-	+	+	+	+	-	-	-	-	-	-	-	-	-	-	-
cor	-	+	-	+	-	-	-	-	-	+	+	+	+	+	+	+	-	-	-	-
nas	+	+	+	-	-	-	-	-	-	-	-	-	-	-	-	-	-	-	-	-
cont	-	-	-	+	+	-	-	+	+	-	-	+	+	-	+	+	+	-	-	+
lat	-	-	-	+	-	-	-	-	-	-	-	-	-	-	-	-	-	-	-	-
tns	-	-	-	-	-	+	-	+	-	+	-	+	-	+	+	-	-	+	-	+

2. MARKIERTHEIT

2.1 Theoretische Hintergründe

In Kapitel 1 wurde mit sprachinternen Argumenten ein zugrundeliegendes Lautinventar für das Deutsche angesetzt, das sich dann mit Hilfe von elf binären phonologischen Merkmalen erschöpfend charakterisieren ließ. Man könnte sich fragen, welche Gründe es gibt, gerade diese Merkmale für die Spezifizierung zu wählen und keine anderen, und weshalb elf Merkmale und nicht etwa fünf, eine Anzahl, die ja mathematisch ausreicht, um 35 Segmente zu unterscheiden. Weiterhin kann man die Frage aufwerfen, ob es (außer dem ästhetischen Bedürfnis nach einem symmetrischen Vokalsystem) externe Argumente gibt, das 'lange' <u>a</u>, wenn man schon auf das Merkmal 'lang' verzichtet, als [+ tense] und nicht als [+ L] zu spezifizieren, denn das Ergebnis wäre dasselbe. Außerdem könnte man sich überlegen, ob es noch andere, nicht sprachspezifische Gründe gäbe, im Falle etwa einer Alternation jeweils den Ich-Laut aus einem Ach-Laut und das jotierte <u>i</u> aus einem Vollvokal abzuleiten und nicht umgekehrt.

Um diese Fragen beantworten zu können, ist näher auf das verwendete System distinktiver Merkmale einzugehen. Zwar sind in SPE die distinktiven Merkmale umschrieben, aber die Umschreibungen sind keine Definitionen im eigentlichen Sinne. Ladefoged (1970b: 52) ironisiert sie denn auch etwas:

> "In a way, it is odd that Chomsky and Halle, of all people, should be so hung up on finding measurable physical scales for all their features."

Dies sagt er jedoch, nachdem er im Satz davor ausdrücklich betont hat:

> "... irrespective of whether ... major class features are actually or even potentially definable in physical terms of any known kind, it is quite clear that they are constructs needed within phonological theory."

Ladefoged/Traill (1980: 26) präzisieren dies noch etwas mehr, indem sie andeuten, daß möglicherweise die Forderung gestellt werden muß, "that phonological features always reflect s o m e of the phonetic facts" [ihre Hervorhebung, W.K.]. Allein schon die Tatsache, daß sie binär sind, macht die distinktiven Merkmale wirklich abstrakt. Es ist aber zu überprüfen, ob sie bloß diakritische Funktion haben oder ob ihnen ein i n - h ä r e n t e r Gehalt zuzuerkennen ist.

Erkenntnisse aus so verschiedenen Bereichen wie Sprachtypologie, Spracherwerb und Sprachwandel liefern Argumente für die Annahme, daß Lautsysteme nicht willkürlich zusammengesetzt sind, sondern daß in ihnen bestimmte Regelmäßigkeiten auftreten. Sie bilden den Ausgangspunkt für eine Markiertheitstheorie, die in ihren Ansätzen auf die Prager Phonologie zurückgeht. In diesem Zusammenhang sind u.a. Trubetzkoy (1931, 1939) und Jakobson (1941) sowie Greenberg (1966) zu erwähnen. Für einen Überblick über die historischen Hintergründe dieser Theorie sei auf das Standardwerk von Eli Fischer-Jørgensen (1975) verwiesen; eine kurze Einführung in die Markiertheitstheorie innerhalb der transformationell-generativen Grammatik bietet Hyman (1975).

Markiertheit manifestiert sich auf verschiedene Weise. 1. Laute, die p e r z e p t u e l l und a r t i k u l a t o r i s c h e i n - f a c h e r sind, gelten als weniger markiert. Von stimmhaften Obstruenten wird angenommen, daß sie komplexer sind als ihre stimmhaften Gegenstücke, ebenso gilt ein /ü/ als komplexer als ein /u/ und ein /θ/ als schwieriger als ein /s/. 2. Im S p r a c h e r w e r b finden sich Bestätigungen für die Annahme, daß manche Laute markierter sind als andere, denn Reibelaute meistert ein Kind anscheinend im allgemeinen später als Verschlußlaute, und Affrikaten später als Reibelaute. 3. F r e q u e n z z ä h l u n g e n zeigen, daß in nahezu allen Sprachen ein phonemisches /a/ vorhanden ist, daß aber das /u/ weniger Verbreitung hat, während stimmlose Vokale eine ausgesprochene Rarität sind. Unter den Konsonanten scheint das /s/ in viel mehr Sprachen vertreten zu sein als das /θ/. 4. Daraus lassen sich t y p o l o g i s c h e I m p l i - k a t i o n e n ableiten, denn wenn in einem Lautsystem reine Vokale normaler oder eher zu erwarten sind als nasalierte Vokale, ergeben sich auch sprachinterne Folgerungen. Das Vorkommen eines markierten Gliedes impliziert nämlich, daß es in demselben System auch ein nicht-markiertes Glied gibt, aber nicht umgekehrt. Wenn es in einer Sprache ein /ü/ gibt, das markiert ist für [+ labial], dann ist es wahrscheinlich, daß es darin auch ein für diesen Wert nicht markiertes Glied mit sonst denselben Spezifizierungen gibt, und zwar das /i/. Das Umgekehrte ist jedoch nicht impliziert, denn in einem System, in dem es ein /i/ gibt, braucht kein /ü/

vorhanden zu sein. Stimmhafte Obstruenten in einem Lautinventar implizieren die Anwesenheit stimmloser Obstruenten, aber nicht umgekehrt. 5. Der S p r a c h w a n d e l scheint in vielen Fällen die Auffassung zu rechtfertigen, daß eine Entwicklung von markiert zu nicht-markiert verläuft. Ein Beispiel wäre die Auslautverhärtung, wodurch die Opposition fortis/lenis bei Obstruenten zugunsten des stimmlosen Gliedes aufgegeben wird. Ein anderes Beispiel für die Aufhebung einer Opposition ist der Zusammenfall von Ich-Laut und breitem Zischlaut in manchen deutschen Dialekten. Diese Neutralisierung ist als ein Fall von Demarkierung, /ç/ → /š/, zu interpretieren; die entgegengesetzte Richtung wäre wider Erwarten und nicht normal. 6. In der Realisierung unmarkierter Laute gibt es mehr A l l o p h o n i e . Während etwa /b,d,g/ im Englischen mehr oder weniger stimmhaft gesprochen werden, existiert im Falle der /p,t,k/ eine größere Variationsbreite, denn sie können behaucht, unbehaucht, glottalisiert oder gar ohne Lösung des oralen Verschlusses gesprochen werden. Für ein /a/ gibt es mehr artikulatorische Spielarten als etwa für ein /ö/. 7. Bei L a u t e r s a t z realisieren Deutsche ein angezieltes /θ/ oft wie /s/, stimmhafte Reibelaute und stimmhafte Obstruentencluster werden vielfach stimmlos gesprochen.

Es sind freilich nur Wahrscheinlichkeitswerte oder Argumente der Plausibilität, die sich aus dem Studium der Sprachtypologie, des Sprachwandels, der Sprachvariation und dergleichen ergeben. Im Deutschen gibt es zum Beispiel, wie die Matrix (1.83b) zeigt, mehr Reibelaute als Verschlußlaute. Neutralisierung einer Opposition führt auch nicht immer dazu, daß ein weniger markiertes Segment das Ergebnis ist, etwa wenn stimmlose Segmente intervokalisch stimmhaft ausgesprochen werden. Allerdings ist die Veränderung in diesem Fall als eine Assimilation, also als s e q u e n t i e l l e Demarkierung zu sehen, aber für solche Erscheinungen gilt in erster Linie ein Natürlichkeitskriterium phonetischer Natur. Für eine s e g m e n t a l e Markiertheitstheorie wird das stimmhafte Ergebnis einer solchen Assimilation erst relevant, wenn es phonemisch wird, m.a.W., wenn dadurch neue Oppositionen im System geschaffen werden. Eine historische Entwicklung, die eine solche Erweiterung des Segmentinventars herbeiführte, war im Deutschen die Entstehung des Ich-Lauts /ç/ aus dem Ach-Laut /x/. Im synchronen System des Neuhochdeutschen ist der 'bedingende' Faktor nicht eine palatale Umgebung, vielmehr ist nun der 'hemmende' Faktor eine velare Umgebung. Jedenfalls ist das Ergebnis ein Ich-Laut, der gemeinhin als der markiertere Laut gilt.

Zwei verschiedene Kriterien können auch zu widersprüchlichen Interpretationen führen. Daß das deutsche /R/ mehrere Aussprachevarianten hat, von vokalisiertem bis zum Reibe-r müßte darauf deuten, daß es weniger markiert ist als das /l/, das sich nicht durch eine bemerkenswerte Allophonie auszeichnet. Man ist sich jedoch ziemlich einig darüber, daß das /R/ komplexer ist und daß gerade deshalb artikulatorisch einfachere Variationen erzeugt werden. Die Daten aus den verschiedenen linguistischen Bereichen sind also keineswegs eindeutig. Ebensowenig Handfestes gibt übrigens ein Begriff wie artikulatorische Komplexität her. Dennoch wäre es absurd, anzunehmen, daß alle Segmente in einem Lautsystem gleich komplex wären.

Nachdem das Interesse für Fragen der Markiertheit sich in den vierziger und fünfziger Jahren verringert hat, beleben Chomsky und Halle die Diskussion wieder, indem sie in Kapitel 9 von SPE eine Theorie präsentieren, welche die früheren Ergebnisse weitgehend berücksichtigt, aber in einigen entscheidenden Punkten davon abweicht. In ihrer Theorie ist ein Markiertheitswert nunmehr kontextabhängig. Also ist etwa bei velaren der Pluswert und bei palatalen Vokalen der Minuswert für Rundung unmarkiert; umgekehrt gilt der Pluswert für Rundung bei vorderen Vokalen und der Minuswert bei hinteren Vokalen außer /a/ als markiert. Versuchsweise schlagen sie ein entsprechendes Bewertungsmaß in der Form von Markiertheitskonventionen vor, die respektive für Vokale, Konsonanten, Liquiden und 'Glides' gelten. Diese Markiertheitskonventionen müssen voraussetzen, daß eine Merkmalhierarchie besteht, aber diese Gliederung unterliegt keinem generellen Prinzip, denn sie sind extrinsisch geordnet. Eine weitere Besonderheit ist, daß die Markiertheitskonventionen als Regeln zu verwenden sind, die u- und m-Werte je nach Kontext in Plus- oder Minuswerte umsetzen. M.a.W., es ist möglich, in den Repräsentationen lexikalischer Matrizes nur m-Werte anzugeben, die Interpretationsregeln setzen sie dann in vollständig spezifizierte Matrizes mit Plus- oder Minuswerten um. Jedoch nicht alle Merkmalspezifizierungen werden durch m oder u charakterisiert: Vokale, die [- low] sind, müssen auf beiden Ebenen entweder als [+ back] oder [- back], und Konsonanten müssen zum Teil als [- coronal] oder [+ coronal] spezifiziert sein. Damit wird erzielt, daß einerseits /i/ und /u/ und andererseits die Konsonanten /p/, /t/ und /k/ gleichermaßen markiert sind.

Die Markiertheitskonventionen behalten indessen eine gewisse Ambiguität. In seinem Prager Vortrag aus dem Jahre 1967 erwähnt Halle (1970) die Möglichkeit, die Markiertheitskonventionen ausschließlich als Interpretationsregeln aufzufassen, die Segmente von Lexikoneintragungen auf ihre relative Natürlichkeit interpretieren, also als "price book", wie Wang (1968: 702) sie apostrophiert. In Kapitel 9 werden sie jedoch offensichtlich als Regeln verwendet, die Markiertheitswerte in binäre phonologische Werte umsetzen. In einem solchen Modell sind die lexikalischen Repräsentationen eben abstrakter und sind Konventionen Teil einer Komponente, die der phonologischen und der phonetischen vorgeordnet ist. Halle (: 70) bemerkt dazu allerdings:

> "It is important that there is no substantive difference between these two procedures; they are notational variants of one and the same thing."

Für die Zwecke der folgenden Diskussion wird hier jedoch angenommen, daß zugrundeliegende Repräsentationen die Form von Markiertheitsmatrizes mit m- und u-Werten haben.

Einen wesentlichen Fortschritt in der formalen Entwicklung der Theorie macht Mary-Louise Kean (1975), indem sie die Markiertheitskonventionen für alle vier erwähnten Segmentklassen einheitlich formuliert. Sie schränkt die Zahl der möglichen Merkmalkonfigurationen und mithin die der möglichen Segmentsysteme ein. Anders als bei Chomsky/Halle existieren bei ihr systematische Markiertheitsrelationen zwischen allen Segmentklassen. Weil ihre Markiertheitskonventionen außerdem intrinsisch geordnet sind, ergibt sich eine einzige, inhärente Merkmalhierarchie. Schließlich ist es in ihrer Theorie möglich, alle Repräsentationen, also auch die für die Merkmale 'back' und 'coronal', durch m- oder u-Werte zu ersetzen. Weitere Einzelheiten über die Unterschiede zwischen der Theorie in SPE und ihrer eigenen finden sich in Kapitel 3 ihrer Dissertation. Die folgenden Abschnitte werden sich besonders mit jenem Teil ihrer Theorie auseinandersetzen, die es möglich macht, die Merkmale auf ihren inhärenten Gehalt hin zu überprüfen.

2.2 Inhärenter Gehalt der Merkmale

Wenn distinktive Merkmale nicht bloß Benennungen für Segmentklassen sein sollen, die sich jeweils an phonologischen Regeln beteiligen, sondern als Elemente anzusehen sind, aus denen sich Segmente zusammensetzen, dann ist dieser Gehalt nur mittelbar zu erschließen. Dazu bietet Keans Theorie die richtige Voraussetzung. Eine Markiertheitstheorie, die sich an Frequenzzählungen, typologischen Implikationen, an Fakten aus dem Bereich des Spracherwerbs oder der historischen Phonologie orientiert, wird zwar herausbringen können, daß manche Segmente 'markierter' sind als andere, aber sie wird nicht feststellen können, ob unvergleichbare Segmente als ungleich markiert oder gar als ebenso markiert zu bewerten sind. Es ist typisch für solche Theorien, daß sie immer nur Aussagen über Teilsysteme machen, etwa über eine Vokalreihe oder eine Obstruentenreihe; außerdem müssen sie mit widersprüchlichen Fakten fertig werden, indem sie ihre Aussagen mit Gradadverbien wie "meistens", "oft" oder "typischerweise" abschwächen. In diesem Sinne sind die sogenannten Universalien bestenfalls Frequentialia. Schane (1973: 115) stellt denn auch fest:

> "It would be circular to argue that the reason certain segments are universal, emerge first with children, or are the product of linguistic change is because they are not highly marked. Consequently, marking conventions must ultimately be based on the i n h e r e n t c o m p l e x i t y of sound types" [seine Hervorhebung, W.K.].

Keans Theorie setzt voraus, daß Segmentsysteme immer in ihrer Gesamtheit betrachtet werden müssen. Die Markiertheitskonventionen unterliegen nämlich formalen Bedingungen, die nur bestimmte Relationen zwischen den Merkmalen zulassen. Weil gleichzeitig vorausgesetzt wird, daß alle Segmente für alle Merkmale auf allen Repräsentationsebenen vollständig spezifiziert sind, bilden die Markiertheitskonventionen ein Mittel zur Überprüfung der Merkmale auf ihren inhärenten Gehalt.

2.3 Die Markiertheitskonventionen

Für jedes phonologische Merkmal gibt es in Keans Theorie eine einzige Markiertheitskonvention (MK), die für alle Segmentklassen zugleich gilt und folgende Form hat (2.1):

(2.1) $[u\ F_i] \rightarrow [\alpha\ F_i]\ /\ X$

where: X is $\begin{bmatrix} \beta_1 \overline{\ G_1} \\ \vdots \\ \beta_m\ G_m \end{bmatrix}$

$\alpha, \beta_1, \ldots, \beta_m$ are + or -, and
$F_i, G_i, \ldots, G_m$ are features

In der Umgebung X hat ein Merkmal F_i also $[\alpha\ F_i]$ als unmarkierten Wert, während $[-\alpha\ F_i]$ den markierten Wert darstellt. Im Komplement der Umgebung X haben jedoch Regel (2.1) und ihre Spiegelung entgegengesetzte Werte, entsprechend der von Kean formulierten Komplementkonvention (2.2):

(2.2) Komplementkonvention

a $[u\ F_i] \rightarrow [\alpha\ F_i]\ /\ X$ (= 2.1)

b $[m\ F_i] \rightarrow [-\alpha\ F_i]\ /\ X$

c $[u\ F_i] \rightarrow [-\alpha\ F_i]\ /\ \overline{X}$

d $[m\ F_i] \rightarrow [\alpha\ F_i]\ /\ \overline{X}$

Markiertheitsspezifizierungen von Merkmalen können also nicht einen beliebigen Wert für jeweils andere Segmentklassen annehmen. Diese formale Beschränkung grenzt jedoch nicht nur die Zahl der möglichen MK, sondern zugleich die Zahl der möglichen Merkmale ein:

> "The Complement Convention requires that for each feature there exist a natural class of segments for which it has an unmarked specification (the markedness convention case of a markedness rule) and that in the complement of that class it has the opposite unmarked specification" (Kean 1975: 129).

Es wird also vorausgesetzt, daß jedes Merkmal einen unmarkierten und einen markierten Pluswert sowie einen unmarkierten und einen markierten Minuswert hat und daß jede Expansion einer MK jeweils auf eine natürliche Klasse anwendbar ist.

Die Merkmalkonfigurationen unterliegen einer weiteren Einschränkung, denn weder in der Expansion einer MK noch in irgendeiner anderen Konjunktion dürfen Spezifizierungen wie *[+ low, + high] oder *[- cons, + lat] zusammentreffen. Sie sind von vornherein auszuschließen, und zwar durch Implikationsregeln (IR), die folgende Form haben: $[\alpha\ F_l] \rightarrow [\beta\ F_m]$. In der Kontraposition folgt daraus, daß das Komplement der Konsequenz einer solchen Regel das Komplement des Antezedens impliziert: $[-\beta\ F_m] \rightarrow [-\alpha\ F_l]$. Das Zusammenspiel der MK und der IR wird in Abschnitt 2.8 dargelegt.

In den folgenden Abschnitten werden die einzelnen Markiertheitskonventionen diskutiert. In Kloeke (1980a) findet bereits eine ausführliche Auseinandersetzung mit der von Kean (1975) vorgeschlagenen MK statt, welche hier nicht wiederholt zu werden braucht. Jedenfalls werden Keans MK für die Merkmale 'sonorant' (I), 'low' (III), 'labial' (V), 'continuant' (X) und 'stiff vocal cords' (XIII) hier übernommen, und insgesamt werden hier nunmehr folgende Markiertheitskonventionen (2.3) mit einschlägigen Implikationsregeln (2.4) vorgeschlagen. In den folgenden Abschnitten werden sie im einzelnen erläutert, ihre Anwendungsmöglichkeiten kommen in 2.8 und 2.9 zur Sprache.

(2.3) Markiertheitskonventionen

$$\text{I} \quad [\text{u son}] \rightarrow [-\ \text{son}] \;/\; \begin{bmatrix} \_\_\_ \\ +\ \text{cons} \end{bmatrix}$$

$$\text{II} \quad [\text{u back}] \rightarrow [-\ \text{back}] \;/\; \begin{bmatrix} \_\_\_ \\ +\ \text{cons} \end{bmatrix}$$

$$\text{III} \quad [\text{u low}] \rightarrow [+\ \text{low}] \;/\; \begin{bmatrix} \_\_\_ \\ -\ \text{cons} \\ +\ \text{back} \end{bmatrix}$$

$$\text{IV} \quad [\text{u high}] \rightarrow [-\ \text{high}] \;/\; \begin{bmatrix} \_\_\_ \\ +\ \text{cons} \\ -\ \text{back} \end{bmatrix}$$

$$\text{V} \quad [\text{u lab}] \rightarrow [+\ \text{lab}] \;/\; \begin{bmatrix} \_\_\_ \\ -\ \text{cons} \\ +\ \text{back} \\ -\ \text{low} \end{bmatrix}$$

$$\text{VI} \quad [\text{u rnd}] \rightarrow [+\ \text{rnd}] \;/\; \begin{bmatrix} \_\_\_ \\ -\ \text{cons} \\ +\ \text{lab} \end{bmatrix}$$

$$\text{VII} \quad [\text{u cor}] \rightarrow [+\ \text{cor}] \;/\; \begin{bmatrix} \_\_\_ \\ +\ \text{cons} \\ -\ \text{back} \\ -\ \text{lab} \end{bmatrix}$$

$$\text{VIII} \quad [\text{u } {}^{*}\text{ant}] \rightarrow [+\ {}^{*}\text{ant}] \;/\; \begin{bmatrix} \_\_\_ \\ -\ \text{high} \end{bmatrix}$$

$$\text{IX} \quad [\text{u nas}] \rightarrow [+\ \text{nas}] \;/\; \begin{bmatrix} \_\_\_ \\ +\ \text{cons} \\ +\ \text{son} \end{bmatrix}$$

$$\text{X} \quad [\text{u cont}] \rightarrow [+\ \text{cont}] \;/\; \begin{bmatrix} \_\_\_ \\ +\ \text{son} \\ -\ \text{nas} \end{bmatrix}$$

$$\text{XI} \quad [\text{u lat}] \rightarrow [+\ \text{lat}] \;/\; \begin{bmatrix} \_\_\_ \\ +\ \text{son} \\ +\ \text{cor} \\ +\ \text{cont} \end{bmatrix}$$

$$\text{XII} \quad [\text{u DR}] \rightarrow [+\ \text{DR}] \;/\; \begin{bmatrix} \_\_\_ \\ +\ \text{high} \\ +\ \text{cor} \end{bmatrix}$$

$$\text{XIII} \quad [\text{u stVC}] \rightarrow [-\ \text{stVC}] \;/\; \begin{bmatrix} \_\_\_ \\ +\ \text{son} \end{bmatrix}$$

$$\text{XIV} \quad [\text{u SG}] \rightarrow [-\ \text{SG}] \;/\; \begin{bmatrix} \_\_\_ \\ +\ \text{segm} \end{bmatrix}$$

$$\text{XV} \quad [\text{u CG}] \rightarrow [-\ \text{CG}] \;/\; \begin{bmatrix} \_\_\_ \\ +\ \text{segm} \end{bmatrix}$$

$$\text{XVI} \quad [\text{u tns}] \rightarrow [+\ \text{tns}] \;/\; \begin{bmatrix} \_\_\_ \\ +\ \text{cons} \end{bmatrix}$$

(2.4) Implikationsregeln

a $[\alpha \text{ cons}] \rightarrow [+ \text{ segm}]$

b $\begin{bmatrix} - \text{ cons} \\ + \text{ son} \end{bmatrix} \rightarrow [+ \text{ cont}]$

c $\begin{bmatrix} - \text{ cons} \\ - \text{ son} \\ + \text{ cont} \end{bmatrix} \rightarrow [+ \text{ SG}]$

d $\begin{bmatrix} - \text{ cons} \\ - \text{ cont} \end{bmatrix} \rightarrow [+ \text{ CG}]$

e $[+ \text{ SG}] \rightarrow [- \text{ CG}]$

f $[+ \text{ SG}] \rightarrow [- \text{ son}]$

g $\begin{bmatrix} - \text{ cons} \\ - \text{ CG} \end{bmatrix} \rightarrow [+ \text{ cont}]$

h $[+ \text{ cont}] \rightarrow [+ \text{ DR}]$

i $\begin{bmatrix} + \text{ son} \\ - \text{ cont} \end{bmatrix} \rightarrow [- \text{ DR}]$

j $[- \text{ cons}] \rightarrow [- \text{ lat}]$

k $\begin{bmatrix} - \text{ son} \\ + \text{ lat} \end{bmatrix} \rightarrow [+ \text{ DR}]$

l $[- \text{ cons}] \rightarrow [- \text{ *ant}]$

m $[+ \text{ low}] \rightarrow [- \text{ high}]$

Die MK in (2.3) weisen eine inhärente Ordnung auf, die wiederum eine Hierarchie der Merkmale anzeigt. Die Ordnung der MK und mithin der Merkmale ist in (2.5) schematisiert:

(2.5) Ordnungsschema

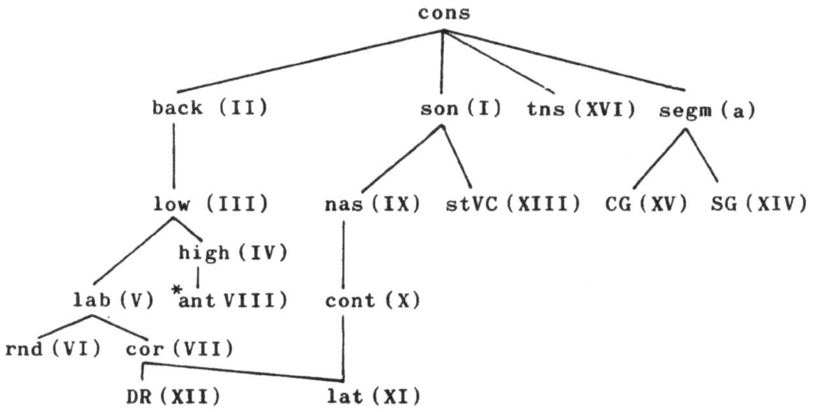

Allein die MK für 'high' und 'low' weisen eine externe Ordnung auf; darüber ist in Abschnitt 2.5.3 zu sprechen.

2.4 Die Oberklassenmerkmale

2.4.1 'consonantal' und 'syllabic'

Vokale und 'Glides' – mit letzterem Begriff faßt man Halbvokale und Laryngale zusammen – werden nach gängigem Brauch als [- consonantal] spezifiziert; Konsonanten, sonorante wie nichtsonorante, sind immer [+ consonantal]. Kean macht die betreffende MK von der Spezifizierung des Merkmals 'syllabic' abhängig. Dessen Spezifizierung erfolgt wiederum durch zwei jeweils gegenseitig abhängige MK, deren Expansionen interagieren, um die Werte für Silbischkeit zu erbringen. Es sind die MK (2.6) und (2.7):

$$(2.6)\quad [\text{u seg}] \rightarrow [-\text{ seg}] \;/\; ([-\text{ seg}]\; \text{X}\; [+\text{ syl}]) \left[\underset{\text{Unit}}{\rule{1cm}{0.4pt}}\right]$$

$$(2.7)\quad [\text{u syl}] \rightarrow [-\text{ syl}] \;/\; [-\text{ seg}]\; (\text{X}\; [+\text{ syl}]) \left[\underset{+\text{ seg}}{\rule{1cm}{0.4pt}}\right]$$

Ihre MK für das Merkmal 'consonantal' hat folgende Formulierung (2.8):

$$(2.8)\quad [\text{u cons}] \rightarrow [+\text{ cons}] \;/\; \left[\underset{-\text{ syl}}{\rule{1cm}{0.4pt}}\right]$$

In Kloeke (1980a) wird die Richtigkeit dieses Vorschlags angezweifelt, weil Silbischkeit keine inhärente Eigenschaft des Segments ist und keine artikulatorische Definition hat. In Keans System läßt sich die gesamte Komplexität eines Segments errechnen, indem alle m-Spezifizierungen aufgezählt werden, in der Annahme, daß der Plus- oder Minuswert für 'syllabic' bekannt ist. Identische Werte für die Komplexität eines Segments ergeben sich aber, wenn die Plus- oder Minusspezifizierung für das Merkmal 'segment' als bekannt vorausgesetzt und die MK für 'consonantal' direkt über dieses eine Merkmal definiert wird (2.9):

$$(2.9)\quad [\text{u cons}] \rightarrow [+\text{ cons}] \;/\; [-\text{ segm}]\; (\text{X}\; [-\text{ cons}]) \left[\underset{+\text{ segm}}{\rule{1cm}{0.4pt}}\right]$$

Diese Regel aus Kloeke (1980a) interpretiert ebenso wie die beiden Regeln (2.7) und (2.8) Einsilbler mit offenen Silben des Typs + C V als die am wenigsten markierte Sequenz.

Sequentielle Markiertheit sollte jedoch nicht auch gleichzeitig für segmentale Markiertheit ins Gewicht fallen: Ein /h/ nimmt nun einmal typischerweise jene Stelle in einer Lautkette ein, die sonst durch Konsonanten besetzt wird, und ein Konsonant wird ja nicht inhärent komplexer, wenn er zufälligerweise als Silbenträger auftritt. Außerdem suggeriert die Abhängigkeit des Merkmals 'consonantal' von 'segment' eine falsche Hierarchie, denn wenn irgendein segmentales Merkmal für + oder - spezifiziert ist, impliziert das, daß letzteres Merkmal den Pluswert hat: $[\alpha F_i] \rightarrow [+ segm]$; aber umgekehrt, wenn die Spezifizierung [+ segm] bekannt ist, sind die einzelnen segmentalen Merkmalspezifikationen nicht per Implikation, sondern bloß durch Markiertheitsregeln zu gewinnen. Deshalb wird hier die Spezifizierung des Merkmals 'consonantal' als bekannt vorausgesetzt und die Existenz einer MK für das Merkmal [+ segm] explizit verneint. Das hat zur Folge, daß sequentielle Markiertheit, die Silbischkeit bzw. Nichtsilbischkeit einzelner Segmente, in einen anderen Bereich verwiesen wird.

Während das Merkmal [+ segment] durch eine Konvention oder (wie es hier geschieht) per implicationem zugewiesen wird, scheint für die Spezifizierung [- segment] ein Problem zu bestehen, denn SPE unterscheidet mehrere Grenzsymbole. SPE (: 364) geht davon aus, daß die einfachen Morphemgrenzen + mit der Spezifizierung [+ formative boundary, - segment] in der lexikalischen Repräsentation vorhanden sind. Die Wortgrenze # dagegen, mit der Spezifizierung [- segment, - formative boundary, + word boundary] wird durch eine Konvention jenen Ketten zugewiesen, die durch syntaktisch-morphologische Kategorien dominiert werden, aber Chomsky/Halle (: 367) fügen hinzu, daß "there are language-specific rules governing the presence of #". Solche internen Wortgrenzen spielen namentlich bei den Akzentregeln eine Rolle. Zusätzlich zu diesen beiden Grenzsymbolen verwenden sie noch eine 'osmotische' Grenze = , die Akzentverlagerung in englischen Wörtern in nur einer Richtung zuläßt. Siegel (1974) weist aber nach, daß die Präfixe, die in SPE mit = versehen sind, tatsächlich einfache Morphemgrenzen in ihrer Repräsentation enthalten, so daß nur noch von zwei verschiedenen Grenzen die Rede ist.

Strauss (1979) zeigt, daß die in Siegel (1974) gemachte Unterscheidung zwischen zwei Arten von Affixen, einer Klasse I, die Akzentverlagerung im Wort erlaubt, und einer Klasse II, die Akzentverlagerung (fast) immer verhindert, nicht notwendigerweise mit dem Vorhandensein unterschiedlicher interner Grenzen, + bzw. # , verbunden ist. Wenn die zyklischen Akzentregeln den Affigierungsregeln mit Präfixen und Suffixen der Klasse II vorgeordnet werden, ergibt sich dasselbe Resultat. Das Grenzsymbol erweist sich damit folglich als diakritisches Merkmal für eine Klasse von englischen Affixen. In einer alternativen Analyse wäre auch daran zu denken, die Affixe der Klasse I ohne Wortakzent und die der Klasse II ebenso wie Wurzelmorpheme mit Wortakzent zu repräsentieren. Eine vergleichbare Diskussion über die niederländische Phonologie, die sich in den letzten Jahren abgespielt hat, ergab, daß auch für diese Sprache wortintern keine Wortgrenzen sondern nur Morphemgrenzen + anzusetzen sind (vgl. Schultink 1977 für weitere Literaturangaben).

Falls nun einfache Morphemgrenzen die einzigen internen Grenzen sind, so besteht für zwei verschiedene Arten von Grenzsymbolen kein Bedarf mehr Wortinternes + ist in der lexikalischen Repräsentation vorhanden, aber am Wortanfang und am Wortende kann die Grenze + durch Konvention erteilt werden, à la SPE (: 366). Lexikalische und syntaktische Kategorien in der Kette werden somit durch zwei Nichtsegmente, genauer durch eine Sequenz [- segm] [- segm], getrennt. Weitere Forschung ist notwendig, aber einstweilen wird davon ausgegangen, daß es nur ein einziges Grenzsymbol mit der Spezifizierung [- segm] gibt. Das Zeichen + ist die informelle Wiedergabe für das Merkmal [- segm], das Zeichen # ist formell durch das Grenzcluster [- segm][- segm] wiederzugeben.

Es ist üblich, durch drei Merkmale sechs Oberklassen zu unterscheiden (2.10):

(2.10)	Vokale	Halbvokale	Laryngale	silbische Sonanten	Sonanten	Obstruenten
syll	+	-	-	+	-	-
cons	-	-	-	+	+	+
son	+	+	-	+	+	-

Zu diesem System ist Folgendes zu bemerken. Die Spezifizierung der Laryngale in dieser Matrix als [- son] entspricht zwar nicht dem Brauch in SPE, aber sie läßt sich doch phonologisch begründen. Darauf ist in Abschnitt 2.4.2 zurückzukommen. Daß das /h/ sich nicht zu den Konsonanten gesellt, zeigt sich jedenfalls im klassischen Griechisch. In der Artikelserie, die er der Phonologie des Attischen widmet gibt Ruijgh (1975: 350) dafür folgende Argumente:

> " ... ce son, à la différence des véritables segments consonantiques, n'empêche pas l'élision d'une voyelle brève qui précède. Ainsi, παρα+<u>h</u>οδος aboutit à πάρ<u>h</u>οδος, tout comme παρα+οικος à πάροικος. En outre, la métrique prouve que <u>h</u> ne compte pas pour une consonne normale dans la syllabation: tandis que normalement, une syllabe comportant une voyelle brève suivie de plus d'une consonne est longue, puisque la première consonne appartient à la syllabe précédente en allongeant, cela ne vaut pas pour le cas d'une voyelle brève suivie d'une consonne suivie de <u>h</u>; ainsi, la première syllabe de la séquence

> ἐν τῷ est longue (syllabation εν-τῳ), mais celle de ἐν ᾧ est brève (ε-νh̲ῳ)."

Damit rechtfertigt sich eine Klassifizierung dieses Laryngals als [- cons], echte Konsonanten sind dagegen [+ cons].

In phonologischen Regeln wird oft das Merkmal 'syllabic', und nicht das Merkmal 'consonantal' verwendet, um Vokale von Konsonanten zu unterscheiden. Weil die (unsilbischen) Laryngallaute sich bereits durch ihre Spezifizierung für das Merkmal 'sonorant' von den Vokalen unterscheiden, könnte nunmehr erwogen werden, das Merkmal 'syllabic' als redundant zu betrachten. Beim jetzigen Stand der Dinge hätte das zur Folge, daß silbische sich nicht mehr von unsilbischen Sonanten und Vokale sich nicht mehr von oralen 'Glides' unterscheiden ließen, es sei denn, die Syllabizität könnte auf andere Weise repräsentiert werden. In Kapitel 3 wird sich zeigen, daß das Merkmal 'syllabic' unter Umständen nicht nur die falschen Segmentklassen zusammenfaßt, sondern auch, daß es phonologische Regeln gibt, die sich auf eine Silbengrenze beziehen, und daß es notwendig ist, markierte sowie unmarkierte Syllabierungen auseinanderzuhalten. Das Vorhandensein von Silbengrenzen schließt allerdings das gleichzeitige Vorhandensein eines unabhängigen segmentalen Merkmals 'syllabic' aus. Eine durch Silbengrenzen eingeschlossene Sequenz kann ja nicht mehr als ein, aber auch nicht weniger als ein durch [+ syllabic] spezifiziertes Segment enthalten. Weil einerseits Silbischkeit keine inhärente segmentale Eigenschaft sein kann und andererseits die Silbengrenze die richtige Voraussetzung bietet, um die betreffenden sequentiellen Phänomene zu erfassen, muß das Merkmal 'syllabic' als solches verworfen werden. Wie die suprasegmentalen Erscheinungen formal zu behandeln sind, wird hier nicht weiter erörtert werden, aber eine 'mehrdimensionale' Phonologie scheint hier vielversprechend.

Wie schon angedeutet, gibt es weder für die Laryngale noch für die silbischen Sonanten Schwierigkeiten, wenn auf das Merkmal 'syllabic' verzichtet wird. Allerdings muß die Klassifizierung der oralen 'Glides' oder Halbvokale in bezug auf ihre Spezifizierung für das Merkmal 'consonantal' neu erwogen werden. Es scheint sinnvoll, die Liquiden mit den oralen 'Glides' zu einer Klasse zusammenzufassen als [+ cons, + son, + cont]. Ein Wandel von /r/ oder /l/ zu einem 'Glide' ist vielfach bezeugt. In der Mouillierung werden palatalisierte und velarisierte l̲-Laute zu einem palatalen bzw. velaren 'Glide' – ein Verlust der Lateralität. Lass/Anderson (1975) klassifizieren /ĭ,ŭ/ (IPA auch [j,w]) explizite als Liquiden und dabei berufen sie sich auf Gimson (1965), der ihre konsonantischen Eigenschaften, namentlich ihre marginale Funktion in der Silbe, hervorhebt. Diese konsonantische Funktion

> "is emphasized by the fact that the articles have their preconsonantal forms when followed by /j/ and /w/, i.e. the yard, a yacht, the west, a wasp, with /ðə/ or /ə/ rather than /ðI/ or /ən/ ..." (Gimson: 207).

Außerdem werden sie nach Fortes zu stimmlosen Reibelauten (z.B. c[j̥]ue, q[w̥]ick), ein Argument, das Lass/Anderson freilich nur halbwegs überzeugend finden. Vielmehr halten sie es für bemerkenswert, daß im Englischen

> " ... not only do /j w/ devoice after voiceless obstruents, but so do /r l/: e.g. in creek, sleep. Nasals do not generally devoice here (snow, smooth), nor do high vowels (keep, coop)" (: 12).

Kean (1975) führt systematisch-phonologische Gründe ins Feld, um Liquiden und 'Glides' in derselben Klasse unterzubringen, allerdings unter anderem Vorzeichen. Sie zählt nämlich wie SPE 'syllabic' zu den inhärenten phonologischen Merkmalen. Im Appendix zu ihrer Dissertation macht sie folgende Beobachtung:

> "It is proposed here that r's are generally glides, [- syl , - cons] segments, and not [+ cons, + son] segments. If there are no r glides then there is an unexplained fact, to wit: why there are no [+ cor] glides. There is no phonological or phonetic reason why there should be this gap. By the postulation of r as a glide the gap disappears. Glides have the 'manner' properties of vowels characteristically. With no coronal glide, it can neither be said that they have the 'place' properties of vowels nor those of consonants. By postulating r as a coronal glide it follows that glides have the place characterizations of consonants" (: 164-5).

In Paragraph 14.1 und 14.2 zeigt sie anhand von Beispielen aus dem Paiute und dem Karok, daß r-Laute mit einem Typ von /ß/-Lauten zu klassifizieren sind, die sich nicht wie Obstruenten verhalten. Tatsächlich werden /p,t,k/ charakteristischerweise zu /ß̆,r,γ̆/ lenisiert (vgl. auch Harms 1966).

Im Dänischen werden die postvokalischen b,d,g wie in pibe 'Pfeife', bade 'baden', lige 'gleich' sehr weich artikuliert. Basbøll (1975) stuft diese /ß̆,ð,γ̆/ zusammen mit /ĭ,ŭ/ phonetisch als "vocoids" bzw. "glides" ein. Wenn man nun die Liquiden(im weitesten Sinne) als [+ cons, + son, + cont] klassifiziert und auf das Merkmal 'trill' verzichtet, dann ergibt sich aus diesem System, daß /ð̆/ und /r/ nicht in Opposition stehen können.

Für das Dänische Oberflächensystem macht das keine Schwierigkeiten, denn bei den Koronalen stehen /ð̌/ und /l/ in Opposition und der r̲-Laut ist uvular.

Wenn man /ǐ/ als Konsonant klassifiziert, dann unterscheidet es sich vom echten Reibelaut /j/ in der Spezifizierung für das Merkmal 'sonorant was sich phonetisch bestätigen dürfte. Der Unterschied zwischen einem 'jotierten' /ǐ/ und dem Vokal /i/ ist jedoch bloß funktional ebenso wie im Falle eines /r/, das im Englischen zum Beispiel eine nichtkonsonantische Realisierung als [ɹ] hat. Lass/Anderson sehen darin möglicherweise zu Recht einen Grund für die Annahme,

> "that it may be best to take [+ cons] as a feature which cannot be defined in any truly phonetic way, but only phonologically ..." (: 10 FN).

2.4.2 'sonorant'

Für das Merkmal 'sonorant' schlägt Kean MK (2.3-I) vor, die sich durch die Komplementkonvention (2.2) in folgende vier Markiertheitsregeln expandieren läßt (2.11):

$$(2.11)\quad a\quad [u\ son] \rightarrow [-\ son]\ /\ \begin{bmatrix}\rule{1.5em}{0.4pt} \\ +\ cons\end{bmatrix}.\quad (= I)\quad (/t,d/)$$

$$b\quad [m\ son] \rightarrow [+\ son]\ /\ \begin{bmatrix}\rule{1.5em}{0.4pt} \\ +\ cons\end{bmatrix}\quad (/n/)$$

$$c\quad [u\ son] \rightarrow [+\ son]\ /\ \begin{bmatrix}\rule{1.5em}{0.4pt} \\ -\ cons\end{bmatrix}\quad (/a,u/)$$

$$d\quad [m\ son] \rightarrow [-\ son]\ /\ \begin{bmatrix}\rule{1.5em}{0.4pt} \\ -\ cons\end{bmatrix}\quad (/h/)$$

(Nicht nur hier, sondern auch in den folgenden Abschnitten stehen hinter jeder einzelnen Markiertheitsregel potentielle Kandidaten. Das ist bloß als optische Stütze gedacht, um die Lesbarkeit zu erleichtern; die eingeklammerten Beispiele haben selbstverständlich keinen formalen Status.)

Entsprechend (2.11a) bleiben Konsonanten unmarkiert für das Merkmal 'sonorant', wenn sie [- sonorant] sind, aber weil Sonanten [+ sonorant] sind, gelten sie nach (2.11b) als |m sonorant]. Für Vokale gilt nach (2.11c), daß sie unmarkierterweise [+ sonorant] sind, während als nichtkonsonantisch zu spezifizierende Laryngale [- sonorant] als den markierten Wert tragen, angenommen, die durch Regel (2.11d) zu erschließende Merkmalkonfiguration [- cons, - son] bezeichnet eine natürliche Klasse.

In Kloeke (1979) werden Argumente erörtert, die es nahelegen, die Laryngale zusammen mit den Obstruenten als [- sonorant] zu klassifizieren. Es sind die folgenden. Die Obstruenten /p,t,k/ werden vielfach zu einem Glottisschlag /ʔ/, zum Beispiel im Englischen (vgl. Lass 1976 für weiteres Material). In verschiedenen Sprachen ist der Wandel eines stimmlosen Reibelauts /f,θ,s,x/ zu einem Hauchlaut /h/ bezeugt, etwa im Germanischen. Unter anderem in finnougrischen und keltischen Dialekten gibt es eine sogenannte Präaspiration stimmloser Verschlußlaute (vgl. Kylstra 1972); im Isländischen alternieren präaspirierte Obstruenten mit Geminaten, ein Wechsel /p^h,t^h,k^h/ → /h/. In all diesen Fällen handelt es sich gleichsam um einen artikulatorischen Umschwung, eine Veränderung konsonantischer Segmente in ein Segment, das [- cons] ist. Falls man wie in SPE alle Vokale und 'Glides' automatisch als [+ son] interpretiert, werden die betreffenden phonologischen Regeln jedoch recht komplex, weshalb sowohl Lass (1976) wie Thráinsson (1978) eine Erweiterung des theoretischen Rahmens vorschlagen. Wenn /h,ʔ/ jedoch als [- son] klassifiziert werden, gesellen sie sich auf natürliche Weise zu den Obstruenten, die im unmarkierten Fall ebenfalls stimmlos sind. Das bedeutet freilich, daß die Definition des Merkmals 'sonorant' etwas abgewandelt werden muß, und zwar so, daß die Spezifizierung [+ sonorant] statt der Möglichkeit eines Stimmtons die spontane Stimmbildung als Voraussetzung hat.

Wenn die Stimmbänder gespreizt werden (Halle/Stevens 1971 schlagen dafür das Merkmal 'spread glottis' vor), ist spontane Stimmbildung nicht mehr möglich. Diese Neuinterpretation des Merkmals 'sonorant' würde folgende Implikationsregel rechtfertigen (2.12):

(2.12) IR [+ SG] → [- son] (= 2.4f)

In der Kontraposition dieser IR kommt zum Ausdruck, daß sonorante Segmente per Implikation [- SG] sind. Es lassen sich noch weitere IR aufstellen, denn wenn der Luftstrom nicht gehemmt und dennoch die Stimmbildung unterdrückt wird, so muß es sich um den Hauchlaut handeln (2.13):

(2.13) IR $\begin{bmatrix} \text{- cons} \\ \text{- son} \\ \text{+ cont} \end{bmatrix} \rightarrow$ [+ SG] (= 2.4c)

Wenn der Luftstrom dagegen unterbrochen wird und das betreffende Segment als [- cons] spezifiziert ist, dann muß diese Hemmung durch einen glottalen Verschluß (Halle/Stevens verwenden dafür das Merkmal 'constricted glottis') verursacht werden (2.14):

(2.14) IR $\begin{bmatrix} - \text{cons} \\ - \text{cont} \end{bmatrix} \rightarrow [+ \text{CG}]$ (= 2.4d)

Logisch sowie physiologisch ist die Konfiguration *[+ SG , + CG] ausgeschlossen und deshalb muß folgende Implikationsregel angenommen werden (2.15):

(2.15) IR $[+ \text{SG}] \rightarrow [- \text{CG}]$ (= 2.4e)

Schließlich muß es sich bei Segmenten, die weder im oralen noch im glottalen Bereich eine Hemmung aufweisen, um einen Öffnungslaut handeln, der als [+ cont] zu spezifizieren ist (2.16):

(2.16) IR $\begin{bmatrix} - \text{cons} \\ - \text{CG} \end{bmatrix} \rightarrow [+ \text{cont}]$ (= 2.4g)

Selbstverständlich behalten letztere drei IR ihre Gültigkeit, gleichviel ob das Merkmal 'sonorant' neudefiniert wird oder nicht, aber es ist bemerkenswert, daß sowohl die IR (2.13) und (2.14) wie die Kontrapositionen von IR (2.12) und (2.16) sehr spezifisch glottale Merkmale in der Konsequenz enthalten, ohne daß irgendwelche Stellungsmerkmale im Antezedens erwähnt werden.

Um auf die vorhin erwähnten Veränderungen zurückzukommen, der Wandel von /p,t,k/ → /ʔ/ braucht im wesentlichen nur die Veränderung [- cont] → [- cons] zu beschreiben, denn IR (2.14) spezifiziert diese Konfiguration sofort als [+ CG], macht den betreffenden Laut also zum Glottisverschlußlaut. Die Kontraposition der IR (2.15) spezifiziert das als [+ CG] spezifizierte Segment darauf als [- CG].

Die Regel, die den Wandel /f,θ,s,x/ → /h/ wiedergibt, lautet [- son , + cont] → [- cons]. IR (2.13) spezifiziert das solchermaßen gekennzeichnete Segment sofort als [+ SG], mithin als den laryngalen 'Glide' /h/. Die Präaspiration ist formal ebenfalls einfach zu erfassen, denn da geht es um den Wechsel [+ SG] → [- cons] / ... IR (2.15) spezifiziert die Ausgabe als [- CG] und IR (2.16) impliziert, daß das erzeugte Segment [+ cont], also ein /h/ ist. In all diesen Fällen bleiben die oralen Merkmale unmarkiert. Das stimmt mit der Beobachtung in Lass (1976) überein, daß es sich hier um eine Art "Deartikulation" handelt, bei der alle oralen Merkmale gleichsam getilgt werden. Es kommt noch hinzu, daß die erwähnten lautlichen Veränderungen immer eine bestimmte Direktionalität erkennen lassen. Formal finden diese Phänomene ihre Entsprechung in der Merkmalhierarchie, mithin in der inhärenten Ordnung der Markiertheitskonventionen, denn sowohl in Keans System wie in diesem (vgl.

Baum 2.5) sind die oralen und die glottalen Merkmale hierarchisch unabhängig voneinander.

Wenn die Spezifizierung [+ son] Stimmton voraussetzt, heißt das, daß nicht nur die Laryngale sondern auch die stimmlosen Vokale [- son] sind, was durchaus in Übereinstimmung mit IR (2.12) ist. Wenn man bei dieser Neudefinition das Merkmal 'obstruent' statt 'sonorant' beibehalten will, ist zu beachten, daß echte Obstruenten nunmehr eine Teilklasse der als [+ obs] zu spezifizierenden Segmente darstellen. Zur Vermeidung von Mißverständnissen empfiehlt es sich also, das Merkmal 'obstruent' zugunsten des Merkmals 'sonorant' aufzugeben.

2.5 Stellungsmerkmale

2.5.1 'back'

Für das Merkmal 'back' läßt sich eine MK aufstellen, die Vokale unmarkierterweise als [+ back] und Konsonanten als [- back] interpretiert (2.17):

$$
\begin{array}{lllllll}
(2.17) & a & [\text{u back}] \rightarrow [-\text{ back}] & / & \left[\frac{\quad}{+\text{ cons}}\right] & (= \text{II}) & (/\text{p,n}/) \\
 & b & [\text{m back}] \rightarrow [+\text{ back}] & / & \left[\frac{\quad}{+\text{ cons}}\right] & & (/\text{k,s}^{\text{ɯ}}/) \\
 & c & [\text{u back}] \rightarrow [+\text{ back}] & / & \left[\frac{\quad}{-\text{ cons}}\right] & & (/\text{a,u}/) \\
 & d & [\text{m back}] \rightarrow [-\text{ back}] & / & \left[\frac{\quad}{-\text{ cons}}\right] & & (/\text{i,ü}/)
\end{array}
$$

Vordere Vokale wie /i,ü/ gelten nach (2.17d) und hintere Konsonanten wie /k/ oder velarisierte wie /$s^{ɯ}$/ nach (2.17b) als markiert für dieses Merkmal.

2.5.2 'low' und 'mid'

Die Merkmale 'high' und 'low' aus SPE lassen bei Vokalen eine Unterscheidung von nur drei Öffnungsgraden zu, denn *[+ low , + high] ist selbstverständlich als Konfiguration ausgeschlossen (2.18):

$$(2.18) \quad \text{IR} \quad [+\text{ low}] \rightarrow [-\text{ high}] \quad (= 2.4\text{m})$$

Das Problem, wie Vokalsysteme mit mehr als drei Öffnungsgraden zu erfassen sind, ist noch umstritten. Wang (1968) schlägt eine andere Klassifizierung vor, indem er 'low' durch das Merkmal 'mid' ersetzt. Stahlke (1971: 48-9) bemerkt dazu jedoch:

> "The difficulty to which this proposal falls prey is evident when one attempts to suggest articulatory correlates for his features. If [high] is defined as a raising above some sort of neutral position, then a [+ high, +mid] vowel would have conflicting directions, one raising the tongue and one keeping it from going too high. [- mid] would have two opposite values, depending on how [high] is marked; thus the positive exponent, which for all other features indicates the presence of some gesture, would here indicate the absence of any gesture, and the negative exponent would indicate two contradictory gestures."

Auch andere haben diese Lösung kritisiert (vgl. Fischer-Jørgensen 1975 für einschlägige Literatur).

Versuche, statt Höhenmerkmale andere Einteilungskriterien einzuführen (so Halle/Stevens 1969, Kiparsky 1974), haben keinen nachhaltigen Erfolg gezeitigt und die bewährten Merkmale werden immer noch beibehalten (vgl. auch Abschnitt 2.6.6).

Hier wird einstweilen angenommen, daß das Merkmal 'low' sowohl für Konsonanten wie für Vokale Gültigkeit hat, und Keans MK wird übernommen (2.19):

(2.19)

a $\quad [\text{u low}] \rightarrow [\text{+ low}] \;/\; \begin{bmatrix} \_\_\_ \\ \text{- cons} \\ \text{+ back} \end{bmatrix}$ (= III) (/a,h/)

b $\quad [\text{m low}] \rightarrow [\text{- low}] \;/\; \begin{bmatrix} \_\_\_ \\ \text{- cons} \\ \text{+ back} \end{bmatrix}$ (/u,o/)

c i $\quad [\text{u low}] \rightarrow [\text{- low}] \;/\; \begin{bmatrix} \_\_\_ \\ \text{+ cons} \end{bmatrix}$ (/t,k,R/)

ii $\quad [\text{u low}] \rightarrow [\text{- low}] \;/\; \begin{bmatrix} \_\_\_ \\ \text{- cons} \\ \text{- back} \end{bmatrix}$ (/e,i/)

d i $\quad [\text{m low}] \rightarrow [\text{+ low}] \;/\; \begin{bmatrix} \_\_\_ \\ \text{+ cons} \end{bmatrix}$ (/ħ/)

ii $\quad [\text{m low}] \rightarrow [\text{+ low}] \;/\; \begin{bmatrix} \_\_\_ \\ \text{- cons} \\ \text{- back} \end{bmatrix}$ (/æ/)

2.5.3 'high'

Vordere Konsonanten sind normalerweise [- high], das einfachste Vokaldreieck enthält außer dem /a/ typischerweise noch zwei hohe Vokale.

Deshalb kann folgende MK angenommen werden (2.20):

(2.20)

a	[u high]	→	[- high]	/	[+ —— cons, - back]	(= IV) (/p,t,r/)
b	[m high]	→	[+ high]	/	[+ —— cons, - back]	(/š,s^j/)
c i	[u high]	→	[+ high]	/	[- —— cons]	(/i,ü,u/)
ii	[u high]	→	[+ high]	/	[+ —— cons, + back]	(/k,ŋ/)
d i	[m high]	→	[- high]	/	[- —— cons]	(/e,ö,o/
ii	[m high]	→	[- high]	/	[+ —— cons, + back]	(/q,R/)

Die MK für 'high' und 'low' sind anders als bei Kean nicht inhärent geordnet. Daraus ergibt sich ein Widerspruch, der in Kloeke (1980a) noch übersehen wird. Wenn auf das /a/, angeblich das unmarkierteste Segment, zuerst Regel (2.19a) angewendet wird, tritt sofort IR (2.4m) in Wirkung, um es unmarkierterweise als [- high] zu spezifizieren. Wenn dagegen die Regel für 'high' als erste angewendet wird, muß das /a/ nach (2.20c-i) [m high] sein. Zwar läßt die Kontraposition der IR (2.4m) zu, daß es [u low] ist, aber immerhin bleibt das /a/ bei der einen Regelordnung [u high], im anderen Fall [m high]. Dieses Ergebnis ist untragbar, aber auch unnötig. Beim jetzigen Stand der Dinge ist die Lösung eine extrinsische Regelordnung, die das fragliche Segment gänzlich unmarkiert läßt.

Es ist zu beachten, daß hier wiederum eine Implikationsregel eine Rolle bei der Regelordnung spielt. In Keans System (vgl. Paragraph 4.1 und 4.2) verhindern die IR nur, daß widersprüchliche Plus- oder Minuswerte in ein und derselben Merkmalkonfiguration vorkommen. Hier sind die MK für 'spread glottis' und 'constricted glottis' hierarchisch dem Merkmal 'consonantal' untergeordnet, indem IR (2.4a) für 'segment' interveniert (vgl. Abschnitt 2.4.1); im vorliegenden Fall ist die Entscheidung für die Regelordnung der beiden MK für 'low' und 'high' mit dadurch bestimmt, die Anwendbarkeit der IR (2.4m) zu maximalisieren und zugleich die Markiertheit einzelner Segmente zu minimalisieren.

2.5.4 'labial', 'spread' und 'round'

Keans MK für 'labial' ergibt folgende Expansionen (2.21):

(2.21)

$$\text{a}\quad [\text{u lab}] \rightarrow [+\text{ lab}] \;/\; \begin{bmatrix} \underline{\quad\quad} \\ -\text{ cons} \\ +\text{ back} \\ -\text{ low}\end{bmatrix} \quad (=\text{V})$$ (/u,ɯ/)

$$\text{b}\quad [\text{m lab}] \rightarrow [-\text{ lab}] \;/\; \begin{bmatrix} \underline{\quad\quad} \\ -\text{ cons} \\ +\text{ back} \\ -\text{ low}\end{bmatrix}$$ (/ɨ,ʌ/)

$$\text{c i}\quad [\text{u lab}] \rightarrow [-\text{ lab}] \;/\; \begin{bmatrix} \underline{\quad\quad} \\ +\text{ cons}\end{bmatrix}$$ (/t,k/)

$$\text{ii}\quad [\text{u lab}] \rightarrow [-\text{ lab}] \;/\; \begin{bmatrix} \underline{\quad\quad} \\ -\text{ cons} \\ -\text{ back}\end{bmatrix}$$ (/i,e/)

$$\text{iii}\quad [\text{u lab}] \rightarrow [-\text{ lab}] \;/\; \begin{bmatrix} \underline{\quad\quad} \\ -\text{ cons} \\ +\text{ back} \\ +\text{ low}\end{bmatrix}$$ (/a,h/)

$$\text{d i}\quad [\text{m lab}] \rightarrow [+\text{ lab}] \;/\; \begin{bmatrix} \underline{\quad\quad} \\ +\text{ cons}\end{bmatrix}$$ (/p,m,k͡p/)

$$\text{ii}\quad [\text{m lab}] \rightarrow [+\text{ lab}] \;/\; \begin{bmatrix} \underline{\quad\quad} \\ -\text{ cons} \\ -\text{ back}\end{bmatrix}$$ (/ü,ö/)

$$\text{iii}\quad [\text{m lab}] \rightarrow [+\text{ lab}] \;/\; \begin{bmatrix} \underline{\quad\quad} \\ -\text{ cons} \\ +\text{ back} \\ +\text{ low}\end{bmatrix}$$ (/ɔ/)

Falls 'spread' als weiteres Lippenmerkmal angenommen wird statt 'round', erhält 'labial' einen Status als "cover feature", ohne daß damit eine spezifische artikulatorische Bewegung zu assoziieren wäre. Erst die Spezifizierung des Merkmals 'spread' zeigt an, ob [+ lab] Lippenrundung oder Lippenverschluß andeutet. Wenn jedoch das Merkmal 'round' verwendet wird, läßt sich dies mit Lippenrundung verbinden, während 'labial' Lippenverengung bis zum Lippenverschluß andeutet. In Keans System verteilen sich die Merkmalwerte wie in (2.22a), im vorliegenden wie in (2.22b):

(2.22) a

	p	k	p^w	k^w
lab	+	-	+	+
spr	+	+	-	-

b

	p	k	p^w	k^w
lab	+	-	+	-
rnd	-	-	+	+

Über die Rolle der Merkmale 'round' und 'labial' bei der Unterscheidung von Labiovelaren wie /k^w/ und Labialvelaren wie /k͡p/ ist in Abschnitt 2.6.5 noch im Zusammenhang mit dem Merkmal 'anterior' zu sprechen. Hier ist nur darauf hinzuweisen, daß sich in (2.22a) das /k/ und das /kʷ/ durch zwei Merkmalwerte unterscheiden, in (2.22b) dagegen nur noch durch einen.

Für das Merkmal 'round' wird folgende MK angenommen (2.23):

(2.23)

a $$[u\ \text{rnd}] \rightarrow [+\ \text{rnd}] \ / \begin{bmatrix} \overline{} \\ -\ \text{cons} \\ +\ \text{lab} \end{bmatrix}$$ (= VI) (/u,ü/)

b $$[m\ \text{rnd}] \rightarrow [-\ \text{rnd}] \ / \begin{bmatrix} \overline{} \\ -\ \text{cons} \\ +\ \text{lab} \end{bmatrix}$$ (/ɯ/)

c i $$[u\ \text{rnd}] \rightarrow [-\ \text{rnd}] \ / \begin{bmatrix} \overline{} \\ +\ \text{cons} \end{bmatrix}$$ (/p,k,k͡p/)

ii $$[u\ \text{rnd}] \rightarrow [-\ \text{rnd}] \ / \begin{bmatrix} \overline{} \\ -\ \text{cons} \\ -\ \text{lab} \end{bmatrix}$$ (/e,ɨ,æ/)

d i $$[m\ \text{rnd}] \rightarrow [+\ \text{rnd}] \ / \begin{bmatrix} \overline{} \\ +\ \text{cons} \end{bmatrix}$$ (/pʷ,kʷ/)

ii $$[m\ \text{rnd}] \rightarrow [+\ \text{rnd}] \ / \begin{bmatrix} \overline{} \\ -\ \text{cons} \\ -\ \text{lab} \end{bmatrix}$$ (/hʷ,ɒ/)

2.5.5 'coronal'

Die MK für 'coronal' hat folgende Expansionen (2.24):

(2.24)

a $$[u\ \text{cor}] \rightarrow [+\ \text{cor}] \ / \begin{bmatrix} \overline{} \\ +\ \text{cons} \\ -\ \text{back} \\ -\ \text{lab} \end{bmatrix}$$ (= VII) (/t,s,l/)

b $$[m\ \text{cor}] \rightarrow [-\ \text{cor}] \ / \begin{bmatrix} \overline{} \\ +\ \text{cons} \\ -\ \text{back} \\ -\ \text{lab} \end{bmatrix}$$ (/ç,j,ǐ/)

c i $$[u\ \text{cor}] \rightarrow [-\ \text{cor}] \ / \begin{bmatrix} \overline{} \\ -\ \text{cons} \end{bmatrix}$$ (/a/)

ii $$[u\ \text{cor}] \rightarrow [-\ \text{cor}] \ / \begin{bmatrix} \overline{} \\ +\ \text{cons} \\ +\ \text{back} \end{bmatrix}$$ (/k,ɣ,ŭ/)

iii $$[u\ \text{cor}] \rightarrow [-\ \text{cor}] \ / \begin{bmatrix} \overline{} \\ +\ \text{cons} \\ -\ \text{back} \\ +\ \text{lab} \end{bmatrix}$$ (/p/)

d i $$[m\ \text{cor}] \rightarrow [+\ \text{cor}] \ / \begin{bmatrix} \overline{} \\ -\ \text{cons} \end{bmatrix}$$ (/əʴ/)

ii $$[m\ \text{cor}] \rightarrow [+\ \text{cor}] \ / \begin{bmatrix} \overline{} \\ +\ \text{cons} \\ +\ \text{back} \end{bmatrix}$$ (/k͡t/)

(2.24) (Fortsetzung)

d iii $$[\text{m cor}] \rightarrow [+\text{cor}] \;/\; \begin{bmatrix} \underline{\quad\quad} \\ +\text{cons} \\ -\text{back} \\ +\text{lab} \end{bmatrix} \qquad (/\widehat{pt}/)$$

Demnach sind dentale Konsonanten unmarkiert für dieses Merkmal, während palatale Konsonanten und r-haltige Vokale und Konsonanten mit betreffender Doppelartikulation [m coronal] sind.

2.6 Merkmale der Artikulationsart

2.6.1 'nasal'

Die MK für das Merkmal 'nasal' läßt sich in folgende Markiertheitsregeln expandieren (2.25):

(2.25)

a $$[\text{u nas}] \rightarrow [+\text{nas}] \;/\; \begin{bmatrix} \underline{\quad\quad} \\ +\text{cons} \\ +\text{son} \end{bmatrix} \qquad (=\text{IX}) \qquad (/n,m/)$$

b $$[\text{m nas}] \rightarrow [-\text{nas}] \;/\; \begin{bmatrix} \underline{\quad\quad} \\ +\text{cons} \\ +\text{son} \end{bmatrix} \qquad (/r,l/)$$

c i $$[\text{u nas}] \rightarrow [-\text{nas}] \;/\; \begin{bmatrix} \underline{\quad\quad} \\ -\text{cons} \end{bmatrix} \qquad (/a,h/)$$

ii $$[\text{u nas}] \rightarrow [-\text{nas}] \;/\; \begin{bmatrix} \underline{\quad\quad} \\ +\text{cons} \\ -\text{son} \end{bmatrix} \qquad (/p,t,k/)$$

d i $$[\text{m nas}] \rightarrow [+\text{nas}] \;/\; \begin{bmatrix} \underline{\quad\quad} \\ -\text{cons} \end{bmatrix} \qquad (/\tilde{a}/)$$

ii $$[\text{m nas}] \rightarrow [+\text{nas}] \;/\; \begin{bmatrix} \underline{\quad\quad} \\ +\text{cons} \\ -\text{son} \end{bmatrix} \qquad (/\tilde{ð}/)$$

Diese Regeln (und ihre jeweiligen Illustrationen) sprechen für sich selbst.

2.6.2 'continuant', 'flap' und 'trill'

Keans MK für 'continuant' wird hier ohne Veränderung übernommen (2.26):

(2.26)

a $$[\text{u cont}] \rightarrow [+\text{cont}] \;/\; \begin{bmatrix} \underline{\quad\quad} \\ +\text{son} \\ -\text{nas} \end{bmatrix} \qquad (=\text{X}) \qquad (/a,r/)$$

(2.26) (Fortsetzung)

$$\text{b}\qquad [\text{m cont}] \rightarrow [-\ \text{cont}] \ / \begin{bmatrix} \underline{\qquad} \\ +\ \text{son} \\ -\ \text{nas} \end{bmatrix} \qquad (/\text{D},\text{V}/)$$

$$\text{c i}\qquad [\text{u cont}] \rightarrow [-\ \text{cont}] \ / \begin{bmatrix} \underline{\qquad} \\ -\ \text{son} \end{bmatrix} \qquad (/\text{t},ʔ,\text{m̥}/)$$

$$\text{ii}\qquad [\text{u cont}] \rightarrow [-\ \text{cont}] \ / \begin{bmatrix} \underline{\qquad} \\ +\ \text{son} \\ +\ \text{nas} \end{bmatrix} \qquad (/\text{n},\text{m},ŋ/)$$

$$\text{d i}\qquad [\text{m cont}] \rightarrow [+\ \text{cont}] \ / \begin{bmatrix} \underline{\qquad} \\ -\ \text{son} \end{bmatrix} \qquad (/\text{x},\text{h}/)$$

$$\text{ii}\qquad [\text{m cont}] \rightarrow [+\ \text{cont}] \ / \begin{bmatrix} \underline{\qquad} \\ +\ \text{son} \\ +\ \text{nas} \end{bmatrix} \qquad (/\tilde{\text{l}}/)$$

Regel (2.26b) beschreibt nichtnasale Sonanten, die [- cont] als markierten Wert haben. Beim ersten Blick scheint das ein Widerspruch zu sein, denn sowohl der orale wie der nasale Weg wird abgeschlossen und der freie Luftstrom unterbrochen. Solange der Luftdruck im Ansatzrohr jedoch nicht den kritischen Wert erreicht, wo der Bernoulli-Effekt bei den Stimmlippen unterdrückt wird, ist spontane Schwingung möglich. Auch ein nichtnasaler Verschlußlaut kann als [+ son] spezifiziert werden, vorausgesetzt, der Verschluß wird rechtzeitig gelöst.

Segmente, die für diese Regel markiert werden können, sind etwa intervokalische _r_-Laute im Englischen und die "flaps", durch die im Amerikanischen die /t/ realisiert werden, z.B. in _later_, _capital_, _loiter_, _shouting_ und _forty_, _winter_. Spanische Minimalpaare wie _caro_ 'teuer' vs. _carro_ 'Wagen' und _pera_ 'Birne' vs. _perra_ 'Hündin', in denen das erste Beispiel jeweils einen alveolaren "tap"-Laut enthält, könnten sich durch das Merkmal 'continuant' unterscheiden. Stahlke klassifiziert im Ewe ein alveolar-apikales /r/ als [- cont]; anlautend und intervokalisch wird es als "ɖ" realisiert und der einzige Unterschied scheint darin zu bestehen, daß das Allophon [- son] wird.

Die Konfiguration in Regel (2.26b) beschränkt sich indessen nicht nur auf Koronallaute, denn im Niederländischen gibt es drei Labiodentale, von denen zwei als Obstruenten und einer als Sonant zu klassifizieren ist (2.27):

(2.27)

	f	v	V
son	-	-	+
cont	+	+	-
stVC	-	-	-

Den dritten Laut dieser Reihe ersetzen Ausländer, die vom Deutschen her

Niederländisch lernen, meist durch [v], obwohl er mehr Ähnlichkeit mit einem 'Glide' hat und in vielen Dialekten auch als ein solcher realisiert wird. In einigen anderen wird er am Silbenanfang, z.B. in water 'Wasser', laut Zwaardemaker/Eijkman (1928: 178) als "stimmhafter labiodentaler Explosivlaut" [V̇] ausgesprochen, in Clustern, z.B. in twaalf 'zwölf', allerdings als Frikativ.

Wenn [+ son, - nas, -cont] diese dentalen und labialen "taps" hinreichend determiniert, erübrigt sich selbstverständlich ein Merkmal 'flap'. Desgleichen wird ein Merkmal 'trill' erst nötig sein, wenn sich in einer Sprache eine Opposition zwischen einer ungerundeten, labialen 'Liquida' /β̆/ und so etwas wie einem Kutscher-r /ρ/ (vgl. Ladefoged 1971b: 52-3), oder wie bereits in Abschnitt 2.4.1 erwähnt, zwischen einem nichtintermittierenden /ð̆/ und einem sonst identisch spezifizierten Zitterlaut /r/ feststellen lassen sollte.

2.6.3 'lateral'

Die hier vorgeschlagene MK ergibt folgende Markiertheitsregeln (2.28):

(2.28)

a $$[\text{u lat}] \rightarrow [+\text{lat}] \;/\; \begin{bmatrix} \overline{} \\ +\text{son} \\ +\text{cor} \\ +\text{cont} \end{bmatrix} \quad (= \text{XI}) \quad (/\text{l}/)$$

b $$[\text{m lat}] \rightarrow [-\text{lat}] \;/\; \begin{bmatrix} \overline{} \\ +\text{son} \\ +\text{cor} \\ +\text{cont} \end{bmatrix} \quad (/\text{r}/)$$

c i $$[\text{u lat}] \rightarrow [-\text{lat}] \;/\; \begin{bmatrix} \overline{} \\ -\text{son} \end{bmatrix} \quad (/\text{t,s}/)$$

ii $$[\text{u lat}] \rightarrow [-\text{lat}] \;/\; \begin{bmatrix} \overline{} \\ +\text{son} \\ -\text{cor} \end{bmatrix} \quad (/\text{m,R}/)$$

iii $$[\text{u lat}] \rightarrow [-\text{lat}] \;/\; \begin{bmatrix} \overline{} \\ +\text{son} \\ +\text{cor} \\ -\text{cont} \end{bmatrix} \quad (/\text{n,D}/)$$

d i $$[\text{m lat}] \rightarrow [+\text{lat}] \;/\; \begin{bmatrix} \overline{} \\ -\text{son} \end{bmatrix} \quad (/\text{ḷ}/)$$

ii $$[\text{m lat}] \rightarrow [+\text{lat}] \;/\; \begin{bmatrix} \overline{} \\ +\text{son} \\ -\text{cor} \end{bmatrix} \quad (/\text{ɬ}/)$$

iii $$[\text{m lat}] \rightarrow [+\text{lat}] \;/\; \begin{bmatrix} \overline{} \\ +\text{son} \\ +\text{cor} \\ -\text{cont} \end{bmatrix} \quad (/\text{L}/)$$

Von den verschiedenen Laterallauten ist bloß die sonorante Liquida [u lat]. Die MK enthält auch eine Spezifizierung für das Merkmal 'coronal', denn sonst wären labiale und velare sowie uvulare 'Liquiden' [m lat]. Regel (2.28d-ii) interpretiert den Wandel /old/ → /oŭd/, die mittelniederländische Mouillierung eines velarisierten l, als eine Form der Demarkierung.

Weil bloß Konsonanten lateral artikuliert werden können, gilt die Implikationsregel (2.29):

(2.29) IR [- cons] → [- lat] (= 2.4j)

Laterale Affrikaten sind automatisch für das einschlägige Merkmal markiert (2.30):

(2.30) IR $\begin{bmatrix} -\text{ son} \\ +\text{ lat} \end{bmatrix}$ → [+ DR] (= 2.4k)

Für Öffnungslaute ist das Merkmal 'delayed release' ohnehin irrelevant und wie in SPE ist folgende Implikationsregel anzunehmen (2.31):

(2.31) IR [+ cont] → [+ DR] (= 2.4h)

Weil es außerdem ausgeschlossen ist, daß ein sonoranter lateraler "flap" als Affrikata artikuliert wird, ist schließlich IR (2.32) gültig:

(2.32) IR $\begin{bmatrix} +\text{ son} \\ -\text{ cont} \end{bmatrix}$ → [- DR] (= 2.4i)

M.a.W., laterale Affrikaten können nicht zu lateralen Plosivlauten in Opposition stehen und Affrizierung ist nur bei oralen nichtsonoranten Verschlußlauten möglich.

2.6.4 'delayed release' und 'prenasal'

In Sprachen, in denen es in der Reihe der Verschlußlaute neben /p,t,k/ noch ein viertes Glied gibt, wird diese Stelle meist durch die palato-alveolare Affrikata besetzt. Die homorganen Plosive /c,ɟ/ sind relativ selten. Die entsprechende MK lautet (2.33):

(2.33)

a [u DR] → [+ DR] / $\begin{bmatrix} \overline{} \\ +\text{ high} \\ +\text{ cor} \end{bmatrix}$ (= XII) (/č,ǰ/)

b [m DR] → [- DR] / $\begin{bmatrix} \overline{} \\ +\text{ high} \\ +\text{ cor} \end{bmatrix}$ (/t^j,t_1/)

(2.33) (Fortsetzung)

$$\text{c i}\quad [\text{u DR}] \rightarrow [-\text{ DR}] \;/\; \begin{bmatrix}\underline{\quad\quad} \\ -\text{ high}\end{bmatrix} \qquad (/\text{t,n}/)$$

$$\text{ii}\quad [\text{u DR}] \rightarrow [-\text{ DR}] \;/\; \begin{bmatrix}\underline{\quad\quad} \\ +\text{ high} \\ -\text{ cor}\end{bmatrix} \qquad (/\text{c,k}/)$$

$$\text{d i}\quad [\text{m DR}] \rightarrow [+\text{ DR}] \;/\; \begin{bmatrix}\underline{\quad\quad} \\ -\text{ high}\end{bmatrix} \qquad (/\text{p}^{\text{f}},\text{t}^{\text{s}}/)$$

$$\text{ii}\quad [\text{m DR}] \rightarrow [+\text{ DR}] \;/\; \begin{bmatrix}\underline{\quad\quad} \\ +\text{ high} \\ -\text{ cor}\end{bmatrix} \qquad (/\text{k}^{\text{x}}/)$$

Nach (2.4h) ist das Merkmal der graduellen Lösung weder für Öffnungslaute noch für Reibelaute relevant, denn sie sind per Implikation [+ DR]. Außerdem können nach (2.4k) Obstruenten entweder für das Merkmal 'lateral oder für 'delayed release' markiert sein, aber nicht für beide zugleich. Nach der Implikationsregel (2.34) können jedenfalls nur Obstruenten für das betreffende Merkmal markiert werden:

$$(2.34)\quad \text{IR}\quad \begin{bmatrix}+\text{ son} \\ -\text{ cont}\end{bmatrix} \rightarrow [-\text{ DR}] \qquad (= 2.4\text{i})$$

Weder "taps" oder "flaps" noch nasale Sonanten können also als Affrikaten funktionieren.

Feinstein (1977: 147-62) prüft eingehend, ob pränasalierte Konsonanten mit monosegmentalen Merkmalen adäquat klassifiziert werden können, insbesondere, ob 'sonorant', 'continuant', 'delayed release' oder 'prenasal' dafür in Betracht kämen. Keines kann jedoch angemessen zwischen verschiedenen Typen von pränasalierten Segmenten unterscheiden. Er argumentiert stattdessen, daß sie in der zugrundeliegenden Repräsentation als Segmentsequenzen analysiert werden müssen. Im Singhalesischen gibt es eine Opposition zwischen [kandə] 'Hügel' und [ka^{n}də] 'Baumstamm'. Die Sequenzen von Nasal und Obstruent alternieren jedoch in manchen Paradigmata mit pränasalierten Konsonanten; z.B. zu [kandə] 'Hügel' lautet der Plural [ka^{n}du]. Feinstein analysiert nun die pränasalierten Konsonanten als Cluster mit einer markierten Syllabierung, $\text{X\$NCY}$: $/\text{kan\$da}/$ 'der Hügel' (Sg.) bzw. $/\text{ka\$ndu}/$ 'Hügel' (Pl.). Pränasalierte Konsonanten bilden also tautosyllabische NC-Cluster am Silbenanfang. Die markierte Syllabierung wird in Kapitel 3 weiter erörtert werden.

2.6.5 'anterior', 'distributed' und 'strident'

In der phonologischen Literatur wird 'anterior' verwendet, um vordere Konsonanten von den hinteren zu unterscheiden. Im einzelnen hat es jedoch zwei Anwendungsbereiche, und zwar für zwei verschiedene Gruppen von koronalen Lauten, die beide die Merkmalkonfiguration [- ant, + cor] tragen: palatoalveolare Laute wie /š/ einerseits und retroflexe Laute wie /ṣ/ andererseits. Gewöhnliche Dentale sind dagegen [+ ant, + cor]. Weil die Merkmale 'back', 'high', 'coronal' und 'labial' bereits eine globale Unterteilung des Ansatzrohrs ermöglichen, erweist sich das fragliche Merkmal, wie aus (1.79) zu ersehen ist, für das Deutsche als überflüssig.

Erstere Anwendung des Merkmals zur Unterscheidung der breiten Zischlaute /š/ und der spitzen Zischlaute /s/ ist beanstandet worden, denn es soll nicht die Artikulationsstelle sondern vielmehr die Zungengestalt distinktiv sein. Ladefoged (1971b) schreibt, daß eine von ihm durchgeführte palatographische Untersuchung zeigte,

> "that in some people's speech the sounds at the beginnings of the English words sip and ship were articulated on very similar parts of the alveolar ridge; the constant difference in these two sounds for all English speakers was not the place of articulation, but in the fac[t] that ʃ was always associated with a wider articulatory channel and more doming (as opposed to hollowing) of the fore part of the tongue" (: 48).

Was andererseits die Anwendung für retroflexe Laute betrifft, so erwähnt Kahn (1976) eine Alternative:

> "On purely articulatory grounds, the feature specifications [+ high], [+ back], and [+ coronal] seem justified in describing English [r]. In M.I.T. class lectures (Fall 1975), Paul Kiparsky presented a good deal of evidence of a phonological nature that the feature complex [+ high, + back] is in general appropriate for the retroflex sounds" (: 96).

Anderson (1976) schreibt über das Merkmal 'anterior', daß es zusätzlich zu den erwähnten Spezifizierungsmöglichkeiten auch dazu dienen kann, die sekundäre von der primären Artikulation zu unterscheiden. Komplexe Segmente wie etwa /k͡p,g͡b/ kennzeichnen sich durch zwei simultane Verschlüsse, von denen nicht zu entscheiden ist, welcher von beiden primär und welcher sekundär ist.

> "Restricting our attention to the stops for the moment, we find that in languages with labial-velars, it makes more sense in some cases to regard these segments as labials (with superimposed velarization), while in other cases it is more appropriate to regard them as velars (with superimposed labialization)" (: 22).

Anderson sieht hier eine Verwendungsmöglichkeit für das Merkmal 'anterior', ähnlich wie SPE (: 312), berücksichtigt aber nicht, daß unterdessen auch das Merkmal 'labial' in den Kanon aufgenommen worden ist.

> "By definition, a labial is [+ anterior], since its primary articulation is forward of the alveopalatal region; a velar, on the other hand, is [- anterior]. As a result, this feature can serve to distinguish primary from secondary articulations in virtually all cases ..., by characterizing the segment either as [+ anterior] or as [- anterior]" (: 21).

Anderson räumt ein, daß ein anderes Merkmal hier möglicherweise noch besser die primären Werte hervorheben könnte, aber er übersicht doch, daß im Falle der Labialdentale kein entsprechendes Verfahren anwendbar wäre, denn /p͡t,b͡d/ sind im SPE-System sowohl "primär" wie "sekundär" [+ anterior]. Daß Segmente etwa primär labial bzw. velar sind, ist vielmehr in phonologischen Regeln auszudrücken, indem die Merkmale 'back', 'labial' und 'round' herangezogen werden. Die jeweils "primäre" Artikulation kann im Fokus der Regel und die "sekundäre" in der strukturellen Veränderung spezifiziert werden, während die Spezifizierung der zu erfassenden Segmente /p,k,k͡p/ unverändert [- round] bleibt.

In den Khoisansprachen, darunter Buschmännisch und Hottentottisch, sowie in den benachbarten Bantusprachen gibt es Schnalzlaute ("clicks"), welche phonemisch sind. Im Joruba wird die Artikulation des Labialvelars [k͡p] durch einen ingressiven Luftstrom begleitet, so daß er sich auch als bilabialer Schnalzlaut klassifizieren ließe, aber in dieser Sprache sind Schnalze nicht phonemisch. Wenn sich in keiner Sprache eine Opposition zwischen komplexen Plosiven [k͡p,k͡t,k͡tl] und homorganen Schnalzlauten [ʘ, |, ||] feststellen läßt, so erübrigt sich ein weiteres distinktives Merkmal. Diese Auffassung wird auch in Trubetzkoy (1939) vertreten:

> "Vergleicht man die Schnalzlaute mit den voll-gutturalisierten (bezw. labiovelarisierten) Konsonanten, so kommt man zur Überzeugung, daß der Unterschied nur ein phonetischer, aber kein phonologischer ist. Das Element des Saugens, das auf den ersten Blick für die Schnalzlaute so charakteristisch zu sein scheint, ist ja nur eine besondere Art, den vorderen Mundverschluß aufzulösen, und ist für die Stellung der Schnalzlaute im phonologischen System viel weniger wichtig als das Vorhandensein des velaren 'Stützverschlusses' ..." (: 143).

Retroflexe und apikale Artikulation können anscheinend nicht distinktiv verwendet werden, so daß das Merkmal 'anterior' bei den nichtkoronalen Zungenschnalzen als irrelevant zu betrachten ist. Aber auch für die Stellungsmerkmale gelten Einschränkungen. So schreibt Lanham (1969):

> "We believe that the point-of-articulation dimension is never exploited phonologically beyond 2 and this is an inherent limitation because centrally released intra-oral clicks are not easily distinguished on point-of-articulation differences only" (: 159).

Im besonderen Maße relevant sind dagegen die Merkmale 'continuant', 'delayed release', 'lateral' und weiter die nicht-oralen Merkmale. Im Falle des lateralen Schnalzlautes [ǁ] ist das Merkmal für Affrizierung übrigens redundant, denn die Spezifizierung [+ DR] erfolgt aufgrund der IR (2.30). Diese phonologische Abstraktion von skalenmäßigen physiologischen Werten ist anscheinend auch im Sinne von Ladefoged/Traill (1980) wenn sie schreiben: Es gibt

> "... no need to specify segments in terms of more features than are needed to distinguish the phonemes and to classify sounds into natural classes that may be used in rules explaining observable phonological patterns" (: 26).

Demnach gibt es keinen Grund, ein phonologisches Merkmal 'suction' für Schnalzlaute anzusetzen, wie SPE (: 322-3) das tut.

In Keans Merkmalsystem ist die MK für 'anterior' der MK für 'consonantal' direkt nachgeordnet (2.35):

$$(2.35) \quad [u \text{ ant}] \rightarrow [+ \text{ ant}] \; / \; \left[\overline{+ \text{ cons}}\right]$$

Das ist insofern bemerkenswert, als die folgenden, nachgeordneten Merkmale 'back', 'low' und 'high' sowie 'labial' usw. sowohl Vokale wie Konsonanten klassifizieren, während 'anterior' (wenigstens im SPE-System) bloß Konsonanten charakterisiert, so daß man die betreffende MK wie etwa ihre MK für 'strident' tiefer in der Hierarchie erwarten würde. In unmittelbarem Zusammenhang damit läßt sich auch ein formaler Einwand erheben: Eine der vier Expansionen der MK (2.35) spezifiziert eine Klasse von Segmenten als *[- cons, + ant], eine Konfiguration, die erwähntermaßen unzulässig ist.

Trotz aller Einwendungen ist es klar, daß zumindest für koronale Laute zusätzlich zum Merkmal 'high' noch ein anderes Merkmal vonnöten ist. Ein breiter Zischlaut /š/ muß ja auch noch von einem palatalisierten /s^j/ unterschieden werden können, denn beide sind [- back, + high]. Außerdem kann auch 'back', obwohl es global dieselben Konsonanten klassifiziert, nicht einfach das Merkmal 'anterior' ersetzen, sonst wäre ein velarisiertes /$s^ɯ$/ nicht mehr zu definieren, denn das kann nicht zugleich [+ back] und [- back] sein.

Weil das Merkmal 'anterior' für labiale Konsonanten ohnehin redundant ist – alle Labiale sind nach SPE [+ ant] –, könnte man den Anwendungsbereich der MK auf Zungenlaute einschränken. Eben dies schlagen Stevens/Perkell (1977) vor. Es ist dann möglich, folgende MK mit einem neuzuinterpretierenden Merkmal '*anterior' anzunehmen (2.36):

(2.36)							
	a	[u *ant]	→	[+ *ant]	/ [— , - high]	(= VIII)	(/s/)
	b	[m *ant]	→	[- *ant]	/ [— , - high]		(/ṣ/)
	c	[u *ant]	→	[- *ant]	/ [— , + high]		(/š/)
	d	[m *ant]	→	[+ *ant]	/ [— , + high]		(/s^j/)

Dazu wäre dann eine Implikationsregel zu postulieren, die alle [+ *ant] Konsonanten als Zungenlaute interpretiert (2.37):

(2.37) [+ *ant] → [+ cor]

Retroflexe Laute können dann, wie gewohnt, als [- *ant] bezeichnet werden und das palatalisierte /s^j/ ist, ebenfalls wie üblich, vom breiten Zischlaut /š/ zu unterscheiden. Die Charakterisierungen dieser Laute können alle beibehalten werden, bloß die Definition des Merkmals wäre eine andere. Ein wesentlicher Unterschied ist jedoch zu vermerken: Während die Plus/Minuswerte dieselben bleiben, verändern sich die Markiertheitswerte. Nach Kean ist das palatoalveolare /š/ [m ant, m back, m cont] und das palatalisierte /s^j/ [m high, m cont], aber nach den hier präsentierten Regeln sind die Segmente respektive [m high, m cont] und [m high, m cont, m *ant]. Daraus folgt: 1. Die gesamte Komplexität der jeweiligen Segmente von 3 und 2 ist umgekehrt worden; 2. die Segmente stimmen jetzt in zwei Markiertheitswerten überein statt in einem; 3. sie unterscheiden sich bloß durch eine Markierung, denn das palatalisierte Segment ist zusätzlich [m *ant].

Angenommen, man ersetzt das Stellungsmerkmal 'anterior' durch ein neues Merkmal der Zungengestalt '*anterior' und man verzichtet auf die Implikation (2.37), dann ist nicht nur dieselbe Klassifizierung der Koronallaute gewährleistet, sondern es läßt sich das Merkmal auch mit der Palatalisierung anderer Laute assoziieren. Zum Beispiel im Niederländischen erlaubt es die Unterscheidung zwischen <u>bee</u>[c^j]<u>e</u> 'bißchen' und <u>bee</u>[k^j]<u>e</u> 'Bächlein' respektive aus /t+j/ und /k+j/. Nicht ganz klar ist, wie die retroflexen Laute hier einzuordnen sind. MK (2.36b) setzt freilich voraus, daß ein Segment [- *ant] als markierten Wert haben kann, aber retroflexe Laute werden manchmal auch durch das Merkmal 'distributed' unterschieden, für das Kean mangels ausreichender Daten keine Markiertheitskonvention vorschlägt.

Was das Merkmal 'distributed' betrifft, so faßt es Gruppen von Segmenten zusammen, von denen nicht ohne weiteres ersichtlich ist, ob sie phonologisch natürliche Klassen bilden. Die Laute /ɸ,s,š,x/ etwa sind [+ dist], während /f,θ,ṣ/ in Übereinstimmung mit SPE als [- dist] zu spezifizieren sind. Im Ewe können demnach die Bilabiale /ɸ,β/ zur Unterscheidung von den Labiodentalen /f,v/ als [+ dist] aufgeführt werden (vgl. Stahlke 1971); im Spanischen ist es möglich, die /θ,ð/ als [- dist] von den /s,z/ zu unterscheiden (vgl. Harris 1969). In anderen Darstellungen werden die bilabialen und dentalen "non-stridents" dagegen in einer Klasse mit einer gemeinsamen Merkmalspezifizierung [- strident] untergebracht. Wie dem auch sei, im Spanischen, im Englischen und im Ewe erfüllen die Merkmale 'strident' bzw. 'distributed' lediglich die Funktion eines Diakritikums. Harris betrachtet das Merkmal 'strident' nur für das Spanische als redundant, aber im Folgenden werden Argumente vorgebracht, um es aus dem Merkmalinventar zu entfernen. Das ist möglich, falls sich einerseits das Merkmal 'distributed' etablieren läßt und wenn andererseits ein bestehendes Merkmal das Merkmal 'strident' äquivalent ersetzen kann.

Colarusso (1979) sieht gerade in den phonemischen Kontrasten, die es in einer Reihe von kaukasischen Sprachen gibt, die Möglichkeit, die distinktiven Merkmale, wie sie in SPE vorgeschlagen werden, auf ihre Richtigkeit zu überprüfen. Im großen und ganzen findet er ihre Brauchbarkeit bestätigt. Im Ubychischen gibt es laut Colarusso laminale und apikale Alveolare und zusätzlich eine gerundete laminale Reihe, deren Rundung sich als bilabiale Reibung, also durch eine Assimilation, als [+ dist] manifestiert; im Bsyb-Dialekt des Abchasischen gibt es ebenfalls den Kontrast zwischen laminalen und apikalen Alveolaren, aber da gibt es gerundete Gegenstücke zu der apikalen Reihe, wobei die Rundung durch eine Assimilation als [- dist] 'labiodentalisiert' wird (2.38):

(2.38)	Ubych.	/s^{w}ə-ɣ^{w}à/	s^{ɸ}əɣ^{w}à	'ihr (2.P.Pl.)'
	Bsyb	/ṡ^{w}a-rà/	ṡ^{f}arà	„

Lautgeschichtliche Entwicklungen und synchrone Alternationen zeigen indessen, daß einerseits "non-stridents" wie /ɸ,θ,x/ und andererseits "stridents" wie /f,s/ natürliche Klassen bilden. Kean hebt hervor, daß unaspirierte Plosive charakteristischerweise zu scharfen Reibelauten spirantisieren, aspirierte hingegen zu nichtscharfen, und belegt das mit Beispielen aus verschiedenen Sprachen. Ein naheliegendes Beispiel für letzteren Fall sind die Ergebnisse der Rask-Grimmschen Lautgesetze. Die /p^h,t^h,k^h/ des klassischen Griechisch haben sich zu neugriechisch /f,θ,x/ entwickelt (vgl. Lejeune 1947). In Kloeke (1980a) wird argumentiert, daß sich keine MK formulieren läßt, die in allen Expansionen glaubwürdige Merkmalkonfigurationen ergibt. Angesichts der von Kean beobachteten regelmäßigen Beziehung zwischen "non-stridents" und aspirierten Plosiven liegt es nahe, das Merkmal 'strident' aufzugeben und die "non-stridents" mit dem Merkmal für Behauchung als [+ spread glottis] zu klassifizieren. Damit kommt zum Ausdruck, daß zwar /s/ von /s^h/ zu unterscheiden ist, aber zwischen einem behauchten und einem nichtbehauchten /θ/ keine Opposition existieren kann. In diesem Zusammenhang ist vielleicht relevant, daß im Japanischen /ɸ,ç/ positionsbedingte Allophone des /h/ sind: /hu/ → /ɸu/, /hi/ → /çi/.

Einstweilen wird hier angenommen, daß retroflexe Laute nach (2.36b) als [+ cor, -high, - *ant] zu spezifizieren sind. Schließlich wird die Implikationsregel (2.39) entsprechend SPE beibehalten:

(2.39) IR [- cons] → [- *ant] (= 2.41)

2.6.6 'tense' und 'covered'

Wie schon in Abschnitt 2.5.2 über 'low' bemerkt wurde, gibt es zwei weitere Merkmale, die für den Öffnungsgrad ausschlaggebend sein sollen. Obwohl sie anscheinend in keinem System gleichzeitig distinktiv sind, lassen sie sich nicht unter ein Merkmal wie etwa 'advanced tongue root' subsumieren. Stahlke (1971: 53-4) weist darauf hin, daß sich als [+ tense] spezifizierte Vokale anders verhalten als solche, die [- tense] sind: Sie sind meistens länger, werden diphthongiert oder beeinflussen Akzentverhältnisse. Sprachen, in denen ein Kontrast aufgrund des Merkmals 'covered' besteht, haben laut Stahlke weder synchron noch diachron vergleichbare Unterschiede vorzuweisen, im Gegenteil, alle Vokale erfahren sämtlich dieselben diachronischen Veränderungen, allein für Vokalharmonie ist [+ covered] der bedingende Faktor.

In SPE ist die Konfiguration [+ back, + low] Charakterisierung für

Pharyngale und pharyngalisierte Konsonanten, während 'covered' bloß für Vokale gilt. Stahlke zieht es dagegen vor, Pharyngale mit demselben Merkmal 'covered' zu spezifizieren, womit er auch pharyngalisierte Vokale unterscheidet, weil er auf diese Weise die Assimilation der Vokale an Pharyngale herausstellen kann. Außerdem nimmt er nicht an, daß alle Pharyngale [+ low] sind; vielmehr klassifiziert er arabische Pharyngale als [+ low, - high, + covered] und die im Ewe als [- low, - high, + covered].

Es steht indessen außer Frage, daß zusätzlich zu 'low' noch ein Merkmal nötig ist, um weitere Dimensionen im vokalischen Bereich erfassen zu können. Deshalb wird in Übereinstimmung mit Bierwisch (1967: 243) eine MK für das Merkmal 'tense' vorgeschlagen (2.40):

(2.40)

a	$[u\ tns] \rightarrow [+\ tns]\ /\ \left[\overline{+\ cons}\right]$	(= XVI)	(/t/)
b	$[m\ tns] \rightarrow [-\ tns]\ /\ \left[\overline{+\ cons}\right]$		(/ḍ/)
c	$[u\ tns] \rightarrow [-\ tns]\ /\ \left[\overline{-\ cons}\right]$		(/a/)
d	$[m\ tns] \rightarrow [+\ tns]\ /\ \left[\overline{-\ cons}\right]$		(/ā/)

Nach dieser MK gelten die ungespannten Vokale als [u tns], was nicht mit der entsprechenden Interpretationskonvention XII in SPE übereinstimmt. Auch Trubetzkoy (1939: 176, 196) hält die gespannte Variante für merkmallos, aber das hängt damit zusammen, daß er Vokale auf ihre Silbenschnittskorrelation bewertet. Hier wird einerseits nach (2.9) eine offene Silbe als (sequentiell) unmarkiert und andererseits nach (2.40c) ein ungespannter Vokal als (inhärent) weniger markiert als ein gespannter bewertet. Was die Konsonanten betrifft, gelten in einem System, in dem Stimmton kein distinktives Merkmal ist, die Fortes – in solchem Fall oft mit einem Dehnungszeichen <u>t:</u> symbolisiert – als unmarkiert, die Lenes dagegen entsprechend (2.40b) als markiert.

2.7 Laryngale Merkmale

2.7.1 'spread glottis' und 'constricted glottis'

Es stellt sich als unmöglich heraus, Segmente ausfindig zu machen, die [- spread glottis] bzw. [- constricted glottis] als markierten Wert haben. Deshalb werden MK vorgeschlagen, die kein Komplement haben. Für 'spread glottis' ergeben sich daraus folgende Expansionen (2.41):

(2.41) a $[\text{u SG}] \rightarrow [-\text{ SG}] \;/\; \left[\overline{}\atop +\text{ segm}\right]$ (= XIV) (/a,t/)

b $[\text{m SG}] \rightarrow [+\text{ SG}] \;/\; \left[\overline{}\atop +\text{ segm}\right]$ ($/a^h, d^h, t^h, \theta/$)

Demnach ist behauchte Stimme, Murmelstimme sowie Aspiration als [m CG] zu werten, und, wie in Abschnitt 2.6.5 gemutmaßt wurde, lassen sich "non-stridents" ebenfalls als [+ SG] klassifizieren. Für 'constricted glottis' gelten folgende Markiertheitsregeln (2.42):

(2.42) a $[\text{u CG}] \rightarrow [-\text{ CG}] \;/\; \left[\overline{}\atop +\text{ segm}\right]$ (= XV) (/a,t/)

b $[\text{m CG}] \rightarrow [+\text{ CG}] \;/\; \left[\overline{}\atop +\text{ segm}\right]$ (/a,ˀa,ˀd,t'/)

Knarrstimme, Stoßton, Implosive und Ejektive wären nach Regel (2.42b) als [m CG] zu werten.

Wie schon in Abschnitt 2.4.2 erwähnt, ist eine Anzahl von Merkmalkonfigurationen auszuschließen. Sobald nämlich die beiden Hauptmerkmale 'consonantal' und 'sonorant' spezifiziert sind, steht auch fest, ob die betreffenden Segmente Laryngallaute sein müssen oder nicht, denn diese Klasse ist mit [- cons, - son] vollständig definiert. Eine weitere Unterteilung geschieht mit Merkmalen, die gleichzeitig in Implikationsregeln eine Rolle spielen (2.43):

(2.43) IR a $\begin{bmatrix}-\text{ cons}\\-\text{ son}\\+\text{ cont}\end{bmatrix} \rightarrow [+\text{ SG}]$ (= 2.4c)

b $[+\text{ son}] \rightarrow [-\text{ SG}]$ (= 2.4f)

c $[+\text{ SG}] \rightarrow [-\text{ CG}]$ (= 2.4e)

d $\begin{bmatrix}-\text{ cons}\\-\text{ cont}\end{bmatrix} \rightarrow [+\text{ CG}]$ (= 2.4d)

e $[-\text{ cont}] \rightarrow \left\{\begin{matrix}[+\text{ cons}]\\ [+\text{ CG}]\end{matrix}\right\}$ (= 2.4g)

Nach (2.43a) ist ein als [+ cont] spezifizierter Laryngallaut notwendigerweise ein Hauchlaut, also [u SG]. Regel (2.43b) gibt an, daß spontane Stimmbildung und Spreizen der Stimmlippen unvereinbar sind. Regel (2.43c) schließt eine auch logisch unmögliche Konfiguration der Stimmlippen aus. Regel (2.43d) interpretiert einen nicht im Ansatzrohr gebildeten Verschluß als Glottisverschluß. Schließlich gibt die Kontraposition der Implikationsregel (2.4g) wieder, daß es sich bei einem Verschlußlaut entweder generell um einen Konsonanten oder spezifisch um einen Glottisverschluß oder um einen Konsonanten mit doppelter Artikulation, einen glottalisierten Konsonanten handelt.

Ein interessantes Ergebnis dieser Implikationsregeln ist, daß, obwohl die betreffenden MK keine Expansionen haben, welche [+ SG] bzw. [+ CG] als unmarkierten Wert interpretieren, die Laryngallaute trotzdem beide sowohl [u SG] wie [u CG] sind. Die laryngalisierten und glottalisierten Laute lassen sich übrigens außer mit Hilfe der Merkmale 'constricted glottis' und 'spread glottis' noch weiter unterteilen. Im folgenden Abschnitt werden diese Segmente in Tabelle (2.46) schematisiert.

2.7.2 'stiff vocal cords' und 'slack vocal cords'

Keans MK für 'stiff vocal cords' verteilt sich auf folgende Regeln (2.44)

(2.44)							
a	[u stVC]	→	[- stVC]	/	$\begin{bmatrix}\_\_\_\\ +\text{son}\end{bmatrix}$	(= XIII)	(/a,ŭ,n/)
b	[m stVC]	→	[+ stVC]	/	$\begin{bmatrix}\_\_\_\\ +\text{son}\end{bmatrix}$		(/á/)
c	[u stVC]	→	[+ stVC]	/	$\begin{bmatrix}\_\_\_\\ -\text{son}\end{bmatrix}$		(/t,h,ʔ/)
d	[m stVC]	→	[- stVC]	/	$\begin{bmatrix}\_\_\_\\ -\text{son}\end{bmatrix}$		($/d,d^h/$)

Sonorante Vokale und Sonanten zeichnen sich durch spontane Stimmbildung aus und sind deshalb [u stVC], aber sie können nach (2.44b) für eine hohe Tonstufe markiert werden. Stimmlose Obstruenten und Laryngale sind im Unterschied zu ihren stimmhaften Gegenstücken unmarkiert für Stimmton.

Halle/Stevens (1971) und Stevens (1977) verwenden zusätzlich noch ein Merkmal 'slack vocal cords', das sich typischerweise mit Stimmhaftigkeit verbinden soll. Weil die Konfiguration *[+ stVC, + SlVC] logisch wie physiologisch unmöglich ist, formuliert Kean folgende Implikationsregel (2.45):

(2.45) [+ stVC] → [- SlVC]

Stimmlose Geräuschlaute sind demnach automatisch [- SlVC] und bleiben [u SlVC]. Stimmhafte Geräuschlaute, die als [+ SlVC] zu spezifizieren wären, sind nach (2.44d) bereits [m stVC] und können deshalb auch für das andere Merkmal unmarkiert bleiben. Folglich sind sowohl stimmhafte wie stimmlose Geräuschlaute [u SlVC]. Außerdem scheint es nicht möglich zu sein, Segmente zu identifizieren, die [- SlVC] als unmarkierten Wert hätten. Mit anderen Worten, wenn ein Geräuschlaut [- stVC] ist, ist er auch [+ SlVC], und umgekehrt. Damit entfällt die Notwendigkeit, ein Merkmal 'slack vocal cords' beizubehalten.

Halle/Stevens verwenden die Merkmalkonfiguration [- stVC, - SlVC], um damit einen stimmlosen Lenisverschlußlaut wie im Dänischen, einen mäßig aspirierten Verschlußlaut ("forced stop") wie im Koreanischen, und Implosive charakterisieren zu können. Auffälligerweise gibt es sonst kaum Kandidaten für diese Klasse. Wenn man dagegen die Implosive und die laryngalisierten Verschlußlaute identisch klassifiziert als [- stVC, + CG], deutet man damit an, daß sie nicht in Opposition zueinander stehen können, und das ist gerade, was Greenberg (1970: 125) feststellt: Anscheinend stehen sie in freier Variation, und es gibt "no evidence ... of phonologically distinctive contrast among laryngalized, preglottalized, and implosive obstruents" ([d̰, ˀd, ɗ]). Mit drei Merkmalen ließe sich folgendes Schema aufstellen (2.46):

(2.46)

	1	2	3	4	5	6
Obstruenten	d	t	dʰ	tʰ	ˀd	t'
Laryngale	-	-	ɦ	h	ʔ̞	ʔ
Vokale	a	á	aʰ	a̤	a̰	ˀa
spread gl.	-	-	+	+	-	-
constr. gl.	-	-	-	-	+	+
stiff v.c.	-	+	-	+	-	+

Bei den Geräuschlauten /d,ɦ,ʔ̞/ indiziert [- stVC] die Stimmhaftigkeit, während die Konfiguration [- stVC, + SG] für gemurmelte Laute wie /dʰ/ und [- stVC, + CG] für glottale Laute wie /ˀd/ gilt. Bei Vokalen ist [+ stVC] die Spezifizierung für hohe Tonstufe. Die Merkmalkonfiguration in in Spalte 3 und 4 gilt respektive für behauchte Stimme /aʰ/ bzw. Flüstern /a̤/, und die in Spalte 5 und 6 für Knarrstimme /a̰/ und Glottalisierung /ˀa/.

Für die Annahme, daß Implosive und stimmhafte Obstruenten eine natürliche Klasse bilden, gibt es ein Indiz. Hoard (1978) berichtet, daß im Gitksan Ejektive vor Vokalen und Sonanten zu Implosiven werden (2.47):

(2.47)	/p't'al/	p'ɗal	'Rippe'
	/t'aa/	ɗaa	'sitzen'
	/t't'aa/	t'ɗaa	'herumsitzen'
	/k'aq/	ɠaqʰ	'öffnen'
	/k'ʷatxʷ/	ɠʷatxʷ	'verirrt'

Hoard macht von etwas anderen Merkmalen Gebrauch als Halle/Stevens, aber im Endeffekt ermöglichen sie eine vergleichbar einfache Formulierung der Regel. Im erweiterten SPE-System kann die Regel folgendermaßen formuliert werden (2.48):

(2.48) $\begin{bmatrix} -\text{ cont} \\ +\text{ CG} \end{bmatrix} \rightarrow [-\text{ stVC}] \;/\; \_\_ \; [+\text{ son}]$

Die Regel kann aber auch für folgende Fälle geltend gemacht werden (2.49)

(2.49)	/xpil'/	xbiʔl'	'zehn'
	/xtii/	xdii	'Tee'
	/kup^h/	gup^h	'aufessen'
	/tk^{w}antx^w/	t^{h}g^{w}antx^w	'stolpern'
	/wak+m/	wɛ̌gʲm	'unser Bruder'

Verschlußlaute werden stimmhaft und Ejektive werden zu Implosiven. Das Merkmal 'stiff vocal cords' macht es möglich, diese beiden Klassen zusammenzufassen, und die Regel kann vereinfacht werden zu (2.50):

(2.50) $[-\text{ cont}] \rightarrow [-\text{ stVC}] \;/\; \_\_ \; [+\text{ son}]$

2.8 Die Struktur phonologischer Systeme

2.8.1 Komplexität

Angenommen, daß zugrundeliegende Repräsentationen die Form von Markiertheitsmatrizen mit m- und u-Werten haben, dann überführen die aus den MK zu projizierenden Markiertheitsregeln diese Werte in +/- Matrizen. Die Anwendung der Regeln geht folgendermaßen vor sich.

Vokale sind als [- cons] spezifiziert. Es sind sofort zwei MK anwendbar, die über das Merkmal 'consonantal' definiert sind, nämlich MK (I) für 'sonorant' und MK (II) für 'back'. Gesetzt den Fall, man wendet erst MK (II) an, dann werden die als [u back] spezifizierten Vokale wie /a,u/ den einschlägigen Pluswert für dieses Merkmal erhalten, die markierten Vokale wie /i,e/ dagegen den Wert [- back]. Weil jetzt die +/- Werte für 'consonantal' und 'back' feststehen, sind die Bedingungen für die Anwendung sowohl der MK (III) für 'low' wie der MK (IV) für 'high' erfüllt. Ebensowenig wie im Falle der MK (I) und (II) besteht eine hierarchische Beziehung zwischen MK (III) und (IV), aber in Abschnitt 2.5.3 wurde angenommen, daß hier eine extrinsische Anordnung bestehen müßte: Die MK für 'low' ist vor der MK für 'high' anzuwenden. MK (III) interpretiert von den hinteren Vokalen das /a/ als [+ low] und die vorderen /i,e/ als [- low]; andere hintere Vokale wie /u,o/ werden dagegen als [- low] spezifiziert, weil sie [m low] sind. Im Falle des /a/ löst die Spezifizierung sofort die Implikationsregel (2.4m) aus aufgrund folgender Bedingung (2.51):

(2.51) Implikationsbedingung (= Kean 53)

Whenever a segment is specified to be [α F], where F is a feature and α is + or - , all implications whose antecedents are satisfied apply to that segment.

Weil die Markiertheitsregeln für 'high' lediglich solche Segmente als Eingabe haben können, die entweder [u high] oder [m high] sind, ist MK (IV) nicht mehr auf die Matrix des /a/ anwendbar. Bestünde die Bedingung (2.51) nicht, dann wäre etwa ein /a/ unmarkierterweise *[+ low , + high], und diese Konfiguration ist auf jeden Fall auszuschließen.

Die MK sind also in der Reihenfolge ihrer Rangordnung in der Hierarchie anzuwenden. Vokale sind demnach aufgrund der betreffenden u-Werte [+ son], [- nas] und [+ cont]. Angenommen, die oralen Merkmale sind auch schon so spezifiziert, daß die Bedingungen für die Anwendung der MK (XI) für 'lateral' erfüllt sind, dann interpretiert die betreffende Markiertheitsregel eine Matrix mit [+ son, - cor, + cont] bloß als nichtlateral, wenn die Eingabe [m lat] ist. Nach der Implikationsregel (2.4j) können Öffnungslaute jedoch nur den Pluswert tragen. Es wäre aber widersinnig, die Möglichkeit offenzulassen, daß Vokale [m lat] sein könnten, denn das würde implizieren, daß es auch Vokale mit dem entgegengesetzten, unmarkierten Wert geben könnte. Vokale sind eben immer [- lat]. Um zu verhindern, daß sie je den entgegengesetzten Wert erhalten können, sind Implikationsregeln also entsprechend (2.51) unmittelbar anzuwenden, sobald die Spezifizierung in ihrem Antezedens erfüllt ist. Die Merkmalspezifizierungen in ihrer Konsequenz gelten folglich als die unmarkierten Werte, ungeachtet der Interpretation der Markiertheitsregeln, die sonst anwendbar wären.

Markiertheitsmatrizen von Vokalen und Laryngalen werden in (2.52a) präsentiert. In (2.52b) stehen Markiertheitsmatrizen von einigen in Abschnitt 2.4.1 als 'Liquiden' apostrophierten Segmenten. In (2.52c) werden Segmente aus der Klasse der Nasale, "flaps" und "taps" vorgeführt, die die Spezifizierung [+ cons, + son, - cont] gemeinsam haben. In (2.52d) und (2.52e)

(2.52a) (2.52b) (2.52c)

	i	ü	ɨ	u	e	ö	ʌ	o	æ	a	h	ɦ	ʔ	ʡ	β̆	r	ɹ̣	l	l̩	lʲ	Ĭ	ŭ	ɣ̌	R	m	V	n	D	ɲ	ŋ	ŋ͡m
cons	-	-	-	-	-	-	-	-	-	-	-	-	-	-	+	+	+	+	+	+	+	+	+	+	+	+	+	+	+	+	+
son	u	u	u	u	u	u	u	u	u	u	m	m	m	m	m	m	m	m	m	m	m	m	m	m	m	m	m	m	m	m	m
back	m	m	u	u	m	m	u	u	m	u	u	u	u	u	u	u	u	u	u	u	u	m	m	m	u	u	u	u	u	m	m
low	u	u	m	m	u	u	m	m	m	u	u	u	u	u	u	u	u	u	u	u	u	u	u	u	u	u	u	u	u	u	u
high	u	u	u	u	m	m	m	m	u	u	u	u	u	u	u	u	u	u	u	m	m	u	u	m	u	u	u	u	m	u	u
lab	u	m	m	u	u	m	m	u	u	u	u	u	u	u	m	u	u	u	u	u	u	u	u	u	m	m	u	u	u	u	m
rnd	u	u	u	u	u	u	u	u	u	u	u	u	u	u	u	u	u	u	u	u	u	m	u	u	u	u	u	u	u	u	u
cor	u	u	u	u	u	u	u	u	u	u	u	u	u	u	u	u	u	u	u	u	m	u	u	u	u	u	u	u	u	u	u
*ant	u	u	u	u	u	u	u	u	u	u	u	u	u	u	u	u	m	u	m	m	u	u	u	u	u	u	u	u	m	u	u
nas	u	u	u	u	u	u	u	u	u	u	u	u	u	u	m	m	m	m	m	m	m	m	m	m	u	m	u	m	u	u	u
cont	u	u	u	u	u	u	u	u	u	u	m	m	u	u	u	u	u	u	u	u	u	u	u	u	u	m	u	m	u	u	u
lat	u	u	u	u	u	u	u	u	u	u	u	u	u	u	u	m	m	u	u	u	u	u	u	u	u	u	u	u	u	u	u
DR	u	u	u	u	u	u	u	u	u	u	u	u	u	u	u	u	u	u	u	u	u	u	u	u	u	u	u	u	u	u	u
stVC	u	u	u	u	u	u	u	u	u	u	u	m	u	m	u	u	u	u	u	u	u	u	u	u	u	u	u	u	u	u	u
SG	u	u	u	u	u	u	u	u	u	u	u	u	u	u	u	u	u	u	u	u	u	u	u	u	u	u	u	u	u	u	u
CG	u	u	u	u	u	u	u	u	u	u	u	u	u	u	u	u	u	u	u	u	u	u	u	u	u	u	u	u	u	u	u
tns	u	u	u	u	u	u	u	u	u	u	u	u	u	u	u	u	u	u	u	u	u	u	u	u	u	u	u	u	u	u	u
Komplexität	1	2	2	1	2	3	3	2	2	0	2	3	1	2	3	3	4	2	3	4	4	4	3	4	2	4	1	3	3	2	3

(2.52d) (2.52e)

	b	b^v	d	d^z	ḍ	d^j	ǰ	d_1	ɟ	ɟ^j	g	g^w	g͡b	G	p	b̥	p^f	t	d̥	t^s	ṭ	t^j	č	t_1	c	c^j	k	g̊	k^w	k͡p	q
cons	+	+	+	+	+	+	+	+	+	+	+	+	+	+	+	+	+	+	+	+	+	+	+	+	+	+	+	+	+	+	+
son	u	u	u	u	u	u	u	u	u	u	u	u	u	u	u	u	u	u	u	u	u	u	u	u	u	u	u	u	u	u	u
back	u	u	u	u	u	u	u	u	u	u	m	m	m	m	u	u	u	u	u	u	u	u	u	u	u	u	m	m	m	m	m
low	u	u	u	u	u	u	u	u	u	u	u	u	u	u	u	u	u	u	u	u	u	u	u	u	u	u	u	u	u	u	u
high	u	u	u	u	u	m	m	m	m	m	u	u	u	u	u	u	u	u	u	u	u	m	m	m	m	m	u	u	u	u	m
lab	m	m	u	u	u	u	u	u	u	u	u	u	m	u	m	m	m	u	u	u	u	u	u	u	u	u	u	u	u	m	u
rnd	u	u	u	u	u	u	u	u	u	u	u	m	u	u	u	u	u	u	u	u	u	u	u	u	u	u	u	u	m	u	u
cor	u	u	u	u	u	u	u	u	m	m	u	u	u	u	u	u	u	u	u	u	u	u	u	u	m	m	u	u	u	u	u
*ant	u	u	u	u	m	m	u	u	u	m	u	u	u	u	u	u	u	u	u	u	m	m	u	u	u	m	u	u	u	u	u
nas	u	u	u	u	u	u	u	u	u	u	u	u	u	u	u	u	u	u	u	u	u	u	u	u	u	u	u	u	u	u	u
cont	u	u	u	u	u	u	u	u	u	u	u	u	u	u	u	u	u	u	u	u	u	u	u	u	u	u	u	u	u	u	u
lat	u	u	u	u	u	u	u	u	u	u	u	u	u	u	u	u	u	u	u	u	u	u	u	u	u	u	u	u	u	u	u
DR	u	m	u	m	u	m	u	m	u	u	u	u	u	u	u	u	m	u	u	m	u	m	u	m	u	u	u	u	u	u	u
stVC	m	m	m	m	m	m	m	m	m	m	m	m	m	m	u	u	u	u	u	u	u	u	u	u	u	u	u	u	u	u	u
SG	u	u	u	u	u	u	u	u	u	u	u	u	u	u	u	u	u	u	u	u	u	u	u	u	u	u	u	u	u	u	u
CG	u	u	u	u	u	u	u	u	u	u	u	u	u	u	u	u	u	u	u	u	u	u	u	u	u	u	u	u	u	u	u
tns	u	u	u	u	u	u	u	u	u	u	u	u	u	u	u	m	u	u	m	u	u	u	u	u	u	u	u	m	u	u	u
Komplexität	2	3	1	2	2	4	2	3	3	4	2	3	3	2	1	2	2	0	1	1	1	3	1	2	2	3	1	2	2	2	2

(2.52f) (2.52g)

	β	v	ð	z	z^j	ž	j	ɣ	γ^w	ʁ	ʕ	ɸ	f	v̥	θ	s	z̥	ṣ	s^j	š	ž̥	$\check{s}^j$	ç	ʝ̊	x	x^w	χ	ħ
cons	+	+	+	+	+	+	+	+	+	+	+	+	+	+	+	+	+	+	+	+	+	+	+	+	+	+	+	+
son	u	u	u	u	u	u	u	u	u	u	u	u	u	u	u	u	u	u	u	u	u	u	u	u	u	u	u	u
back	u	u	u	u	u	u	u	m	m	m	m	u	u	u	u	u	u	u	u	u	u	u	u	u	m	m	m	m
low	u	u	u	u	u	u	u	u	u	u	m	u	u	u	u	u	u	u	u	u	u	u	u	u	u	u	u	m
high	u	u	u	u	m	m	m	u	u	m	u	u	u	u	u	u	u	u	m	m	m	m	m	m	u	u	m	u
lab	m	m	u	u	u	u	u	u	u	u	u	m	m	m	u	u	u	u	u	u	u	u	u	u	u	u	u	u
rnd	u	u	u	u	u	u	u	u	m	u	u	u	u	u	u	u	u	u	u	u	u	u	u	u	u	m	u	u
cor	u	u	u	u	u	u	m	u	u	u	u	u	u	u	u	u	u	u	u	u	u	m	m	m	u	u	u	u
*ant	u	u	u	u	m	u	u	u	u	u	u	u	u	u	u	u	u	m	m	u	u	m	u	u	u	u	u	u
nas	u	u	u	u	u	u	u	u	u	u	u	u	u	u	u	u	u	u	u	u	u	u	u	u	u	u	u	u
cont	m	m	m	m	m	m	m	m	m	m	m	m	m	m	m	m	m	m	m	m	m	m	m	m	m	m	m	m
lat	u	u	u	u	u	u	u	u	u	u	u	u	u	u	u	u	u	u	u	u	u	u	u	u	u	u	u	u
DR	u	u	u	u	u	u	u	u	u	u	u	u	u	u	u	u	u	u	u	u	u	u	u	u	u	u	u	u
stVC	m	m	m	m	m	m	m	m	m	m	m	u	u	u	u	u	u	u	u	u	u	u	u	u	u	u	u	u
SG	m	u	m	u	u	u	u	u	u	u	u	m	u	u	m	u	u	u	u	u	u	u	u	u	u	u	u	u
CG	u	u	u	u	u	u	u	u	u	u	u	u	u	u	u	u	u	u	u	u	u	u	u	u	u	u	u	u
tns	u	u	u	u	u	u	u	u	u	u	u	u	u	m	u	u	m	u	u	u	m	u	u	m	u	u	u	u
Komplexität	4	3	3	2	4	3	4	3	4	4	4	3	2	3	2	1	2	2	3	2	3	4	3	4	2	3	3	3

stehen Markiertheitsmatrizen von stimmhaften und stimmlosen Plosiven, und in (2.52f) und (2.52g) die von stimmhaften und stimmlosen Frikativen.

Die Komplexität eines Segments mißt sich nach der Zahl der m-Werte in einer Markiertheitsmatrix. Der 'Wert' eines Segmentsystems und die Summe der markierten Merkmale der darin enthaltenen Glieder sind zueinander umgekehrt proportional. Einfachere Systeme sind also höher zu bewerten als komplexe. Kean (1979) schlägt (2.53) als betreffendes Bewertungsmaß vor:

(2.53) Bewertung phonologischer Systeme (= Kean B-I)

a. The complexity of a segment is equal to the sum of its marked features.
The greater the complexity of a segment by B-I, the less probable it is that that segment will occur in the segmental system of a language at any systematic level of segmental representation.

b. The complexity of a segmental system is a function of the complexity of its members.

Für ein zugrundeliegendes System ist also nach (2.53) die optimale Repräsentation zu wählen und deshalb verdienen am wenigsten markierte Alternanten den Vorzug.

Im Dänischen gibt es eine sogenannte Konsonantenabstufung unter anderem in Wortpaaren wie perfí[ð̆] : perfi[d]í und pædagó[ɣ̆] : pædago[g]í (vgl. Basbøll 1975). Das /ð̆/ hat dieselben Merkmalspezifizierungen wie /r/, wie in Abschnitt 2.4.1 argumentiert worden ist, und /ð̆/ hat die gleiche Komplexität wie /ɣ̆/, nämlich 3. /d/ und /g/ haben eine Komplexität von 1 bzw. 2, weshalb sie also als zugrundeliegende Segmente höher bewertet werden.

Garvin (1950) nimmt ein /r/, aber nicht das mit ihm in komplementärer Distribution vorkommende /n/ in das Phonemsystem des Wichita auf. Nach dem Bewertungsmaß in (2.53) wäre ein /n/ freilich als zugrundeliegendes Segment dem /r/ vorzuziehen, denn ersteres hat eine Komplexität 1 gegen 3 des letzteren. Daß eine so motivierte Wahl zum richtigen Ergebnis führt, zeigen die Regeln, die diese Allophonie beschreiben sollen. Kean (1975: 111-3) weist nach, daß für die Alternation im Garvinschen System drei separate Regeln notwendig sind, für die Alternation /n/ → /r/ dagegen nur eine.

2.8.2 Reichhaltigkeit

Segmentsysteme weisen indessen auch eine gewisse Reichhaltigkeit auf. Nach (2.53) wäre eine Sprache mit einem Bestand von nur /a/ und /t/

(totale Komplexität 0) unendlich hoch zu bewerten, aber solche 'Morse'-Systeme sind unter den natürlichen Sprachen nicht bezeugt. Kean (1975) stellt deswegen die Hypothese auf, daß (abgesehen von den Merkmalen 'segment' und 'syllabic') sechs Merkmale, die sie für die Zwecke der Darlegung von F_3 bis F_8 durchnumeriert, in allen Sprachen wenigstens ein Mal obligatorisch markiert sind: 'consonantal', 'sonorant', 'anterior', 'back', 'low' und 'labial', die in ihrem System die höchsten Stellen in der Hierarchie einnehmen (2.54):

(2.54) Obligatory Markedness of Segments (= Kean 71)

In every segmental system,
(i) for each feature F_3, ... ,F_8, there exists at least one segment which is $[m\ F_i]$, $3 \leq i \leq 8$, and
(ii) for each pair of features F_i and F_j, $3 \leq i < j \leq 8$, if there is any segment which is marked for both F_i and F_j, then there are two segments S and S', such that S is marked for both F_i and F_j, S' is marked for one but not both of F_i and F_j, and S and S' agree for all other features F_k, $3 \leq k \leq 8$, $k \neq i, j$.

In Kloeke (1980a) wird jedoch auf die Möglichkeit hingewiesen, daß diese Bedingung abgeschwächt werden muß, je nachdem, ob man Rundung in Vokalen über das Merkmal 'labial' oder 'spread' definiert (vgl. Abschnitt 2.5.4 oben).

In ihrem Pisaner Vortrag (1979) schlägt Kean dann ein System mit zwölf abstrakten, phonetisch mehrdeutigen Merkmalen vor, die nunmehr alle obligatorisch sind und durch eine universale phonetische Theorie sprachspezifisch interpretiert werden. Damit läßt sich unter anderem verantworten, daß es anscheinend keine Sprache mit weniger als dreizehn Segmenten gibt. In Abschnitt 2.8.3 wird vorgeschlagen, den Unterschied zwischen obligatorischen und fakultativen Merkmalen über andere Parameter zu definieren. Die Frage, wie für Lautinventare zahlenmäßig nicht nur eine untere sondern auch eine obere Grenze festzustellen ist, muß indessen dahingestellt bleiben.

2.8.3 Gliederung

Segmentsysteme verfügen nicht nur über ein Mindestmaß an Mannigfaltigkeit, ihre Gliederung ist auch gekennzeichnet durch bestimmte Regelmäßigkeiten, bedingt durch Jakobsons Gesetz der "einseitigen Fundierung" (1941). Um solche Implikationsuniversalien (das Vorhandensein eines /d/ impliziert das Vorhandensein eines /t/, ein /ö/ impliziert sowohl ein /o/ wie ein /e/) zu erfassen, schlägt Kean (1979) Bedingung (2.55) vor:

(2.55) Typologische Implikation (= Kean B-II)

a. If in the segmental system of a grammar there exists a segment S which is marked for some feature F_i, then that system also contains a segment S' which is unmarked for F_i, the markedness specifications of all other features being equal.
b. There exists a probability n, where n is small, assigned to its being the case that the antecedent of (a) is true and the consequent false.

Weil die kombinierten Wahrscheinlichkeitswerte sich nicht addieren, sondern multiplizieren, wird die Zahl der 'Verstöße' gegen (2.55a) in einer Sprache nicht groß sein.

(2.55) interpretiert ein Obstruentensystem mit /b^h,d^h,g^h/ als unwahrscheinlich, wenn es nicht gleichzeitig eine Reihe /b,d,g/, eine Reihe /p^h,t^h,k^h/ und eine Reihe /p,t,k/ enthält. Kean argumentiert nämlich, daß die Implikationen paarweise ($\underline{d}^h \supset \underline{d}$ und $\underline{d} \supset \underline{t}$) und nicht kettenweise ($\underline{d}^h \supset \underline{d} \supset \underline{t}$) zu interpretieren sind. Nach (2.55) wäre es möglich, ein als [m stVC, m SG] spezifiziertes Segment /d^h/ mit Murmelstimme anzusetzen, ohne daß ein /t^h/ vorhanden wäre. Eine ganze Reihe solchermaßen spezifizierter Segmente /b^h,d^h,g^h/ wäre dagegen ohne 'Abstützung' durch weniger markierte Gegenstücke in hohem Grade unwahrscheinlich.

Sprachtypologische Überlegungen haben dazu geführt, daß Gamkrelidze/ Ivanov (1973) und Hopper (1973) für das Indoeuropäische statt des Brugmannschen Systems (2.56a) das Obstruentensystem (2.56b) postuliert haben:

(2.56)	a	b	b^h	p	b	p'	b^h	p^h
		d	d^h	t		t'	d^h	t^h
		g	g^h	k		k'	g^h	k^h

Statt der einfachen stimmhaften Reihe setzen sie eine glottalisierte Reihe (Ejektive) an, eine Rekonstruktion, welche den sprachtypologischen und zugleich den sprachgeschichtlichen Entwicklungen eher gerecht wird. Unter anderem erklärt sich so besser, weshalb die sogenannten 'Mediä' in diesem System am seltensten belegt sind. In einer Reihe mit einfachen stimmhaften Plosiven wäre nämlich am ehesten das Fehlen des velaren Verschlußlauts zu erwarten, aber es ist gerade der labiale Verschlußlaut, der im I.-E. fast gar nicht belegt ist. Diese Tatsachen werden sowohl typologisch wie artikulatorisch eher verständlich, wenn statt Stimmton Glottalisierung als unterscheidendes Merkmal angesetzt wird. Über die Reihe der behauchten 'Tenues' in (2.56b) bemerken Gamkrelidze/Ivanov noch, daß die Aspiration als "redundante Eigenschaft" gilt, aber weil die Implikationen paarweise zu interpretieren sind, bewertet (2.55) dieses neue System dennoch als unwahrscheinlich. Indessen erörtert Hopper (1977) die Argumente für diesen "New Look" des I.-E. noch einmal in Einzelheiten.

Den eigentlichen Beweis, daß die 'Mediä' glottalisierte Laute gewesen sein müssen, erbringt erst die vergleichende Sprachwissenschaft. Kortlandt (1975) kommt zu der Schlußfolgerung, daß ein akuter Akzent im Baltischen und Slavischen aus einem glottalen Merkmal erklärt werden muß. Den Schlußstein für die Theorie liefert Winter (1978), indem er nachweist, daß vor einer folgenden 'Media' im Baltischen und Slavischen Dehnung eines ursprünglich kurzen Vokals stattgefunden hat. Kortlandt (1978a) macht anschließend darauf aufmerksam, daß sich die drei Theorien gegenseitig unterstützen.

Die Anomalie auf seiten der 'Aspiraten' behebt Kortlandt (1978b) nunmehr durch folgende Rekonstruktion: eine glottalisierte, eine behauchte und eine Fortisreihe (in seiner Transkription t', tʿ, t:), also ein Obstruentensystem, in dem Stimmton nicht distinktiv ist und das nach dem hier verwendeten phonologischen Alphabet als /t', t^h, t/ symbolisiert werden könnte. Im Gegensatz zu allen anderen Rekonstruktionen zeichnet sich dieses System durch eine optimale Verteilung der Markierungen aus. Nach MK XVI sind die Fortes [u tense] und sie erfüllen sowohl für die als [m SG] wie für die als [m CG] spezifizierten Reihen die in (2.55) gestellten Bedingungen.

Kortlandt (persönliche Mitteilung) setzt voraus, daß zu der oben erstellten Obstruentenreihe auch Varianten existierten (t'/'d, t:/t, t^h/d^h), was die unterschiedlichen Entwicklungen in den i.-e. Dialekten (Indisch, Griechisch, Italisch einerseits und Germanisch, Baltoslavisch, Armenisch und Tocharisch andererseits) eher verständlich macht. In (2.57) wird die Entwicklung dieser Obstruenten bis zum Voralthochdeutschen entsprechend Kortlandt (1978b) dargestellt.

Der Autor findet keinen Beweis dafür, daß die stimmhaften Obstruenten des Germanischen in irgendeinem Vorstadium Reibelaute gewesen sind, wie meistens angenommen wird. Spirantisierung dieser Laute wie etwa im altnordischen valþa 'wählte' (gegen deilda 'teilte') und im englischen father, weather hält er sämtlich für eine spätere Entwicklung. Indessen

(2.57)	*b	*p	$^*b^h$	*d	*t	$^*d^h$	*g	*k	$^*g^h$	*s	
Proto-I.-E.	p'	p:	p^h	t'	t:	t^h	k'	k:	k^h	s	
Dial. I.-E.	'b	p	b	'd	t	d	'g	k	g	s	
Vorgerm.	p'	p^h	b	t'	t^h	d	k'	k^h	g	s	
Urgerm.	p	ϕ	b	t	þ	d	k	x	g	s	
Urgerm. (Var.)	p	ϕ,ß	b	t	þ,ð	d	k	x,ɣ	g	s,z	
Verner (Akz.)	p	ϕ ß	b	t	þ ð	d	k	x ɣ	g	s	z
Westgerm. I	p	f	ß,b	t	þ	d	k	h,x	ɣ,g	s	r
Westgerm. II	p	f	ß,b	t	þ ð	d	k	h,x	ɣ,g	s	r
Vorahd.	p	f	ß,b	t	þ	d	k	h,x	ɣ,g	s	r
						d					

müssen die Rask-Grimmschen Lautgesetze die folgenden Regeln umfassen: 1. Deaspiration, die außer für Indisch, Griechisch und Italisch für das gesamte I.-E. galt; 2. Stimmlosigkeit der glottalisierten Obstruenten; 3. Spirantisierung der (aspirierten) Fortes; 4. Deglottalisierung, die nur für das Germanische Geltung hatte (der Verlust des glottalen Merkmals im Litauischen, Slavischen und Westarmenischen muß als getrennte Entwicklung angesehen werden).

Die Ergebnisse der Rask-Grimmschen Lautgesetze und des Vernerschen Gesetzes bilden im Westgermanischen bei den Reibelauten ein asymmetrisches Teilsystem, denn es ist da nicht eine Reihe "non-stridents" */ϕ,θ,x/ sondern eine gemischte Reihe /f,θ,x/ entstanden. Während die stimmhaften "non-stridents" sich mit den stimmhaften Verschlußlauten vermischt haben, entwickeln sich ihre Gegenstücke nach einem Muster, das sich für eine Interpretation unter dem Gesichtspunkt der Markiertheit eignet. In Kloeke (1980b) wird argumentiert, daß die Ausgabe der Spirantisierungsregel eine einheitliche Reihe /ϕ,θ,x/ ist, die aber nach der typologischen Implikation (2.55) zwangsläufig instabil ist. Angenommen, es entsteht bei den Labialen ein /ϕ/, das im vorliegenden System [m SG] ist, dann fehlt sein unmarkiertes Gegenstück /f/. Bei den Dentalen ist die betreffende Markierung für /θ/ dagegen hinreichend 'abgestützt', denn da existiert bereits ein /s/. Es ist deshalb möglich, eine relativ einfache, einheitliche Spirantisierungsregel anzusetzen — der graduelle Wandel zum asymmetrischen Teilsystem wird durch die typologische Implikation (2.55) bedingt.

Dieselbe Interpretation wäre für das Neugriechische möglich. Die Reihe $/p^h, t^h, k^h/$ aus dem klassischen Griechisch erfährt einen Wandel zu /f,θ,x/. Ebenso wie im Germanischen ist auch bereits ein /s/ vorhanden. Also wäre ohne Schwierigkeiten eine ähnliche Spirantisierungsregel zu formulieren, welche die Reihe /ɸ,θ,x/ erzeugt; systeminterne Verhältnisse würden die Veränderung /ɸ/ → /f/ bewirken, um nach (2.55) die Markiertheitswerte günstiger zu verteilen.

2.8.4 Linking

In ihrer Dissertation präzisiert Kean (1975) die Definition der Relation zwischen Markiertheitskonventionen und phonologischen Regeln, die Chomsky/Halle in Kapitel 9 von SPE unter den Begriff des Linking fassen. Kean greift dabei auf die Unterscheidung zwischen obligatorischen und fakultativen Merkmalen zurück. Die Markiertheitskonventionen der fakultativen Merkmale fungieren als "Linking Rules", aber nur die obligatorischen Merkmale bewirken Linking, was im Grunde bedeutet, daß Segmentsysteme bis zu einem gewissen Grade demarkiert werden können, ohne daß jedoch die Reichhaltigkeitsbedingung (2.54) "Obligatory Markedness of Segments" verletzt würde. Zwar sind die von ihr als "major features" bezeichneten Merkmale 'segment' und 'syllabic' auch obligatorisch, aber nur die sechs ihnen nachgeordneten Merkmale 'consonantal', 'sonorant', 'anterior', 'back', 'low' und 'labial' lösen Linking aus. Es sind dies die Merkmale, die in Keans Definition des Linking gemeint sind (2.58):

(2.58) Linking (= Kean 97)

Given a phonological rule

$$X \rightarrow \begin{bmatrix} \alpha_i \; F_i \\ \vdots \\ \alpha_n \; F_n \end{bmatrix}$$

where (a) $F_i, \ldots, F_n$ are distinctive features,
(b) $\alpha_i, \ldots, \alpha_n$ are + or - , and
(c) F_j, $j \geq 3$, is the hierarchically latest feature specified,

each markedness convention for a feature F_k, $k \geq 9$, which is hierarchically ordered after the convention for F_j, and whose environment is satisfied, applies to the segment under derivation as if the segment were unmarked for the feature specified by that convention.

Was die beiden "major features" betrifft, wurde bereits in den Abschnitten 3.4 bis 3.4.5 dafür argumentiert, das Merkmal 'syllabic' vollends aufzugeben, und in Abschnitt 2.4.1 wurde nahegelegt, die Merkmalspezifizierung [+ segment] durch eine Implikationsregel zu gewinnen und auf eine betreffende Markiertheitskonvention zu verzichten. Die Frage des Linking bleibt davon jedoch unberührt. Anders ist es mit den übrigen obligatorischen Merkmalen, namentlich dem Merkmal 'anterior'. Während dessen MK in Keans System hoch in der Hierarchie plaziert ist, bekommt es, wie der Strukturbaum (2.5) ausweist, im vorliegenden System eine ganz untergeordnete Stelle, eben weil es ganz anders definiert wird. Zwar könnte 'high' das Merkmal '*anterior' als obligatorisches Merkmal ersetzen, aber es bleibt doch zu begründen, weshalb etwa gerade sechs und nicht sieben oder acht als obligatorische Merkmale angesehen werden müssen.

Wie bereits in Abschnitt 2.8.2 erwähnt, erwägt Kean (1979) ein abstrakteres System mit zwölf obligatorischen, phonetisch mehrdeutigen Merkmalen. Darin kann zum Beispiel die Spezifizierung für 'sonorant' aufgrund drei verschiedener Merkmale geschehen: Es gibt dann ein Merkmal, das für 'syllabic' oder 'sonorant', ein zweites, das für 'consonantal' oder 'sonorant', und ein drittes, das für 'sonorant' oder 'continuant' steht. Angenommen wird, daß dann eine universale phonetische Theorie diese Markierungen sprachspezifisch interpretiert. In dieser Mehrdeutigkeit der jeweiligen Spezifizierungen könnte man vielleicht ein Problem sehen (schon ganz abgesehen von der Abstraktheit), aber problematischer ist, daß ein einziges Merkmal entweder als 'labial' oder als 'spread' zu interpretieren ist. Dann fragt sich, wie ein Segment zu repräsentieren ist, das sowohl [m labial] wie [m spread] ist, oder, um eine Analogie zu verwenden, wenn man stattdessen die Merkmale 'labial' und 'round' verwendet, wie ein gerundeter Labial /p^w/ repräsentiert werden soll (vgl. Abschnitt 2.5.4).

Es wird hier nunmehr vorgeschlagen, bloß jene Merkmale als obligatorisch zu unterscheiden, die in den Umgebungsbedingungen einer Markiertheitskonvention auftreten. Um den philologischen Textvergleich in (2.59) nebenan zu erleichtern, wird auf deutschsprachige Definitionen verzichtet.
Zwar kommt das Merkmal 'segment' in MK XIV und XV auch mit einer Plusspezifikation vor, aber diese MK haben, wie in Abschnitt 2.7.1 dargelegt, kein Komplement. Das hängt zusammen mit der Tatsache, daß 'segment' kein inhärentes, distinktives Merkmal ist, sondern daß es zwei Klassen von

(2.59) Obligatorische Merkmale

Given the markedness convention

$$[u\ F_i] \rightarrow [\alpha\ F_i]\ /\ X$$

where (a) X is $\begin{bmatrix} \beta_1 \overline{G_1} \\ \vdots \\ \beta_m\ G_m \end{bmatrix}$

(b) $\alpha, \beta_1, \ldots, \beta_m$ are + or -

(c) $F_i, G_i, \ldots, G_m$ are distinctive features, and

(d) $G_i, \ldots, G_m$ can take + and - both as their marked and as their unmarked specification,

all and only the features in X are obligatory features.

sequentiellen Einheiten unterscheidet. Die Spezifizierung [+ segment] geschieht denn auch durch eine Implikationsregel. Aufgrund der Markiertheitskonventionen in (2.3) gelten nach (2.53) folgende neun Merkmale als obligatorisch: 'consonantal', 'back', 'low', 'high', 'labial', 'sonorant', 'nasal', 'coronal' und 'continuant'. Dagegen sind die Merkmale 'round', '*anterior', 'lateral', 'delayed release', 'stiff vocal cords', 'spread glottis', 'constricted glottis' und 'tense' also nicht obligatorisch (fakultativ).

Es wird nun vorgeschlagen, die Markiertheitskonventionen der fakultativen Merkmale als "Linking Rules" fungieren zu lassen (2.60):

(2.60) Linking (Neufassung 2.58)

Given a phonological rule

$$X \rightarrow \begin{bmatrix} \alpha_i\ F_i \\ \vdots \\ \alpha_n\ F_n \end{bmatrix}$$

where (a) $\alpha_i, \ldots, \alpha_n$ are + or -

(b) $F_i, \ldots, F_n$ are distinctive features,

(c) F_j is the hierarchically latest obligatory feature specified,

each markedness convention for a non-obligatory feature F_k, which is hierarchically ordered after the convention for F_j, applies to any segment S under derivation as if S were specified $[u\ F_k]$ just in case S satisfies the environment of the convention, such markedness conventions as can apply, applying in their intrinsic order.

In Anlehnung an SPE wird hier eine Derivation der ersten slavischen Palatalisierung /k,g,x/ → /č,ǰ,š/ gegeben. In SPE (: 423) lautet die betreffende Regel wie in (2.61):

$$(2.61) \quad [-\text{ ant}] \rightarrow [-\text{ back}] \;/\; \_\_ \begin{bmatrix} -\text{ cons} \\ -\text{ back} \end{bmatrix}$$

Weil '*anterior' hier nicht als Stellenmerkmal sondern als Merkmal der Zungengestalt interpretiert worden ist, eignet es sich nicht zur Erfassung der betreffenden Konsonanten /k,g,x/ — dafür bietet sich das Merkmal 'high' gleichsam von selber an. Weil 'coronal' unter der Bedingung (2.59) als 'obligatorisch' definiert worden ist, kann die betreffende MK nicht als Linking-Regel funktionieren, also muß die strukturelle Veränderung in der Regel entsprechend spezifiziert werden (2.62):

$$(2.62) \quad \begin{bmatrix} +\text{ cons} \\ +\text{ high} \end{bmatrix} \rightarrow \begin{bmatrix} -\text{ back} \\ +\text{ cor} \end{bmatrix} \;/\; \_\_ \begin{bmatrix} -\text{ cons} \\ -\text{ back} \end{bmatrix}$$

Eingestandenermaßen ist diese Regel weniger generell als (2.61), doch ist im bisher erarbeiteten System implizit, daß apikal artikulierte Konsonanten zwar die am wenigsten markierten sind, aber daß bei einem artikulatorischen Umschwung hintere Konsonanten nicht 'automatisch' apikal werden, sondern daß die Spezifizierung 'labial' oder 'coronal' notwendig ist. Dagegen ist bei palatalisierten Koronallauten tatsächlich Affrizierung zu erwarten. Die Ableitung geht folgendermaßen vor sich (2.63):

(2.63) /k,g/	→ /č,ǰ/		/x/	→ /š/	
+ cons			+ cons		
- son			- son		
+ back	- back	(2.62)	+ back	- back	(2.62)
- low			- low		
+ high			+ high		
- lab			- lab		
- rnd			- rnd		
- cor	+ cor	(2.62)	- cor	+ cor	(2.62)
- *ant			- *ant		
- nas			- nas		
- cont			+ cont		
- lat			- lat		
- DR	+ DR	(XII)	+ DR		
α stVC			- stVC		
- SG			- SG		
- CG			- CG		
α tns			+ tns		

Ein viel radikalerer Umschwung kann erfolgen, wenn Implikationsregeln eine Rolle spielen, insbesondere wenn Konsonanten gleichsam 'deartikuliert' werden (vgl. Abschnitt 2.4.2). Das ist der Fall, wenn im Englischen stimmlose Verschlußlaute unter bestimmten Bedingungen zum "glottal stop" werden (2.64):

(2.64) $\begin{bmatrix} -\text{ son} \\ -\text{ cont} \end{bmatrix} \rightarrow [-\text{ cons}]$ / ...

Die Ableitung verläuft folgendermaßen (2.65):

(2.65) /p,t,k/ → /ʔ/

+ cons	- cons	(2.64)
- son		
α back	(+ back)	
β low	(+ low)	
γ high	(- high)	
δ lab	(- lab)	
- rnd		
ε cor	(- cor)	
ζ *ant	(- *ant)	
- nas		
- cont		
- lat		
- DR		
+ stVC		
- SG		
- CG	+ CG	(2.4d)
+ tns		

Die Konfiguration [- cons, - cont] genügt, um IR (2.4d) auszulösen. Die jeweiligen anderen Veränderungen für die rechts eingeklammerten Merkmale finden jedoch unter Einfluß der Typologischen Implikation (2.55) statt. Im Englischen gibt es nämlich kein für Oberklassen spezifiziertes Segment [- cons, - son], das außer [m son] auch noch etwa [m back], [m low], [m high], [m lab], [m cor] oder [m *ant] wäre. Implikation (2.55) wirkt also sprachspezifisch und demarkiert die Ausgabe der Regel (2.65) unter Berücksichtigung des englischen Segmentsystems. M.a.W., die Typologische Implikation sagt voraus, daß phonologische Systeme relativ stabil sind. Eine analoge Situation besteht bei Sprechfehlern, wie Kean (1979) hervorhebt:

> "... the fact of the matter is that people stay within the segmental systems of their languages when they make segmental substitutions" (: 30).

Implikationsregeln bilden indessen einen integrierenden Bestandteil der Merkmaltheorie, sind naturgemäß ausnahmslos und behalten ihre Gültigkeit, mit oder ohne Markiertheitstheorie. Das Linking und die Typologische Implikation dienen dagegen als Bewertungsmaß für phonologische Regeln bzw. phonologische Systeme, und gehören daher in den Bereich der Markiertheit im eigentlichen Sinne.

2.9 Das deutsche Segmentsystem

2.9.1 Typologische Implikationen

Für das in Kapitel 1 erstellte synchrone Segmentinventar des Hochdeutschen haben die in den vorigen Abschnitten angestellten Betrachtungen folgende Relevanz. Nachdem in Abschnitt 1.2.1 begründet worden ist, weshalb für die Klassifikation der deutschen Vokale ein binäres Merkmal in Anspruch genommen werden muß, das von physikalischen Größen abstrahiert – auf phonologischer Ebene erweist dieses Merkmal 'tense' sich nämlich als konstant (beim Umlaut), ist es phonologisch wirksam (bei der Vokallängung) und ist es in einigen Alternationen das einzige Merkmal, das die Plus/Minusspezifizierung wechselt (bei der Vokaldehnung) – , wird in Abschnitt 1.2.2 argumentiert, daß zum /a/ (vgl. [kam] <u>Kamm</u> : [kɑ:m] <u>kam</u>) ein Gegenstück angesetzt werden muß, das entweder das Merkmal [+ tense] oder das Merkmal [+ L] trägt. Sowohl das eine wie das andere hat für sich genommen bloß diakritischen Wert: Es bewirkt, daß die richtige phonologische Regel angewendet wird. Nach MK (XVI) ist der Pluswert für 'tense' bei Vokalen der markierte, und der Gebrauch eines Alphabetmerkmals ist schon von vornherein als Belastung der Grammatik zu werten, aber aufgrund der Typologischen Implikation (2.55) ist die Wahl zwischen diesen beiden Merkmalen nun nicht mehr willkürlich. Vielmehr erzwingt die Verteilung der Markiertheitswerte im Vokalsystem die Wahl eines inhärenten phonologischen Merkmals, und die Spezifizierung [+ tense] ist also aus externen Gründen nicht mehr als bloßes Diakritikum, sondern als echtes distinktives Merkmal zu werten.

Wie abstrakt, von phonetischen Tatsachen entfernt der 'inhärente Gehalt dieses Merkmals in der Tat sein kann, zeigt sich in der kontrastiven Phonologie. Im Deutschen ist das 'hellere' [a] in die ungespannte Vokalreihe als [- tense], und das 'dunklere' [ɑ] in die gespannte Reihe als [+ tense] einzustufen. Im Niederländischen sind ebenfalls zwei Vokalreihen mit diesem Merkmal zu unterscheiden, aber bei den <u>a</u>-Lauten ist das Verhältnis gerade umgekehrt: Es ist das 'dunklere' [ɑ] in [mɑn] <u>man</u> 'Mann', das als [- tense] , und das 'hellere' [a] in [man] <u>maan</u> 'Mond', das als [+ tense] zu spezifizieren ist. Diese 'verkehrte' Klassifikation ist selbstverständlich eine beständige Fehlerquelle für diejenigen, die jeweils die andere Sprache als Fremdsprache erwerben wollen, und hier erweist sich denn auch der Sinn der Verwendung sowohl eines phonetischen

IPA-Alphabets wie die eines phonologischen Alphabets mit systematisch-phonemischen Symbolen, das auf phonetische Details verzichtet.

Ein Merkmal 'long', das sich auf meßbare Größen beziehen ließe, wird hier nicht in der zugrundeliegenden Repräsentation verwendet. Zwar ist Länge bei Wortpaaren wie <u>bäten : Betten</u> die einzige Unterscheidung, aber sie wird mit Hilfe eines diakritischen Merkmals [+ L] (für Längung nach Regel 1.19), und nicht aus einem inhärenten segmentalen Merkmal [+ long] abgeleitet. In Sprachen, in denen Länge distinktiv ist, läßt sich dieses suprasegmentale Merkmal charakteristischerweise auf eine bimorische oder eine polysegmentale Analyse zurückführen. Im Deutschen gilt das zum Beispiel für Konsonanten, die an der Wortgrenze zusammenstoßen, etwa in <u>mitteilen</u>, in dem das [t] etwas länger angehalten wird, oder in der gedehnten Aussprache von [ne:m:] <u>nehmen</u> (neben [ne:mm̩]). Dehnung eines Vokals findet sich zum Beispiel im Falle einer Vokalisierung des <u>r</u>, weshalb ['bIta] <u>Bitte</u> sich von ['bIta:] <u>bitter</u> unterscheidet. Sonst ist Länge auch durch ein inhärentes Merkmal bedingt, wie im Deutschen durch das Merkmal 'tense'.

Wie schon in Abschnitt 2.7.2 erwähnt, gibt es im hier vorliegenden System der binär spezifizierten Merkmale keine Möglichkeit, präglottalisiertes [ˀb], gemurmeltes [b̤] und implosives [ɓ] zu unterscheiden; das ist auf systematisch-phonologischer Ebene auch nicht nötig, denn nach Greenberg (1970) können diese Laute nie zueinander in Opposition stehen. In diesem Sinne sind die betreffenden Markierungen [- stiff vocal cords, + constricted glottis] also abstrakt. Ein augenfälliges Beispiel für ein abstraktes phonologisches Merkmal ist 'stimmhaft': In als [+ sonorant] markierten Segmenten ist das Merkmal noch ziemlich konkret, denn die Stimmlippen müssen unter der Neudefinition in 2.4.2 nachweislich schwingen. Stimmhaftigkeit in Obstruenten ist dagegen von allerlei Umgebungsfaktoren abhängig und sie ist denn auch vieldeutig. Diese Abstraktheit ist möglicherweise noch größer als hier dargestellt. Wenn es nämlich in keiner Sprache Segmente gibt, die [m tense, m stiff vocal cords] sind, dann ist eins von diesen beiden Merkmalen entbehrlich, was hieße, daß Stimmton redundant wäre.

In Abschnitt 1.2.4 wurde es abgelehnt, das Schwa /ə/ mit einem ungerundeten, hinteren Vokal /ʌ/ zu identifizieren. Nach den Markiertheitsregeln hat das /ʌ/ die Komplexität 3 (vgl. 2.52a). Ein solcher Markiertheitsgrad steht im Widerspruch zu der Feststellung in Bierwisch (1967: 250) und Vennemann (1968: 341 FN), daß das Schwa im Deutschen ganz bestimmt der am wenigsten markierte Vokal ist. Wurzel (1970b: 151) errechnet ebenfalls eine Komplexität von 3 für diesen Laut, aber in einer spräteren Fußnote (FN 12 zu S. 182) kommen ihm doch auch Bedenken. Statt der Erweiterung des deutschen Segmentsystems um einen solchen Vokal bietet sich die Möglichkeit einer Identifizierung mit einem bereits vorhandenen Segment.

Offensichtlich sind neutrale Vokale nicht von vornherein mit dem am wenigsten markierten Vokal zu identifizieren. Zwar ist in den meisten westeuropäischen Sprachen der Reduktionsvokal charakteristischerweise das Schwa, und auch Vokalepenthese betrifft meistens das /ə/, aber anscheinend enthalten alle Sprachen ein /a/, während nur ein Teil aller bekannten Sprachen ein Schwa im System hat. Im Nupe etwa ist das /i/ der typische Epenthesevokal und im Japanischen ist es das /u/.

Was nun das Deutsche betrifft, ist zu bedenken, daß keine phonologischen Oppositionen zwischen [ə] und [ɛ] zu finden sind, die Gegenüberstellung ist nirgends bedeutungsunterscheidend. Phonologische Merkmale müssen jedoch immer unterscheidend wirken. Andererseits muß auch die Beziehung zwischen der systematisch-phonemischen und der systematisch-phonetischen Repräsentation beschrieben werden können.

Im Englischen ist es möglich, einen Plosivlaut am Silbenschluß auf vielerlei Weise zu realisieren: In cap kann das p behaucht, unbehaucht, glottalisiert oder ohne Verschlußlösung ca[p˺] ausgesprochen werden. Letzteres Merkmal ist aber nie phonologisch distinktiv. Laut McCawley (1977) kann es sogar an Prozessen beteiligt sein (vgl. auch 1967):

> "... a feature which is not distinctive in any language, namely the feature of 'released', plays a role in the phonology of Korean: the Korean rule by which syllable-final consonants become unreleased causes neutralization of the distinctive features of tenseness, aspiration, and continuance" (: 274).

Es muß also darauf geschlossen werden, daß für die Beschreibung eines Schwa auf ein sprachspezifisches Merkmal zurückgegriffen werden soll. Ein Merkmal 'central' liegt hier auf der Hand, denn es ist auch für die Spezifizierung des vokalisierten r zu verwenden. In Kapitel 5 wird sich zeigen, welche Rolle es im Zusammenspiel mit den anderen phonologischen Regeln hat.

In Abschnitt 1.2.3 werden die Diphthonge als Vokalcluster (VV) und nicht als eine Sequenz Vokal plus 'Glide' (VG) analysiert. (2.53) bewertet ein System mit 'Glides' als geringer, besonders weil diese 'Liquiden' als äußerst komplex interpretiert werden. Was das jotierte i betrifft, (besonders in der englischsprachigen Literatur wird es oft als /y/ statt /ǐ/ transkribiert), begünstigt dasselbe Einfachheitskriterium bei der Wahl eines zugrundeliegenden Segments für die Alternation /i : ǐ/ den Vokal, wie es auch in Abschnitt 1.3.3 geschieht. Desgleichen legt es die Entscheidung nahe, den Halbvokal /ŭ/ durch eine Sonderregel aus dem /u/ abzuleiten. Diese Entscheidung ist um so plausibler, als Wörter wie Linguistik oft mit einem silbischen u ausgesprochen werden und weil außerdem Duden und Siebs die unsilbische Aussprache ohnehin nur in der Alltagsaussprache zulassen.

In Abschnitt 1.3.1 wird es abgelehnt, [s] und [z] aus einem zugrundeliegenden /s/ abzuleiten. Nach dem Einfachheitskriterium wäre diese Analyse zwar positiv zu bewerten, aber allein schon aus phonotaktischen Gründen ist sie nicht möglich. Hinzu kommt, daß das deutsche Segmentsystem auch einen stimmhaften breiten Zischlaut [ʒ] enthält, der nicht nur ein /š/ sondern auch ein /z̦/ voraussetzt (vgl. allerdings Abschnitt 5.1).

In Abschnitt 1.3.3 werden [j,v] mit zugrundeliegenden Obstruenten und nicht mit 'Glides' identifiziert. Letztere Analyse wäre zwar nicht 'kostspieliger', aber für das Deutsche erweist sie sich als unangebracht, denn die 'Glides', die es in dieser Sprache gibt, alternieren mit Vokalen und nicht mit Obstruenten.

In Abschnitt 1.3.4 wird dafür argumentiert, den Ach-Laut und den Ich-Laut aus einem /x/ abzuleiten. Nach (2.53) rechtfertigt sich eine solche Entscheidung auch aufgrund der Verteilung der Markiertheitswerte, denn /ç/ hat eine Komplexität von 3, während /x/ zwei Markierungen hat. Allerdings entsteht nun eine typologische 'Lücke' im System, denn /ǰ/ setzt /ç/ voraus, und /ç/ wiederum /c/. Aber (2.55) drückt Wahrscheinlichkeitswerte aus und 'Lücken' sind — mit Einschränkungen — möglich. Indessen ist zu beachten, daß [ç] und [c] immerhin allophonisch im Deutschen vorkommen (noch ganz abgesehen von der Möglichkeit, Spekulationen über die relative Chronologie der Entstehung des /ǰ/ und des /ç/ anzustellen).

In Abschnitt 1.5 werden drei Nasale angesetzt. Darin hat das Agma /ŋ/ eine relative Komplexität von 2; es setzt jeweils ein /n/ und ein /k/ voraus. Umgekehrt implizieren /n/ und /k/ nicht das Vorhandensein eines velaren Nasals. In Kapitel 3 werden die Argumente für und wider das phonologische /ŋ/ noch einmal auf ihre Stichhaltigkeit überprüft werden.

Was das r betrifft, ist die Wahl zwischen einem apikalen /r/ und einem uvularen /R/ willkürlich genannt worden. Zwar ist das uvulare r komplexer als das apikale, aber das Einfachheitskriterium ist in diesem Falle unerheblich, denn ob ein /R/ oder ein /r/ in das Segmentsystem aufgenommen werden muß, hängt jeweils vom Idiolekt ab.

2.9.2 Die Markiertheitsmatrix

Wenn man von nasalierten Vokalen und einigen Fällen von gemäßigter Eindeutschung fremder Wörter absieht, läßt sich folgende Markiertheitsmatrix für das Deutsche erstellen (2.66):

(2.66)

	m	n	ŋ	l	R	p	b̥	f	v̥	t	d̥	s	z̥	č	š	ž̥	j̊	k	g̊	x	i	ī	ü	ǖ	u	ū	e	ē	ö	ȫ	o	ō	a	ā	h
cons	+	+	+	+	+	+	+	+	+	+	+	+	+	+	+	+	+	+	+	+	-	-	-	-	-	-	-	-	-	-	-	-	-	-	-
son	m	m	m	m	m	u	u	u	u	u	u	u	u	u	u	u	u	u	u	u	u	u	u	u	u	u	u	u	u	u	u	u	u	u	m
back	u	u	m	u	m	u	u	u	u	u	u	u	u	u	u	u	u	m	m	m	m	m	m	m	u	u	m	m	m	m	u	u	u	u	u
low	u	u	u	u	u	u	u	u	u	u	u	u	u	u	u	u	u	u	u	u	u	u	u	u	m	m	u	u	u	u	m	m	u	u	u
high	u	u	u	u	m	u	u	u	u	u	u	u	u	m	m	m	m	u	u	u	u	u	u	u	u	u	m	m	m	m	m	m	u	u	u
lab	m	u	u	u	u	m	m	m	m	u	u	u	u	u	u	u	u	u	u	u	u	u	m	m	u	u	u	u	m	m	u	u	u	u	u
rnd	u	u	u	u	u	u	u	u	u	u	u	u	u	u	u	u	u	u	u	u	u	u	u	u	u	u	u	u	u	u	u	u	u	u	u
cor	u	u	u	u	u	u	u	u	u	u	u	u	u	u	u	u	m	u	u	u	u	u	u	u	u	u	u	u	u	u	u	u	u	u	u
*ant	u	u	u	u	u	u	u	u	u	u	u	u	u	u	u	u	u	u	u	u	u	u	u	u	u	u	u	u	u	u	u	u	u	u	u
nas	u	u	u	m	m	u	u	u	u	u	u	u	u	u	u	u	u	u	u	u	u	u	u	u	u	u	u	u	u	u	u	u	u	u	u
cont	u	u	u	u	u	u	u	m	m	u	u	m	m	u	m	m	m	u	u	m	u	u	u	u	u	u	u	u	u	u	u	u	u	u	m
lat	u	u	u	u	u	u	u	u	u	u	u	u	u	u	u	u	u	u	u	u	u	u	u	u	u	u	u	u	u	u	u	u	u	u	u
DR	u	u	u	u	u	u	u	u	u	u	u	u	u	u	u	u	u	u	u	u	u	u	u	u	u	u	u	u	u	u	u	u	u	u	u
stVC	u	u	u	u	u	u	u	u	u	u	u	u	u	u	u	u	u	u	u	u	u	u	u	u	u	u	u	u	u	u	u	u	u	u	u
SG	u	u	u	u	u	u	u	u	u	u	u	u	u	u	u	u	u	u	u	u	u	u	u	u	u	u	u	u	u	u	u	u	u	u	u
CG	u	u	u	u	u	u	u	u	u	u	u	u	u	u	u	u	u	u	u	u	u	u	u	u	u	u	u	u	u	u	u	u	u	u	u
tns	u	u	u	u	u	u	m	u	m	u	m	u	m	u	u	m	m	u	m	u	u	m	u	m	u	m	u	m	u	m	u	m	u	m	u

3. ALTERNATIVEN UND ERWEITERUNGEN

3.1 Morphologisch motivierte Regeln und Natürlichkeit

In Kapitel 1 wurden phonologische Regeln für das Deutsche aufgestellt, welche sich jeweils mit Lautwechsel begründen ließen. Diese Regeln ermöglichten es, ein zugrundeliegendes Lautinventar anzusetzen, das eine Teilmenge des Oberflächeninventars bildet. Dieses Teilinventar wurde für die lexikalische Repräsentation sowohl alternierender wie nichtalternierender Formen in Anspruch genommen. Manchen Phonologen sind solche Analysen jedoch zu abstrakt, weil sie bezweifeln, ob sie eine realistische Repräsentation linguistischer Kompetenz darstellen, und deshalb sind sie bemüht, die Abstraktheit zugrundeliegender phonematischer Repräsentationen und die Menge der möglichen phonologischen Regeln einzuschränken. Beiträge einiger Vertreter der "Natural Generative Phonology" (NGP) sind in dieser Hinsicht insbesondere relevant, weil sie auch einige Erscheinungen aus der deutschen Phonologie unter ihrem theoretischen Gesichtspunkt analysieren.

In einer Reaktion auf phonologische Analysen aus den sechziger Jahren, in denen gelegentlich eine tausendjährige sprachgeschichtliche Entwicklung in einer synchronen Beschreibung nachvollzogen wurde (z.B. seine eigene German Phonology), postuliert Vennemann das "No-Ordering Principle", nach dem Regeln nicht extrinsisch geordnet sein dürfen, und zweitens die "Strong Naturalness Condition", welche in zwei Teile zerfällt (3.1):

(3.1) Strong Naturalness Condition (= Vennemann 1974b)

a Lexical representations of non-alternating parts of morphemes are identical to their phonetic representations.

b Lexical representations of roots are identical to one of the radical 'allomorphs' of the paradigm, plus an (often empty) set of suppletion rules.

Aufgrund des Prinzips der freien Regelordnung müßten die Regeln für Dehnung (1.16), Längung (1.19), Umlaut (1.22), Rundung (1.26) und dorsalen Reibelaut (1.71) in den Bereich der 'morphophonemischen Redundanzregeln' verwiesen werden; weiterhin müßte nach dem Axiom der "Strong Naturalness

Condition" (3.1) die Regel für Sproßvokal (1.43) so umformuliert werden, daß sie nicht einen e-Einschub sondern Schwa-Epenthese bewirken würde, und die Reduktionsregel (1.49) müßte gänzlich entfallen. Um falsche Anwendung der übrigen Regeln zu verhindern, müßten einige geringfügige Änderungen in der Formulierung ihrer strukturellen Beschreibung vorgenommen werden. Wenn man außerdem noch wie Stampe (1973: 35) und Vennemann (1974b: 358) die Natürlichkeitsbedingung soweit zuspitzen würde, daß zugrundeliegende Formen aussprechbar sein müssen, so wird auch die Auslautverhärtungsregel zur Redundanzregel und alle Wörter müßten mit ihrem vollständigen Flexionsparadigma im Lexikon aufgelistet werden: /bUnt/ Nom., /bUndəs/ Gen. usw. Ein weiteres Ergebnis wäre, daß fast alle Allophone der Oberfläche in das systematisch-phonemische Lautinventar des Deutschen aufgenommen werden müßten. Die einzigen phonologischen Regeln wären vokalische Auflösung des r (1.80), fester Einsatz (1.77), jotiertes i (1.69), stimmhafte Lenis (1.60) und Behauchung (1.62), also eigentlich nur die stilbedingten Regeln, die in den verschiedenen Aussprachewörterbüchern denn auch verschieden gehandhabt werden. Des weiteren erfordert die 'konkrete' Repräsentation des ä-Lauts die Verwendung des Merkmals für Länge. Die Tatsache, daß [ɛ] und Schwa nicht zueinander in Opposition stehen und miteinander relatiert sind, verliert ihre Bedeutsamkeit; keine Aussage wird mehr gemacht über die Richtung der Eindeutschung eines Wortes wie Kirmes oder Krocket . Sogar strukturalistische Analysen, die den Ach-Laut und den Ich-Laut miteinander identifizieren und ihnen ein /x/ zugrundelegen, sind nach diesen Maßstäben bereits zu abstrakt, denn die Regel (1.71) ist nicht phonetisch motiviert.

Anders als Vennemann und Stampe läßt Hooper (1976) noch eine gewisse Abstraktion zu, denn sie fordert nicht, daß zugrundeliegende Repräsentationen aussprechbar sein müssen. Eine lexikalische Einheit mit stimmhaftem Obstruent im Auslaut, z.B. /bund/, das phonetisch [bUnt] realisiert wird, ist bei ihr zulässig, weil in ihrer Auffassung der Stimmtonverlust in dieser Position 'phonetisch bedingt' bzw. 'phonetisch erklärbar oder natürlich' ist (: 133). Eine zweite Abstraktion sind sogenannte Archisegmente, nicht vollständig spezifizierte Repräsentationen in solchen Sequenzen wie [um peso] 'ein Peso', [un sako] 'ein Sack', [uŋ gato] 'eine Katze'. Der Nasal des bestimmten Artikels /uN/ ist in diesen Fällen nicht für die Artikulationsstelle spezifiziert. Vergleichbare Beispiele aus dem Hochdeutschen sind in diesem Falle nicht zu geben, denn das WdA erklärt die Angleichung des Nasals an folgenden Enge- oder Verschlußlaut ([zɛmf] oder [zɛmpf] statt [zɛnf] Senf, ['amba͜esən] statt ['anba͜esən] anbeißen, [Im 'pa:dua·] statt [In 'pa:dua·] in Padua) ausdrücklich für "unzulässig" (: 66). Ansonsten wird in Hoopers Theorie angenommen, daß nichtalternierende lexikalische Einheiten in ihrer phonetischen Form im Lexikon stehen und daß lediglich morphophonemische Redundanzregeln ("MP-rules"), die eine Oberflächenform mit einer anderen in Verbindung bringen, erlaubte Generalisierungen sind. Nur Syllabierung, Aspiration und dergleichen sind als echte phonologische Regeln ("P-rules") aufzufassen, im Grunde, weil sie 'automatisch' sind und keine Ausnahmen zulassen. Kriterium für phonologische Regeln ist letzten Endes ihre 'Natürlichkeit' und ihre phonetische Erklärbarkeit'. Um 'Natürlichkeit' nicht weiter definieren zu müssen, wird davon ausgegangen, daß

> "all surface-true, phonetically conditioned rules are 'natural' " (: 134).

Insbesondere die Silbe wird als die Domäne angesehen, in der phonologische Regeln und phonologische Bedingungen beschrieben werden müssen.

Es ist ein Anliegen, wie Hooper (1976) in ihrem Vorwort sagt, "a realistic representation of linguistic competence" zu geben, indem sie die Menge der möglichen Grammatiken erheblich einschränkt, weil die phonologischen Regeln und die lexikalischen Repräsentationen in unmittelbarer Beziehung zur phonetischen Ebene stehen müssen. Leitendes Prinzip ist für sie die "True Generalization Condition", die sie zwar nicht eigens formuliert, aber die sie doch in folgenden Worten umschreibt (3.2):

(3.2) True Generalization Condition

> "It would require that all rules express transparent surface generalizations, generalizations that are true for all surface forms and that, furthermore, express the relation between surface forms in the most direct manner possible" (: 13).

Die "True Generalization Condition" ist also eine Beschränkung auf mögliche Regeln und nicht auf mögliche zugrundeliegende Repräsentationen, aber sie hat freilich auf indirektem Wege darauf Einfluß.

> "The claim is that phonetic alternations are actually caused by the phonetic environment and that speakers construct phonetic generalizations only when these are regular and transparent. In other cases nonphonetic generalizations are constructed" (: 16).

Etwas weiter fährt sie fort:

> "Thus P-rules describe processes governed by the physical properties of the vocal tract. Obviously these processes are not random and

> totally language-specific, but rather their form and content can be predicted on universal principles. Thus it is further claimed that all P-rules are natural rules" (: 16-7).

Obwohl sie das nicht ausdrücklich sagt, bedeutet das, daß die "P-rules", die Prozesse beschreiben, keine Ausnahmen kennen. Sobald es Ausnahmen gibt, muß die betreffende Alternation in der Form einer morphophonologischen Distributionsregel ("MP-rule") beschrieben werden.

> "MP-rules on the other hand, take part in the sound-meaning correspondence of a language and are therefore language-specific. They are apt to be phonologically quite arbitrary ... , and they are likely to have exceptions" (: 17).

Erklärtes Ziel der NGP ist, zu zeigen,

> "that natural generative theory makes the correct predictions in a wide range of cases and that the unconstrained theory does not" (: xii-xiii).

Es ist das Verdienst einer solchermaßen eingeschränkten Theorie, daß

> "the resulting concrete analyses are to a much greater extent subject to empirical disconfirmation than the abstract analyses" (: xii).

Im Rahmen von Hoopers Theorie müßten dieselben am Anfang dieses Abschnitts erwähnten Regeln als "MP-rules" gewertet werden. Aufgrund der Tatsache, daß es nichtalternierende Formen mit langem ä-Laut gibt, müßte Länge als lexikalisch distinktives Merkmal verwendet werden, und folglich müßte die Längungsregel als Distributionsregel umformuliert werden. Die Regel für den dorsalen Reibelaut (1.71) könnte unter Umständen als "P-rule" formuliert werden, indem sie den velaren Ach-Laut nach velarem Vokal aus dem Ich-Laut produzieren würde, /ç/ → /x/, aber die nichtalternierenden Reibelaute müßten beide dennoch ins Lexikon aufgenommen werden. Übrigens läßt Hoopers Theorie, soweit ersichtlich, in diesem Falle auch eine zweite Analyse zu: Weil die Regel produktiv und so gut wie ausnahmslos ist (vgl. Abschnitt 1.3.4), könnte doch eine Generalisierung erreicht werden, indem der dorsale Reibelaut als Archisegment /'X'/ dargestellt wird. Die Regel, die dieses unvollständig spezifizierte Segment zum Ach-Laut /x/ bzw. Ich-Laut /ç/ machen würde, hätte formal die Eigenschaften einer "P-rule", aber faktisch wäre sie eine Distributionsregel, denn bloß die Teilregel für den Ach-Laut wäre 'phonetisch motiviert'. Es gibt also zwei Analysemöglichkeiten: 1. die konkrete, bei der für nichtalternierende Wörter sowohl der Ach-Laut wie der Ich-Laut ins Lexikon aufgenommen werden und zusätzlich für die alternierenden Formen eine 'phonetisch erklärbare und natürliche'

Regel ("P-rule") angesetzt wird; 2. die abstrakte, bei der bloß ein Archisegment ins Lexikon aufgenommen und eine Distributionsregel ("MP-rule") formuliert wird, die eine echte Generalisierung zum Ausdruck brächte. Nichts weist darauf hin, daß diese Distributionsregel demnächst Ausnahmen kennen wird. Vielmehr gehört die betreffende phonologische Regel zur linguistischen Kompetenz der Deutschsprechenden. Eine phonologische Darstellung, die linguistisch signifikanten Generalisierungen den Vorzug gibt, vollständig spezifizierte Segmente auf allen Repräsentationsebenen fordert und offensichtlich Fakten linguistischer Kompetenz zum Ausdruck bringt, verdient den Vorzug, denn erstere NGP-Analyse bringt keine Generalisierung zutage, die zweite läßt unvollständig spezifizierte Segmente zu.

Eine Auseinandersetzung mit der ganzen NGP als solcher ist hier nicht vorgesehen. Manche Aspekte dieser Theorie sind bereits an anderer Stelle erörtert worden. Dinnsen (1980) beklagt z.B. ihre Unfähigkeit, phonologische Prozesse, wiewohl gerade erstrebt, zu erklären oder gar vorauszusagen, und Odden (1979) erhebt Bedenken, weil sie keine Generalisierungen und namentlich keine ebenbürtige Alternative für gut motivierte, abstrakte Analysen etwa des Malteser Arabisch bieten kann. Vielmehr sind hier zwei Beschreibungen aus der deutschen Phonologie herauszuheben, die in der NGP-Literatur geradezu als Musterbeispiele dienen: Es sind die phonemische Repräsentation des velaren Nasals und die Auslautverhärtung.

Isačenko (1963) sieht sich aufgrund distributioneller Verhältnisse veranlaßt, den velaren Nasal [ŋ] im Deutschen aus einer Sequenz /ng/ abzu leiten. Zwar ist bei dieser Analyse die Bedingung eines Wechsels nicht erfüllt, aber wenigstens gehören [n] und [g] zum Segmentinventar des Deutschen. Eine Theorie, die sprachinterne Argumente für eine 'abstrakte' Analyse aufgrund selbstauferlegter Beschränkungen nicht gelten läßt, muß sich um so mehr durch externe, empirische Daten leiten lassen. Eine Gegenüberstellung der Argumente für die eine und für die andere Analyse findet in Abschnitt 3.2 statt.

Was die Auslautverhärtung betrifft, so hat es damit etwas Eigenartiges auf sich. In der NGP-Literatur wird öfter Vennemann (1972) als Beleg für eine "syllable-final devoicing rule" im Hochdeutschen zitiert. Zwar wird in diesem Aufsatz auf einen Zusammenhang zwischen Syllabierung und "Final Devoicing" in der norddeutschen Aussprache der hochdeutschen Norm hingewiesen, aber es fehlt der Nachweis, daß Syllabierung der Auslautverhärtung vorgeordnet ist. Dieses Versäumnis wird in Abschnitt 3.3 nachgeholt werden.

Weil der Unterschied zwischen "P-rules" und "MP-rules", also zwischen phonetisch motivierten und morphologisch bedingten Regeln hier ein zentrales Thema ist und weil in der NGP (vgl. Hooper 1976: 117) gerade die Silbe als phonetisch motivierte, natürliche Domäne gilt, wird im letzten Teil dieses Kapitels die Frage diskutiert, ob Syllabierung nach universellen, 'natürlichen' Prinzipien vor sich geht und namentlich ob ein phonologisches Merkmal 'syllabic' mit dem Vorhandensein von markierten Silbengrenzen kompatibel ist.

3.2 Die Repräsentation des velaren Nasals

Aufgrund der Opposition in *Wamme*, *Wanne*, *Wange* können im Deutschen drei Nasale [m,n,ŋ] unterschieden werden, aber wie das letzte Segment repräsentiert werden muß, ist umstritten. Halle (1954) nimmt stillschweigend an, daß bloß /m,n/ in das Phoneminventar gehören, aber den Übersetzern seines Aufsatzes ist das Fehlen des velaren Nasals anscheinend nicht ganz geheuer, denn in der deutschsprachigen Version aus dem Jahre 1974 führen sie ihn in der Merkmalmatrix auf. Isačenko (1963) ist jedoch der erste, der ausführlich begründet, weshalb [ŋ] auf eine Sequenz /ng/ zurückzuführen ist. Die Argumente (die übrigens dieselben bleiben, wenn man entsprechend Kapitel 1 die Repräsentation /nġ/ wählt) sind folgende.

Im Anlaut kommen wohl [m,n,l,R] aber nicht [ŋ] vor, zumindest wenn ihnen unmittelbar ein Vokal folgt. Isačenko (: 77) stellt dagegen fest, "daß ganz allgemein die Lautfolge '*Sonorlaut* + *Konsonant*' für einen Deutschen im Anlaut 'nicht sprechbar' ist". Diesen Sachverhalt kann man in einer morphologischen Redundanzbedingung (MSB 3.3) ausdrücken:

$$(3.3)\quad \text{MSB}\quad \text{wenn:}\quad + \begin{bmatrix} +\text{ cons} \\ +\text{ son} \end{bmatrix} \overset{\displaystyle [\quad\;\;]}{\smile} \qquad \text{dann:}\quad [-\text{ cons}]$$

Ausnahmen von dieser MSB beschränken sich bis auf das Morphem *Mnemo-* (*-technik*) charakteristischerweise auf fremde Eigennamen: *Ljubljana*, *Mjöllnir*, *Njemen*, *Nkomo*, *Rwanda*. Anlautend verhält sich der velare Nasal nicht wie die anderen Sonanten, sondern wie ein Sonantencluster. Wenn es also Argumente gibt, den velaren Nasal aus der Segmentfolge /nġ/ herzuleiten, braucht eine MSB, die amlautendes [ŋ] ausschließt, nicht eigens formuliert zu werden, denn MSB (3.3) schließt anlautendes */+nC/ in deutschen Stammwörtern aus und folglich müßte anlautendes */+ŋ/ ebenfalls fehlen.

Das zweite distributionelle Argument bezieht sich auf das Vorkommen von Nasalen nach anlautendem Verschlußlaut. Von den Nasalen ist nur /n/ in dieser Position zugelassen (3.4):

(3.4) MSB wenn: $+\begin{bmatrix}+\text{ cons}\\-\text{ cont}\end{bmatrix}\begin{bmatrix}+\text{ cons}\\+\text{ nas}\end{bmatrix}$

$$\smile$$

dann: $\begin{bmatrix}+\text{ cor}\end{bmatrix}$

Einerseits gibt es Ausnahmen von dieser MSB (3.4), denn in einigen Fällen ist noch der labiale Sonant zugelassen (Gmunden, Gmünd, Tmesis, Dmitri), und andererseits sind noch weitere Einschränkungen denkbar, was den anlautenden Verschlußlaut betrifft, denn vor dem dentalen Nasal sind faktisch nur /g̊,k/ zugelassen (vgl. Gnade, Knie u.a. gegenüber Pneu). Aber diese Besonderheiten sind für die Diskussion hier unerheblich, denn der velare Nasal fehlt in dieser Position ausnahmslos. Ist der anlautende Obstruent indessen ein Reibelaut, dann kann das nächste Segment außer /n/ auch ein /m/ sein, zum Beispiel Smaragd, Smoking, Snob, schmeißen, Schnabel. Wiederum sind weitere Einschränkungen denkbar, denn der breite Zischlaut ist hier gewöhnlicher als der spitze Zischlaut, aber auf jeden Fall ist der velare Nasal in zweiter Position völlig ausgeschlossen (3.5):

(3.5) MSB wenn: $+\begin{bmatrix}+\text{ cons}\\+\text{ cont}\end{bmatrix}\begin{bmatrix}+\text{ cons}\\+\text{ nas}\end{bmatrix}$

$$\smile$$

dann: $\begin{bmatrix}-\text{ back}\end{bmatrix}$

Anlautend kann der velare Nasal also weder im Cluster noch allein vorkommen, aber er findet sich wohl postvokalisch, wenngleich es in dieser Position Einschränkungen gibt. Während bei den postvokalischen Nasalen /n,m/ noch eine Liquida /l,R/ intervenieren kann, ist das beim velaren Nasal ausgeschlossen. Es gibt also weder die Sequenz */Vlŋ/ noch */VRŋ/, aber wohl Film, Köln, Arm, Farn, was sich in folgender MSB ausdrücken läßt (3.6):

(3.6) MSB wenn: $\begin{bmatrix}-\text{ cons}\end{bmatrix}\begin{bmatrix}+\text{ cons}\\+\text{ son}\\+\text{ cont}\end{bmatrix}\begin{bmatrix}+\text{ cons}\\+\text{ nas}\end{bmatrix}$

$$\smile$$

dann: $\begin{bmatrix}-\text{ back}\end{bmatrix}$

Die drei MSB (3.4), (3.5) und (3.6) kann man übrigens weiter generalisieren, denn, gleichgültig in welcher Position, der Velarnasal verträgt sich nicht mit einem vorangehenden Konsonanten. Sie lassen sich in folgender MSB zusammenfassen (3.7):

(3.7) MSB wenn: $\begin{bmatrix}+\text{ cons}\end{bmatrix} \begin{bmatrix}+\text{ cons}\\ +\text{ nas}\end{bmatrix}$

$\qquad\qquad\qquad\qquad\quad \smile$

dann: $\qquad\qquad \begin{bmatrix}-\text{ back}\end{bmatrix}$

Der velare Nasal kann also nur postvokalisch vorkommen, aber auch da bestehen Einschränkungen. Wie schon in Kapitel 1 erwähnt, sind Langvokale und Diphthonge nur ausnahmsweise vor einem Konsonantencluster erlaubt und entsprechend MSB (1.64) sind vor Nasal + Obstruent bloß kurze, ungespannte Vokale zu erwarten. Ausnahmen gibt es vor dentalem Nasalcluster (ahnden, Mond, Feind, Freund), aber vergleichbare Sequenzen fehlen vor anderen Nasalclustern. Erwartungsgemäß sind Langvokale und Diphthonge vor einfachem Nasal reichlich belegt, vorausgesetzt jedoch, daß der Nasal [- back] ist. Mit anderen Worten, nicht nur vor [ŋk,ŋg] (Tank, Tango) sondern auch vor einfachem [ŋ] (Tang) kann überhaupt nur ein Kurzvokal stehen und das angebliche Einzelsegment verhält sich wie ein Nasalcluster. Das läßt sich auch an Lehnwörtern beobachten: Wenn die Eindeutschung des Wortes Balkon mit dentalem Nasal geschieht, wie Duden und Siebs empfehlen [bal'ko:n], dann ist der vorangehende Vokal lang, wenn mit velarem Nasal, wie das WdA vorzieht [bal'kɔŋ], dann ist der Vokal kurz.

Die MSB (3.4 - 3.7) zeigen, daß die Vorkommensbedingungen für den velaren Nasal weit eingeschränkter sind als für die anderen Nasale. Außerdem zeigt die MSB (3.3), daß dieses Segment im Anlaut denselben Einschränkungen unterliegt, die sonst für Sonantencluster gelten, und daß es sich so verhält, als ob es selber ein Cluster wäre. Schließlich wirkt es wie ein Cluster auf die linke Umgebung, weil ihm nur kurze Vokale vorangehen können. Zusätzlich zu all diesen Argumenten, die im wesentlichen auf Isačenko zurückgehen, geben Vennemann (1970) und Wurzel (1970b) noch ein weiteres, das zeigt, daß der velare Nasal sich durch seine Wirkung auf die rechte Umgebung wie eine stimmhafte Lenis verhält. Es gibt nämlich Ableitungen mit dem diskontinuierlichen Affix Ge- ... -e, meist Kollektiva, in denen die Endung -e apokopiert wird (3.8):

(3.8)	a	Gewebe	b	Gebräu
		Gebirge		Gefäß
		Gelände		Getier
		Gehäuse		Gedärm
		Gehänge		Gebein

Die Apokope findet nach Vokalen, stimmlosen Obstruenten und Sonanten, aber nicht nach dem velaren Nasal und nach stimmhaften Obstruenten statt. Wenn man den velaren Nasal als Cluster analysiert, dann liegt es also nahe, das zweite Element als stimmhaften Obstruenten zu repräsentieren, denn die Tilgung kann dann einheitlich gefaßt werden. Issatschenko (1974 : 164) wendet zwar ein, daß die Tilgung keineswegs so regelmäßig stattfindet, wie die betreffende Formel glauben machen könnte, aber für die sequentielle Analyse hat das keine Folgen: Nasal + stimmhafter Obstruent.

Beispiele von Alternation des velaren Nasals mit einem Cluster sind relativ selten (3.9):

(3.9)	a	Diphtho[ŋ]	b	diphtho[ŋg]ieren
		diphtho[ŋ]isch		Diphtho[ŋg]ie
		Tria[ŋ]el		tria[ŋg]ulär
		Ga[ŋ]es		Ga[ŋgɛ]s

Die Lautfolge [ŋg] beschränkt sich auf morpheminterne Position vor Vollvokal oder Sonant (*Mangan*, *Angina*, *Tango*, *Anglist*, *Mangrove*, *Rangun*, *Wingolf*, *Inga*, *Ingrid*) und auf die Position vor 'fremdem' Suffix (*laryng-al*, *Laryng-itis*). Im Auslaut, vor 'Erb'-Suffixen, vor Obstruent und vor Schwa kommt dagegen das einfache Segment [ŋ] vor (*Ding*, *Pingpong*, *gäng-ig*, *schwing-e*, *beeng-t*, *Hengst*, *Punkt*, *Finger*, *Inge*, *Ingerid*). Bisher spricht alles dafür, den velaren Nasal als Sequenz zu analysieren, allerdings als /ŋg̊/ und nicht als /ng̊/, weil nur die Alternation von [ŋg] mit [ŋ] bezeugt ist. Für diese Alternation könnte eine entsprechende Tilgungsregel formuliert werden (die unter anderem vor Obstruent das /g̊/ tilgt), aber damit wäre nur eine teilweise Erklärung der Eigenschaften des velaren Nasals erreicht. Die Wirkung als Cluster und als Obstruent wäre so erfaßt, dennoch müßte das Segmentinventar immer noch einen velaren Nasal enthalten der seltsamerweise nach MSB (3.6) bloß postvokalisch vorkommen kann. Wäre es dagegen möglich, den velaren Nasal /ŋ/ aus dem dentalen /n/ abzuleiten, dann könnte das Lautinventar um ein Segment verringert werden. Es liegt also auf der Hand, das fragliche Segment durch Assimilation an das ohnehin erschlossene /g̊/ abzuleiten. Dafür sprechen auch folgende Tatsachen. Im Wort *Hengst* mit einer Repräsentation /heŋg̊st/ wäre das /g̊/ vor Obstruent regelmäßig zu tilgen. Wenn es aber nur diese Tilgungsregel gäbe, dann müßte namentlich vor /k/ eine Repräsentation mit der Sequenz */ŋg̊k/ postuliert werden. Das inlautende Cluster in (3.10a) müßte als zweigliedrig /ŋg̊/, das in (3.10b) als dreigliedrig angesetzt werden:

(3.10)	a	Engel	b	Enkel
		Tang		Tank
		sing-t		sink-t
		Mango		Manko

Für letztere Analyse gibt es jedoch keinerlei Evidenz. Vielmehr zeigen die Beispiele, daß die Assimilationsregel für den Nasal genereller gefaßt werden kann und daß es unnötig ist, einen zugrundeliegenden velaren Nasal anzusetzen.

Wurzel (1970b: 215-6) möchte die regressive Assimilationsregel auch auf eine labiale Umgebung erweitern, was eine "Vereinfachung des Lexikons" bedeuten würde. Zwar sind Cluster aus labialem Nasal + Verschlußlaut oft homorgan (Ampel, Amboß, Mumps, impfen, Rumpf, kimbrisch), aber es gibt auch andere Verbindungen (Zimt, Hemd, Amt, Imker, Lemgo). Allerdings besteht, was erstere Beispiele betrifft, folgende Regularität: Vor labialem Verschlußlaut kann der Nasal morphemintern unmöglich anders als labial sein. Es gibt also keine Sequenzen */np/, *nb̥/ – und eben auch keine */ŋp/ */ŋb̥/. In nichtlabialen Clustern sind Nasal + Plosiv freilich fast immer homorgan und dafür gibt es folgende MSB (3.11):

(3.11) MSB wenn: $\begin{bmatrix} + \text{cons} \\ + \text{nas} \\ - \text{lab} \end{bmatrix} \begin{bmatrix} + \text{cons} \\ - \text{son} \\ - \text{cont} \\ \alpha\ \text{back} \end{bmatrix}$

$\cup$

dann: $[\alpha\ \text{back}]$

Imker und Lemgo könnten zwar als Ausnahmen von der Assimilationsregel, die Wurzel vorschlägt, gekennzeichnet werden, aber das zugrundeliegende Segmentinventar müßte ohnehin noch ein /m/ umfassen.

Die Verteilung der nichtlabialen Nasale ist dagegen fast durchweg komplementär. Ausnahmen zu dieser MSB sind einige fremde Eigennamen (Bengt, Langdon). Das WdA schreibt [ng] vor in Meni[ng]itis, aber gleichzeitig auch (tautosyllabisch) Meni[ŋks], Siebs und Duden schreiben dagegen durchgehend [ŋ] in allen Ableitungen vor. Weiter besteht Schwanken bei Wörtern mit fremden Präfixen: I[nkv]isition (neben I[ŋkv]isition), E[nkl]ave (neben E[ŋkl]ave), ko[ng]enial (neben ko[ŋg]enial). Die Tendenz ist also klar: Je nachdem, ob der Nasal tautomorphemisch steht, wird der dentale Nasal zum Velar. So erklärt sich auch die Opposition im Minimalpaar U[ŋg]ar 'Magyar' : u[ng]ar 'nicht gar'.

Es ist nunmehr eine regressive Assimilationsregel für den Nasal zu formulieren (3.12):

(3.12) Regressive Nasalassimilation

$$\begin{bmatrix} + \text{nas} \\ - \text{lab} \end{bmatrix} \rightarrow [+ \text{back}] \ / \ X \ \_\_ \begin{bmatrix} - \text{son} \\ + \text{back} \end{bmatrix} Y$$

Bedingung: $X \ldots Y \neq \ldots [- \text{segm}] \ldots$

Wenn diese Regel, wie Wurzel (1970b: 210) vorschlägt, der Regel für den dorsalen Reibelaut (1.71), die den Ach-Laut in einen Ich-Laut verwandelt, nachgeordnet wird, braucht der velare Obstruent nicht für das Merkmal 'continuant' spezifiziert zu werden. Die Regel für die Tilgung des /g̊/ bekommt folgende Form (3.13):

(3.13) g-Eliminierung

$$\begin{bmatrix} -\text{ son} \\ -\text{ tns} \end{bmatrix} \rightarrow \emptyset \; / \; \begin{bmatrix} +\text{ back} \\ +\text{ nas} \end{bmatrix} \_\_ \; \left(\begin{bmatrix} +\text{ cons} \\ +\text{ son} \\ -\text{ nas} \end{bmatrix} \right) \left\{ \begin{matrix} [-\text{ segm}]_2 \\ [-\text{ son}] \\ [+\text{ cons}] \\ [+\text{ cent}] \\ \begin{bmatrix} \text{Suffix} \\ +\text{ Nat} \end{bmatrix} \end{matrix} \right\}$$

Sie erfaßt die /g̊/ (vor einer fakultativen Liquida) am Wortende (lang, Single, Diphthong), vor Geräuschlaut oder Nasal (Ingwer, Frings, Jungfer, Hengst, Angster, Pfingsten, Ångström, Kongsi, Klingsor, Pingpong, Bengt, Shanghai, Ganghofer, Agma, Ingmar, Langner, langweilig, langhaarig), vor Schwa (Dingelstadt, Finger, Dengler, Spengler, Mangel, Engels, Meringe(l), Zunge, Tingeltangel, Lange) und vor Morphemgrenze mit 'Erb'-Suffix (Diphthonge, diphthongisch, englisch, Länge, länglich, längs). Weil die Endungen in Diphthongie, Sporangium, laryngal, Anglist, Anglaise, Tangens, retromingent nicht einheimisch sind, bleibt hier das /g̊/ ebenso wie morphemintern vor Vollvokalen in Ingolstadt, Wingolf, Ungar, Singhalese, Denguefieber, Bongartz, Mangrove, anglonormannisch, Tango, Langette, Langobarde usw. erhalten. Das Wort I[ŋgv]äone (neben einer regelmäßigen Form I[ŋg]ävone), das übrigens auch eine Ausnahme von MSB (1.57) bildet, muß mit einem Minusmerkmal [- R. 3.13] versehen werden. Diese zweifache Sonderstellung wäre allerdings behoben, wenn Ingwäone statt mit einem stimmhaften Reibelaut [v] mit einem velaren (Halb-)Vokal repräsentiert wäre. Zwi[ŋ]li braucht nicht markiert zu werden, vorausgesetzt, daß die Endung als 'Erb'-Suffix anzusehen ist oder daß zumindest eine interne Morphemgrenze angesetzt wird. Ora[ŋ 'u:]tan enthält jedenfalls eine interne Morphemgrenze, denn 1. fehlt ein postsonantisches [g] und 2. gibt es einen festen Einsatz des folgenden [u].

Auch die Alternationen Meni[ŋks] : Meni[ŋə]n (Pl. neben Meni[ŋge:]s) : Meni[ŋgi:]tis, Lary[ŋks] : Lary[ŋə]n : lary[ŋga:]l (neben lary[ŋge]al) und Phary[ŋks] : phary[ŋə]n : phary[ŋgo]skopie gelten nach Regel (3.13) als regelmäßig, vorausgesetzt, das auslautende -s der jeweiligen Basisform wird als Fremdsuffix gewertet. Der so erhaltene velare Verschlußlaut kann dann regelmäßig von der Auslautverhärtungsregel (1.61) erfaßt werden. Die einheimischen Suffixe, das -s des Genitivs Singular (des Gong-s) und das -s des Plurals (die Gong-s), bewirken dagegen Eliminierung des postsonantischen g.

Die Regel (3.13) ist komplexer als die vergleichbare Regel (K 1) bei Wurzel, aber das kommt daher, daß er seine Untersuchung auf Stammwörter beschränkt. Es ist indessen eindeutig, daß es sich bei den beiden Regeln (3.12) und (3.13) um morphologisch motivierte Regeln handelt. Darauf weist Wurzel (: 210) auch ausdrücklich hin, aber anschließend stellt er fest, daß die umgangssprachliche Variante des Deutschen eine viel generellere Regel der Nasalassimilation kennt, die auch über die Morphemgrenze hinauswirkt (a[ŋk]ommen, hi[ŋg]eben). Das Problem ist jedoch, daß die Nasalassimilation einen generelleren Anwendungsbereich hat als die ihr nachgeordnete Regel der g-Eliminierung, die nur morphemintern funktioniert. Er schlägt deshalb vor, die Theorie folgendermaßen zu revidieren:

> "Sie [Die Wortgrenze] wird nur dort explizit angegeben, wo sie Bedingung ist, jedoch nicht mehr, wo sie nur das Operieren einer Regel verhindert" (: 213).

Gleichzeitig schlägt er aber eine separate koartikulatorisch bedingte Regel für progressive Nasalassimilation vor, die eine zugrundeliegende Nasalendung an vorangehende Konsonanten angleicht: ge[bm̩], ko[mm̩], re[dn̩], Ha[kŋ̍] usw.

Obwohl in der vorliegenden Arbeit die Auswirkungen der Koartikulation ausgeklammert werden (vgl. jedoch Kap. 5) – die Aussprachewörterbücher schreiben in erster Linie die nichtassimilierte Form vor – , ist grundsätzlich Folgendes zu diesem Problem zu sagen. Im Rahmen von Wurzels Arbeit läge die Lösung bereits darin, daß es, wie hier angenommen, keine internen Wortgrenzen, sondern nur einfache Morphemgrenzen gibt (vgl. Abschnitt 2.4.1). Das wäre aber nur eine Scheinlösung, denn die Regeln (3.12) und (3.13) wirken eben ausdrücklich nur morphemintern. Die Lösung liegt vielmehr darin, daß die umgangssprachliche, generellere Variante der regressiven Nasalassimilation koartikulatorisch bedingt ist und daß sie gerade mit der progressiven Nasalassimilation auf einen Nenner gebracht werden kann. Ohne Verlust jeglicher Generalisierung und ohne Veränderung der Theorie können also zwei getrennte Prozesse angenommen werden: eine morphologisch motivierte Regel der regressiven Nasalassimilation und eine phonetisch motivierte, stilistisch bedingte progressive sowie regressive Assimilationsregel.

Die progressive Nasalassimilation im Deutschen wird auch in Hooper (1976) behandelt. Sie führt solche bekannten Beispiele wie ki[pm̩], bi[tn̩], schi[kŋ̍] vor. Zwar ist die Infinitivendung wohl besser durch Synkope abzuleiten, denn im Hochdeutschen besteht auf den meisten Stilebenen eine Opposition zwischen Harn : harren, Schrein : schreien (vgl. weiter Kap.5), aber das ist für die folgende Diskussion unwesentlich. Im Zusammenhang mit dieser Nasalassimilation erörtert sie jedoch ein Phänomen, das sie in Anlehnung an einen Vortrag, "Natural Generative Phonology", den Vennemann 1971 hielt, folgendermaßen beschreibt:

> "... after stops, the suffix assimilates the point of articulation features of the stop, and the latter is reduced to glottal stop ..." (: 56).

Sie gibt für obige Beispiele folgende Derivationen (3.14):

(3.14)	/kip+n/	/bit+n/	/šik+n/	
	kipn̩	bitn̩	šikn̩	(Syllabierung)
	kipm̩	bitn̩	šikŋ̍	(Nasalassimilation)
	kiʔm̩	biʔn̩	šiʔŋ̍	(Umschwung)

Hooper erwägt dann die Möglichkeit, diese beiden Regeln zu einer 'transformationellen' Regel zusammenzufassen (3.15):

$$(3.15)\quad \begin{bmatrix} -\text{son} \\ -\text{cont} \\ -\text{voice} \\ \alpha\,\text{Point} \end{bmatrix} \begin{bmatrix} +\text{nasal} \\ +\text{syll} \end{bmatrix} \Longrightarrow\ ?\ \begin{bmatrix} +\text{nasal} \\ +\text{syll} \\ \alpha\,\text{Point} \end{bmatrix}$$

Sie gibt dazu folgende Erläuterung:

> "Rather than viewing the nasal as progressively assimilating, we could view the nasality as encroaching regressively on the voiceless stop, changing it to a nasal segment with the same point of articulation. The glottal stop then develops as the last vestige of the voiceless stop. In this view there is really only one process rather than two. If this view is correct, then there will be no stage at which [kipm̩] and [sikn̩] [gemeint ist [šikn̩], W.K.] occur phonetically. English is similar; we have the casual pronunciations of open as [owpn̩] and [owʔm̩], but never *[owpm̩]" (: 57).

Letztere Voraussage stimmt jedoch nicht mit den Tatsachen überein, denn ki[pm̩] und schi[kŋ̍] entsprechen gerade der üblichen Umgangslautung, die in den Aussprachewörterbüchern – sei es ablehnend oder zustimmend – verzeichnet wird. Das Deutsche ist also dem Englischen in dieser Hinsicht unähnlich. Die Formulierung der Regel für den artikulatorischen Umschwung (3.15) suggeriert, weil die strukturelle Veränderung keine Merkmalspezifizierungen, sondern bloß ein Symbol aus dem phonologischen Alphabet enthält daß die Artikulation der Verschlußlaute immer aufgehoben wird, aber das ist im Deutschen nicht der Fall; vielmehr wird die Verschlußlösung hinausgezögert. Die Aussprache kennzeichnet sich in diesen Fällen nämlich durch eine vernehmliche velare Plosion (also ohne Verschlußlösung des Obstruenten). Hätte es sich um eine Reduktion zum Glottisverschluß gehandelt, dann müßte erklärt werden, wie die Stimmtonopposition sonst erhalten bleibt. Es gibt nämlich folgende umgangssprachliche Minimalpaare (3.16):

(3.16)	[Ra͜op˺m̩] Raupen	:	[Ra͜ob˺m̩] rauben	
	[lo:t˺n̩] loten	:	[lo:d˺n̩] Loden	
	[hɑ:k˺ŋ̍] Haken	:	[hɑ:g˺ŋ̍] Hagen	

In diesen Beispielen liegt der phonologische Beweis, denn das Deutsche unterscheidet nicht zwischen stimmhaften und stimmlosen Glottisverschlußlauten.

Was die eigentliche Nasalassimilation betrifft, ist noch zu bemerken, daß sie auch nach Reibelauten und Sonanten stattfindet. Höhle/Vater verzeichnen jedenfalls Beispiele wie [lø:vm̩] Löwen, [raxŋ̍] Rachen, [zIŋŋ̍] singen, [kɔmm̩, kɔm:] kommen, dagegen vor Dental wiederum [vIpn̩t] wippend, [nakn̩t] nackend. Die Assimilationsregel könnte also unter Berücksichtigung der jeweiligen Stilebenen formuliert werden, aber weil in der vorliegenden Darstellung die koartikulierten Varianten, wie gesagt, nicht weiter berücksichtigt werden, wird auf eine Erörterung der betreffenden Einzelheiten verzichtet.

Über die morphologisch motivierte Ableitung des velaren Nasals ist jedoch noch einiges zu sagen. In Kloeke (1978: 173 FN) wurden Zweifel angemeldet, ob die 'abstrakte' Analyse legitim sei, und dabei wurde namentlich auf Eliasson (1976a,b, 1977) Bezug genommen, der nachweist, daß "die Inferenz der abstrakten zugrundeliegenden Repräsentationen verdunkelt worden ist", denn im Schwedischen gibt es nicht nur die Parallelen zu den deutschen Ableitungen aus /n/ vor Velar, sondern auch noch eine aus /g/ vor Dentalnasal (/vagn/ → [vaŋ:n] 'Waggon'). Diese doppeldeutige Ableitbarkeit gilt offensichtlich für das Schwedische und somit für den schwedischlernenden Deutschen, aber innerhalb des Deutschen selber existiert sie nicht, denn zwar gibt es im Deutschen auch zwei Quellen für den Velarnasal, aber ihre Ableitung erfolgt auf zwei völlig voneinander getrennten Ebenen, die eine als Ergebnis einer 'oberflächlichen' Assimilationsregel, die andere auf einer Ebene, die Kenntnisse der deutschen Lautstruktur voraussetzt und die erst erschlossen werden kann, wenn ein größeres Vokabular internalisiert worden ist. Der 'Stamm'-Wortschatz liefert also nur distributionelle Argumente, Eigennamen und Fremdwörter liefern aber auch Beispiele für Alternationen. Vollständigkeitshalber sei noch darauf hingewiesen, daß weder sprachgeschichtliche noch mundartliche Argumente in dieser Analyse bemüht wurden. Erstere verbieten sich selbstverständlich von vornherein und letztere (etwa die norddeutsche Aussprache [dIŋk] statt [dIŋ] für Ding) entsprechen nicht der untersuchten Norm, denn das WdA (: 47) erklärt diese Aussprache für "nicht statthaft".

In der NGP-Analyse erfordert die "Strong Naturalness Condition" (3.1), daß eines der Allomorphe im Paradigma als lexikalische Repräsentation gewählt wird.

> "This prohibits a representation as /ding/ or /diŋg/ for both the [diŋ : diŋə] and the [diŋk : diŋə] paradigms. For the [diŋ : diŋə] paradigm the lexical representation of the root can only be /diŋ/ ... ... For the [diŋk : diŋə] paradigm [im Norddeutschen] it must be either /diŋk/ or /diŋ/. Since /diŋk/ is disallowed because there is no rule of k-deletion after [ŋ] before vowels in German, cf. Fink : Finken [fiŋk : fiŋkn̩] 'finch (sg. and pl.)', the lexical representation can only be /diŋ/ ..." (Vennemann 1974a: 214).

Es ist also im Sinne der NGP für jene Fälle, in denen es eine Alternation [ŋg : ŋ] gibt wie in Diphtho[ŋ] : diphtho[ŋg]ieren, eine "MP-rule" zu formulieren (3.17):

(3.17) g-Epenthese

$$\emptyset \rightarrow \dot{g} \,/\, \eta \,\_\_ \begin{bmatrix} V \\ -\text{Nat} \end{bmatrix}$$

Die betreffenden Formen, die diese Alternation aufweisen, werden aufgelistet, die anderen nichtalternierenden wie Ding und Mangan werden respektive als /ḍiŋ/ und /maŋġān/ in das Lexikon aufgenommen.

Nicht nur die Distributionsbeschränkungen, die für den velaren Nasal gelten, sondern auch die Wirkung auf benachbarte Segmente, werden damit zum sprachhistorischen Zufall, ähnlich wie die Tatsache, daß etwa [j] und [ʒ] kaum im Morphemauslaut vorkommen. Es ist dann Zufall, 1. daß */+ŋ/ ebenso fehlt wie */+nC/ und */+mC/, 2. daß */Cŋ/ fehlt, aber die Sequenzen /Cm/ und /Cn/ möglich sind, 3. daß der velare Nasal nach links wie ein Cluster wirkt, weil */VVŋ/ und */V̄ŋ/ fehlen, und 4. nach rechts wie ein stimmhafter Obstruent wirkt, weil das e in Gehänge ebenso erhalten bleibt wie in Gebirge. 5. Schließlich kommt nicht zum Ausdruck, daß [n] und [ŋ] in komplementärer Distribution stehen, wenigstens morphemintern. All diese

Fakten verlieren den inneren Zusammenhang und müssen eigens festgelegt werden.

Wenn diese linguistisch signifikanten Generalisierungen in der NGP-Analyse auch aufgegeben werden müssen, so muß das wenigstens dadurch aufgewogen werden, daß "correct predictions" gemacht werden. Regel (3.17) behandelt die mit ihr verbundenen Wörter als Ausnahmen, macht aber keine Voraussage darüber, wie dieser Ausnahmestatus behoben wird. Sie macht auch keine Voraussage über die Eindeutschung neuer Wörter, die in das Vokabular aufgenommen werden. Zum Beispiel die Reduktion eines Vokals zum Schwa ist in der NGP-Theorie nicht als Prozeß zu verstehen, unterliegt mithin nicht einer "P-rule", sondern ist eine Frage der Distribution: Der eine Sprecher spricht <u>Ganges</u> mit Vollvokal im Auslaut, der andere mit Schwa. In der vorliegenden Beschreibung wird eine bestimmte Voraussage gemacht, indem diese lexikalische Einheit speziell markiert werden muß, um von der Vokalreduktionsregel ausgenommen zu werden, denn im Normalfall wird in dieser Position Schwa gesprochen. Wenn aber Schwa gesprochen wird wird erwartungsgemäß das [g] getilgt. Es ist nicht einzusehen, was an dieser <u>g</u>-Eliminierung 'natürlich' sein soll; die Lautfolge [ŋgə] ist auch für Deutsche nicht unaussprechbar. Dennoch ist die Aussprache mit [g] in dieser Sequenz offensichtlich markiert, denn bloß der Siebs schreibt <u>Phala</u>[ŋgə]<u>n</u> als Plural von <u>Phalanx</u> vor und man hört Gelegenheitseindeutschungen wie <u>La</u>[ŋə]<u>dee</u>. Wenn in Lehnwörtern Vokalreduktion oder Vokalepenthese stattfindet, so wird im betreffenden Fall auch [g] eliminiert: <u>Tria</u>[ŋə]<u>l</u> (neben <u>tria</u>[ŋgu]<u>lär</u>), <u>U</u>[ŋə]<u>r</u> (aus <u>U</u>[ŋga]<u>r</u>), <u>Dschu</u>[ŋəl] (aus <u>ju</u>[ŋgl̩]), <u>Si</u>[ŋəl] (aus <u>si</u>[ŋgl̩]).

Eine Theorie wie die NGP, welche die Ableitung des velaren Nasals aus einer Sequenz /ng̊/ als zu 'abstrakt' bezeichnet und als Artefakt einer allzu kräftigen Theorie betrachtet, mag auf linguistisch signifikante Generalisierungen verzichten und sogar in Kauf nehmen, daß keine Voraussagen gemacht werden, solange es wenigstens nicht die falschen sind. Sie hat aber um so mehr Grund, externe Evidenz gelten zu lassen bei ihrem Versuch, "a realistic representation of linguistic competence" (Hooper 1976: xi) zu geben. Sie ist dabei wohl in erster Linie auf psycholinguistische Untersuchungen angewiesen. Evidenz dieser Art ist in der Tat vorhanden, aber die sprechen eher gegen die angeblich natürliche Analyse der NGP.

Es sind Daten aus dem Bereich der Aphasie, welche die 'abstrakte' Analyse des velaren Nasals unterstützen. Jaqueline Stark (1974) berichtet über einen Versuch, den sie in Wien mit sieben Aphasiepatienten anstellte. Es wurde eine Liste von 50 Wörtern zusammengestellt, die Cluster von Nasal + Verschlußlaut in medialer oder finaler Position enthielten (anlautende Cluster dieser Art gibt es ja im Deutschen nicht). Zwar war von vornherein die implizit eingestandene Absicht, den psycholinguistischen Beweis zu erbringen, daß das [ŋ] als zugrundeliegendes Cluster zu interpretieren sei, denn im betreffenden Aufsatz wird konsequent die Transkription /ng/ verwendet, aber dennoch sind die Resultate für die Diskussion interessant. 1. In den meisten Fällen wurden nichtdentale Cluster durch dentale ersetzt, aber es gab auch einige velare als Ergebnis. 2. Labiale und dentale Zielcluster wurden durch velare substituiert; das Intrusionsergebnis war ein Cluster oder ein einfacher velarer Nasal: [paŋgus] 'Bambus', [tsiŋɔ] 'Kinder', [taŋkʰ] 'Tand'. 3. Umgekehrt wurden einfache velare Nasale jedoch durch bisegmentale Cluster substituiert, z.B. [tsandɛ] für 'Zange'. 4. Manchmal wurde ein [g] gesprochen, wo es nicht gesprochen werden sollte, z.B. [hɛŋgən] für 'hängen'. 5. Oder es unterblieben Assimilationen ([sIngɛ] für 'singend'), so daß [ng] tatsächlich als 'Oberflächensequenz' zu beobachten war.

Die 'natürliche' Analyse des velaren Nasals verfehlt also in jeder Hinsicht das Ziel. Sie ist unfähig, aphatische Daten mit einzubeziehen, denn die erwähnten Substitutionen sind x-beliebige, zufällige Sprechfehler in ihrer Sicht. Sie macht keine Voraussagen darüber, wie lexikalische Neueingänge eingedeutscht werden. Sie behandelt die besonderen phonologischen Eigenschaften des velaren Nasals im deutschen Lautsystem als eine Reihe völlig isolierter Tatsachen ohne jeden Zusammenhang. Im NGP-Rahmen ist die Tatsache, daß jung mit Jugend in einem morphologischen Zusammenhang steht, wobei [ŋ] mit [g] alterniert, genau so 'unnatürlich' wie die Tatsache, daß in einer Reihe von Wörtern [ŋ] mit [ŋg] alterniert. Diese Betrachtungsweise verhindert nicht nur eine Einsicht in größere Zusammenhänge (sowohl regressive Nasalassimilation wie die g-Eliminierung sind fast ausnahmslos), sondern sie sagt auch nicht voraus, was sie voraussagen sollte. Daß Nasale koartikulatorisch in der Allegrorede des Deutschen assimiliert werden, bewertet die NGP dagegen als 'natürlich', weil sie "phonetically conditioned" oder "phonetically explainable" ist. Diese Bewertung ist aber nur terminologisch relevant und weiter ohne Konsequenz, denn nur Prozesse werden als 'natürlich' klassifiziert — das Nichtauftreten eines Prozesses kann nicht als 'unnatürlich' eingestuft werden. Im Russischen fehlt der Nasalkonsonant [ŋ], es gibt keine velare Assimilation des Nasals in einem Wort wie [punkt] 'Punkt' und im praktischen Unterricht bereitet der Velarnasal den russischsprachigen Deutschlernenden denn auch große Schwierigkeiten (vgl. Zacher 1969: 112). Das Fehlen der Nasalassimilation im Russischen ist in der NGP-Theorie nicht unnatürlicher als ihr Auftreten in der Phonologie des Deutschen.

Die charakteristische Eigenschaft der morphologisch motivierten Regeln ist, daß sie sprachspezifisch und, wie die Daten der Aphasiepatienten zeigen, in diesem Fall schwer abzugewöhnen sind. Die 'natürlichen' Regeln der Allegrorede sind dagegen koartikulatorisch erklärbar und keineswegs sprachspezifisch; bezeichnend ist, daß sie oft nicht mit binären Merkmalen funktionieren können, sondern Kürzel wie [α place] oder [α point] verwenden, um nicht mehrere durch griechische Variablen koindizierte Merkmale in Anspruch nehmen zu müssen. Assimilationsregeln der Allegrorede sind gewiß phonetisch 'natürlich', aber es fragt sich, ob sie für die Lautstruktur der jeweiligen Sprache besonders relevant sind. Bestenfalls ist relevant, daß eine Sprache wie das Deutsche Nasalassimilation über Morphemgrenzen hinweg in der Zitierform nicht erlaubt, also eine morphologisch (sprachspezifisch) motivierte Unterdrückung einer 'natürlichen' Regel.

3.3 Die Auslautverhärtung

Für die weitere Diskussion ist unerheblich, daß die Auslautverhärtung im Deutschen nicht eine Alternation zwischen stimmhaften und stimmlosen Obstruenten, sondern, wie die Beispiele in (1.59) beweisen, zwischen Lenes und Fortes betrifft. Es sind jedoch zwei alternative Analysen dieses Wechsels zu erörtern. Vennemann betrachtet nämlich statt der Morphem- oder Wortgrenze die Silbengrenze als bedingenden Faktor für die Auslautverhärtung. Er führt folgende Beispiele in (3.18) an: Die hochdeutsche Aussprache ist die in (3.18a), die Aussprache in (3.18b) ist nach ihm die norddeutsche Variante:

(3.18)	a	lie[b]le	b	lie[b]le
		se[g]le		se[g]le
		ra[d]le		ra[t]le

Der Unterschied liegt bei den Dentalen: Wo die hochdeutsche Norm <u>ra</u>[d]<u>le</u>, <u>Han</u>[d]<u>lung</u>, <u>Sie</u>[d]<u>lung</u> und dergleichen mit stimmhaftem Obstruent vor dem Laterallaut hat, weist die norddeutsche Aussprache den stimmlosen Laut vor. Vennemann erklärt diesen Unterschied dadurch, daß in diesen Fällen gegen ein Prinzip verstoßen wird, das er als "Law of Initials" bezeichnet (3.19):

(3.19) Law of Initials (= Vennemann 1972: 11)
Medial syllable-initial clusters should be possible word-initial clusters.

Das Deutsche kennt wortanlautende Cluster #bl, #gl, aber nicht *#dl, dennoch wird in der hochdeutschen Normaussprache [ˈrɑː.dlə] syllabiert, wobei offensichtlich das Prinzip (3.19) verletzt wird. Vennemann bezeichnet das Deutsche denn auch als "a language in disharmony with the law of initials" (: 12), während die norddeutsche Variante, in der [ˈrɑːt.lə] syllabiert wird, nach ihm als prinzipkonform gelten kann.

Er nimmt weiter an, daß folgende Auslautverhärtungsregel für das Deutsche Geltung hat (3.20):

(3.20) [+ obstruent] → [- voice] / ___ $

(wobei das Symbol $ die Silbengrenze vertritt). Nach seiner Darstellung geht dann die Ableitung der genannten Beispiele solchermaßen vor sich, daß eine normative Variante des Hochdeutschen (3.21a) entsteht, die z.T. gegen die "Law of Initials" verstößt, während die norddeutsche Variante (3.21b) noch eine Stufe weiter geht, so daß eine Eingabe für die Auslautverhärtungsregel (3.20) entsteht:

(3.21)	a	líːbələ	zéːgələ	ráːdələ	
		líː$bə$lə	zéː$gə$lə	ráː$də$lə	(Syllabierung)
		líː$blə	zéː$glə	ráː$dlə	(Synkope)
		#bl	#gl	*#dl	
	b	Norddeutsch			
		líː$blə	zéː$glə	ráːd$lə	(Resyllabierung)

Er schreibt:

"Syncopation leads to a violation of the Law of initials by creating a syllable initial dl. This situation is preserved in the refined Standard pronunciation, cf. [(3.21a)]. The North resyllabifies this sequence in accordance with the Law of initials, see [(3.21b)]. Now final devoicing [(3.20)] steps in and devoices the d, but not the b or the g ..." (:13).

Die Wirkung des Prinzips (3.19) "Law of Initials" ist plausibel, doch, wie Vennemann selber hervorhebt, sind Verstöße möglich. Es gibt in allen Varianten des Hochdeutschen jedoch eine Bedingung, gegen die unter keinen

Umständen verstoßen werden darf, nämlich eine Silbenstrukturbedingung derzufolge eine Silbengrenze nicht hinter einen stimmhaften Obstruenten fallen darf (3.22):

(3.22) $*\left[\ldots \begin{bmatrix} -\text{ son} \\ -\text{ stVC} \end{bmatrix} \$ \ldots \right]$

Diese Silbenstrukturbedingung hat absoluten Vorrang vor dem Prinzip (3.19). Eine zweite Silbenstrukturbedingung (3.23) betrifft CV-Sequenzen: Die Silbengrenze darf nicht zwischen dem Konsonanten und dem Vokal stehen (vgl aber auch Abschnitt 3.4):

(3.23) $*[\ldots C \$ V \ldots]$

Wenn nun in radle der Obstruent, wie es der Aussprachenorm entspricht, stimmhaft ist, kommt – außer ambisyllabischem d – nur eine Syllabierung in Frage. Nach (3.22) ist die Ausgabe ra*[d.l]e in (3.21b) absolut ausgeschlossen und die Syllabierung ra*[dl.]e ergibt eine Verletzung der Silbenstrukturbedingung (3.23). Folglich kann die Silbengrenze nur vor dem Cluster stehen (ra[.dl]e), obwohl dadurch ein silbenanlautendes Cluster entsteht, das nicht mit dem "Law of Initials" (3.19) in Übereinstimmung ist. Wenn der inlautende Obstruent in radle dagegen stimmlos ist, sind in allen Varianten der Hochsprache zwei Syllabierungen denkbar. Nach der Silbenstrukturbedingung (3.23) ist nur ra*[tl.]e absolut ausgeschlossen, denn (3.22) ist hier irrelevant. Der Beweis, daß in diesem Falle nur ra[t.l]e und nicht auch (postvokalisch) ra[.tl]e möglich ist, muß noch erbracht werden. Zumindest ist letzteres Cluster nicht sonderlich schwierig, und laterale Verschlußlösung ist hier eher die Regel als die Ausnahme (vgl. WdA: 66).

Gesetzt den Fall, daß die Syllabierung der bedingende Faktor für die Auslautverhärtung wäre, dann wäre unerklärlich, weshalb identisch auslautende Adjektive in einem Fall Auslautverhärtung erfahren und im anderen nicht (3.24):

(3.24)	a		b
		ne[blIç]	erhe[plIç]
		gie[blIç]	lie[plIç]
		weißschnä[blIç]	buchstä[plIç]
		hü[glIç]	fü[klIç]
		zweiflü[glIç]	klü[klIç]

Sowohl die eingeklammerten [b,g] in (3.24a) wie die [p,k] in (3.24b) sind auf zugrundeliegende Lenisobstruenten /b̥,g̊/ zurückzuführen; die in

(3.24a) alternieren nicht, die in (3.24b) weisen eine Alternation zwischen Lenis ind Fortis auf. Die Frage wäre, weshalb in (3.24a) die Silbengrenze vor den zugrundeliegenden Obstruenten /b̥,g̊/ fällt und in (3.24b) danach. Die Antwort auf diese Frage ist einfach: Die nichtalternierenden stehen im Morpheminlaut (das Suffix /+ig̊/ wird im Auslaut als [Iç] realisiert), die alternierenden stehen dagegen im Morphemauslaut (das Suffix /+lix/ wird entsprechend Regel (1.71) als [lIç] ausgesprochen).

Für die Wörter in (3.24a) gibt es übrigens auch eine umgangssprachliche Variante mit Verhärtung, so daß Wörter wie neblig und erheblich tatsächlich reimen. Diese stimmlose Variante ist freilich nicht durch das Prinzip (3.19) "Law of Initials" bedingt, sondern entspricht einfach der generellen Tendenz, Konsonanten im Cluster zu demarkieren. In diesem Falle kann also erhe[p.l]ich und (umgangssprachlich) ne[p.l]ig syllabiert werden. Die Resyllabierung, wie Vennemann sie in der norddeutschen Variante der deutschen Hochlautung in (3.21b) für ra*[d.l]e ansetzt, stellt dagegen einen Verstoß gegen die Silbenstrukturbedingung (3.22) dar, die sonst absolut ausnahmslos für das gesamte Hochdeutsch gilt. Die betreffende Form ist nicht "surface-true". Zwar gilt (3.22) nur für die 'Oberflächenform', aber innerhalb der NGP bildet das doch ein Problem, denn Hooper (1976: 186) sagt explizit, daß

> "all statements in the grammar are true generalizations about surface forms, any constraint that holds on one 'level' also holds on any other."

Tatsächlich bildet die Auslautverhärtungsregel (3.20) einen Verstoß gegen Vennemanns "Strong Naturalness Condition" (3.1), und damit erklärt sich möglicherweise auch, daß hier nicht, wie erstrebt, "a unique solution" erreicht wird. Regel (3.20) kann nämlich die Ableitungen von le[k]t (neben le[g]en) und Ja[k]d (neben ja[g]en) nicht erfassen. Ihretwegen müßte die Regel entweder wie (3.25a) oder wie (3.25b) erweitert werden:

(3.25) a $[+\text{ obs}] \rightarrow [-\text{ voi}] \;/\; \_\_ \;([+\text{ obs}])\; \$$

b $[+\text{ obs}] \rightarrow [-\text{ voi}] \;/\; \_\_ \begin{Bmatrix} \$ \\ [+\text{ obs}] \end{Bmatrix}$

Die Tatsache, daß es formal zwei alternative Fassungen für diese Regel geben kann, ist noch ein Erbe der SPE-Phonologie und die Entscheidung, welche von beiden die richtige Formulierung darstellt, steht noch aus. Letztere Regel (3.25b) wirft jedoch eine andere Frage auf: Ist es richtig, die Silbengrenze gleichsam zusammen mit den Obstruenten zu klassifizieren?

Oder sind zwei separate Regeln anzusetzen, eine Auslautverhärtungsregel (3.20) und eine Assimilationsregel, die Obstruentencluster stimmlos macht? Letztere Regel wäre allerdings "surface-true".

Die Auslautverhärtungsregel (3.26) läßt diese Fragen nicht offen:

(3.26) Auslautverhärtung (= 1.61)

$$[-\text{ son}] \rightarrow [+\text{ tns}] \;/\; \_\_\_ \;[-\text{ segm}] \begin{Bmatrix} [-\text{ segm}] \\ [+\text{ cons}] \\ [-\text{ son}] \end{Bmatrix}$$

Man könnte gegen diese Regel einwenden, daß sie 'verkehrt' formuliert ist, denn die uneinheitliche Umgebung in den geschweiften Klammern hat ein einheitliches Komplement: [- cons, + son]. Es ließe sich dann eine umgekehrte Regel mit einem Diakritikum, einem Alphabetmerkmal, formulieren, so daß eigens spezifizierte Fortissegmente vor der Sequenz +V zur Lenis würden. Dieser Einwand führt notwendigerweise zu der Frage, ob die Auslautverhärtungsregel (3.26) nicht einfach eine Art Distributionsregel im Sinne der NGP ist, und mithin könnte man sich überlegen, ob die Spezifizierung [- tense] in zugrundeliegenden auslautenden Obstruenten nicht in Wirklichkeit die diakritische Verwendung eines phonologischen Merkmals wäre. Dazu ist zu sagen, daß eine solche umgekehrte Regel die falsche Voraussage macht: Es sind keine Fälle nachzuweisen, in denen im Morphemauslaut Fortes zu Lenes werden, wobei neue Alternationspaare entstehen. Im Gegenteil, jedes neu entlehnte Wort aus einer Sprache mit auslautenden stimmhaften Obstruenten erfährt Auslautverhärtung in der entsprechenden Umgebung. Außerdem fällt es Deutschsprachigen beim Fremdsprachenerwerb, etwa Französisch oder Englisch, außerordentlich schwer, diese Regel zu unterdrücken. Zugleich erfolgen Alternationen in Fremdwörtern nach demselben Muster wie in Stammwörtern: Co[t] : co[d]ieren, oran[ʃ] (neben ora[ʒ]) : Ora[ʒ]ade, Sno[p] : Sno[b]ismus, Jo[p] : jo[b]en, Stewar[t] : Stewar[d]eß.

Regel (3.26) setzt keine internen Alternationen voraus, sondern operiert bedingt durch die Morphemgrenze. Solange rechts von dieser Grenze kein Vokal steht, wird ein zugrundeliegender Lenisobstruent 'verhärtet'. Die Verbalform legt muß folgende Struktur haben /+lēg̊+t+/, das Wort Jagd /+j̊āg̊+d̥+/. Auf erstere Form ist (3.26) nur ein Mal anwendbar, auf letztere zwei Mal. Damit wird explizit zum Ausdruck gebracht, daß Auslautverhärtung eine Alternation betrifft, die nur im Morphemauslaut stattfindet. Morphemintern läßt sich dieser Sachverhalt bestätigen. Das Aussprachewörterbuch schreibt E[g]mont, Ma[g]ma, Da[g]mar, Do[g]ma, Bo[d]mer, e[b]nen, or[d]nen vor. Aufgrund der Silbenstrukturbedingung (3.22) und (3.23) ist (abgesehen von ambisyllabischen Plosiven) nur eine Syllabierung möglich: $gm, $dm, $bn, $dn. Die sich ergebenden Cluster sind nach MSB (3.4) z.T. nicht erlaubt bzw. kommen im Wortanlaut nicht vor und verstoßen demnach gegen den "Law of Initials" (3.19). Deshalb ist eine Demarkierung zu erwarten und umgangssprachlich kommt das stimmlose Gegenstück der geklammerten Obstruenten in diesen Wörtern in der Tat vor. Der Unterschied zu der Auslautverhärtung ist jedoch wesentlich: Es betrifft in diesen Fällen keine Alternation.

Entlehnungen aus anderen Sprachen bilden scheinbare Gegenbeweise. Sie werden oft so eingedeutscht, daß ursprünglich stimmhafte Obstruenten am Silbenende stimmlos werden: Dru[ʃb̥]a, Gwo[sd̥]ew, Mor[tv̥]ine, U[sb̥]ek, Simba[pɣ̥]e, Ru[kb̥]y, Wi[kv̥]am, Ri[kv̥]eda. Diese Eindeutschungen sind aber nach MSB (1.57) regelmäßig, denn Obstruentencluster sind im Deutschen stimmlos, und bei der Entlehnung ist außerdem angesichts des "Law of Initials" eine Aussprache zu erwarten, die [u tense] ist. Zwar trifft die MSB (1.57) nicht auf A[tm]oni, U[tm]urte zu, in denen der Dental anders als im Russischen stimmlos ausgesprochen wird, während in Ma[dr]id, A[gr]ar der inlautende Obstruent stimmhaft bleibt, aber hier existiert ein deutlicher Zusammenhang mit der Qualität des vorangehenden Vokals, denn nach MSB (1.63) und (1.64) sind Vokale vor Doppelkonsonanz meistens kurz und ungespannt, vor stimmhaften Konsonanten jedoch gespannt, was anscheinend eine Wechselwirkung hat.

Die Ausspracheworterbücher stimmen nicht in allen Fällen überein, wo es die Aussprache von Obstruenten vor den Endungen ... ler, ... ner, ... lein betrifft. So gibt es Län[d]ler (WdA) neben Län[t]ler (Duden). Das WdA verzeichnet Vo[k]ler, Vö[k]lein neben Vo[g]el. Die Erklärung dürfte jedoch darin liegen, daß in den fraglichen Fällen Restrukturierung stattgefunden hat. Nach Fleischer (1969) ist namentlich die erste Endung produktiv: Dörfler, Gewinnler, Wissenschaftler (neben Gewerkschafter), Gärtler (neben Gärtner). Über die 'Natürlichkeit' der Syllabierungsregeln und über die Möglichkeit, lexikalische Einheiten für Silbenstruktur zu markieren, ist in den anschließenden Abschnitten zu sprechen. Die Schlußfolgerung muß hier jedoch schon lauten, daß Auslautverhärtung morphologisch bedingt ist und daß die Syllabierung in der Umgebung von stimmhaften Obstruenten alles andere als frei ist. Für die Norm der Ausspracheworterbücher bedeutet das, daß die Syllabierung stark morphologisch orientiert ist. Das Deutsche gehört, wie Trubetzkoy (1939: 261) eben schon feststellte, "zu den 'abgrenzungsliebenden' Sprachen".

3.4 Syllabierung

Die Definition der Silbe ist notorisch schwierig, doch wird vielfach angenommen, daß jeder eine intuitive Vorstellung davon hat, was eine Silbe ist. Zwar muß man einräumen, daß Sprecher nicht immer sagen können, wo genau die Silbengrenzen in einem Wort liegen, aber man nimmt in solchen Fällen doch an, daß sie jedenfalls sagen können, wieviel Silben ein Wort enthält. Diese Annahme stimmt jedoch nicht notwendigerweise mit den Tatsachen überein, denn Urteile über die Silbenzahl in Sätzen aus der eigenen Muttersprache können unterschiedlich sein, während Syllabierungsurteile über eine andere als die eigene noch weniger übereinstimmen (vgl. Lebrun 1966). Fry (1968) berichtet, daß Japaner das Wort sticks als viersilbig erfahren, und Entlehnungen scheinen diese Perzeption zu bestätigen: jap. kjaputen (< engl. captain), kjapitarisuto (< engl. capitalist).

Es gibt Gründe für die Annahme, daß es universelle Prinzipien gibt, die darauf hinwirken, daß optimale Silbenstrukturen entstehen. Offensichtlich sind jedoch auch andere Prinzipien am Werk, die geradezu diametral entgegengesetzte Wirkung haben. Colarusso (1979: 315) zitiert ein Beispiel aus dem Bscheduch, in dem regelmäßig ein Schwa getilgt wird, so daß eine vokallose Silbe entsteht (3.27):

(3.27) /za-tʰay-ŝ́ʷə- ƛ-ḥa-Ø/ [zat˺.tʰe·.ŝʷƛ̣ḥ] (dreisilbig)
selb-auf-euch-lieg-Akt.-Imp. 'haltet das Maul! '

Er bemerkt dazu, daß das Ergebnis gerade dem Silbenkanon dieser Sprache entspricht.

Die Zahl der Silben wird oft mit der Zahl der vorhandenen Vokale in einem Wort identifiziert. Vennemann, Hooper, Kahn, Feinstein, Vogel u.a. machen denn auch entscheidenden Gebrauch von dem Merkmal 'syllabic' oder dem entsprechenden Symbol V bei der Formulierung von Syllabierungsregeln. Implizit in dieser Art von Regeln ist, daß Silbischkeit in Vokalen natürlicher ist als in Konsonanten, aber offen bleibt, welche von beiden Varianten im Deutschen die 'natürlichere' ist: die Allegrovariante [ˈɑ:tm̩, ˈɑ:dl̩] oder die Lentovariante [ˈɑ:təm, ˈɑ:dəl]. Ebenfalls unbeantwortet bleibt die Frage, ob eine Sprache, die wie das Tschechische silbische Sonanten als einzige Variante zuläßt (strč prst skrs krk 'Steck den

Finger durch den Hals') gegen ein universelles Prinzip verstößt. Man kann sich des weiteren fragen, was das Kriterium sein könnte für die Entscheidung, die Syllabierung im Bella Coola [xx.ɬ.ɬ.ɬ.ɬ] als unnatürlich zu beurteilen. In diesem Falle ist wohl eher die Morphologie (ohne Geminatenvereinfachung) unnatürlich.

In der Diskussion über die Syllabierung spielen auch Begriffe wie "permissible initial cluster" (Kahn 1976) oder etwa ein "Law of Initials" (Vennemann 1972) eine Rolle, die voraussetzen, daß im Silbenanlaut nur solche Sequenzen zugelassen sind, die auch im Wortanlaut zugelassen werden. Diese Annahmen sind nicht nur tautologisch, sondern, wie die vorangehenden Paragraphen zeigen, sogar falsch.

Es ist bemerkenswert, daß in der Diskussion über Syllabierung eine große Zuversicht zu herrschen scheint, wie Wörter syllabiert werden müssen. Kahn (1976: 18) etwa hält nur die Syllabierung [at.las] für möglich, eben weil #tl im Englischen kein zulässiges anlautendes Cluster ist. Im Deutschen ist nach der negativen Silbenstrukturbedingung (3.23) eine Silbeneinteilung *ext**[r.a] wohl völlig ausgeschlossen, aber das Urteil darüber, wo in diesem Wort sonst die Silbengrenze fallen sollte, dürfte schwerer zu fällen sein. Am schlechtesten sind *e*[.kstr]*a* und *e*[kst.r]*a*, aber sowohl *e*[k.str]*a* wie *e*[ks.tr]*a* scheinen beide möglich (und wenn man ambisyllabische Segmente zuläßt, ist sogar denkbar, daß die Silbengrenze 'innerhalb' des *s* fällt). Die negative Silbenstrukturbedingung (3.23) gilt nicht einmal uneingeschränkt, denn die Silbengrenze kann zwischen Konsonant und Vokal fallen, wenn an dieser Stelle eine Morphemgrenze vermutet werden darf, vorausgesetzt, daß (3.22) nicht verletzt wird. Das Wort *Handout* kennt nur eine Syllabierung *Ha*[n.d]*out*, wenn das *d* stimmhaft ist, aber falls dieser Obstruent stimmlos verwirklicht wird, gibt es neben *Ha*[n.t]*out* auch noch die Möglichkeit, *Ha*[nt.]*out* zu syllabieren.

Es ist nicht auszuschließen, daß orthographische Kenntnisse das Urteil über Syllabierung beeinflussen. Lesekundige Versuchspersonen, die im Niederländischen das Wort *wilg* 'Weide' ebenso wie *willig* 'folgsam' als ['VIləx] aussprechen, werden möglicherweise dennoch das erstere als einsilbig und das letztere als zweisilbig beurteilen. Das Aussprachewörterbuch schreibt in der Hochsprache für das Wort *Akt* die Aussprache [akʿtʿ] vor, aber man muß sich im Ernst fragen, ob diese doppelte Aspiration wohl ohne zweimalige Verschlußlösung möglich ist, m.a.W. ob das isolierte Wort in dieser Aussprache nicht mehrsilbig wird. Das Urteil darüber, ob das Wort *Hemd* einsilbig ist, wird sicherlich durch die Schreibung und durch die intuitive Identifizierung der Silbischkeit mit Vokalen beeinflußt. Angenommen, das Wort wird zweisilbig gesprochen, dann würde das gut zu Hoopers Hypothese passen, daß gerade an der Silbengrenze Epenthesen stattfinden: [hɪmpt].

Es kann kein Zweifel darüber bestehen, daß Syllabierungsurteile auch morphologisch bedingt sind. Nach MSB (1.7) können (wenn man vom Schwa absieht) ungespannte Vokale nicht im Auslaut stehen. Dementsprechend wird etwa für das Wort Rate [ˈRɑ:.tə] als zulässige Syllabierung erfahren, aber für das Wort Ratte wird meistens angenommen, daß die Silbengrenze gleichsam 'innerhalb' des Verschlußlauts t fällt, also [ˈRaṫə]. Es dürfte denn auch Übereinstimmung darüber bestehen, daß im Deutschen das Wort Mathematiker (das bis auf das Schwa in der letzten Silbe nur gespannte Vokale enthält) als [mɑ.te.ˈmɑ:.ti.kəR] zu syllabieren ist. Viele sprechen jedoch in der etwas salopperen Aussprache, wie bereits in 1.2.1 erwähnt, ungespannte Vokale in den ersten beiden Silben. Es ist zweifelhaft, ob durch diese Vokalreduktion auch eine Verschiebung der Silbengrenzen stattfindet. Das Wort oblong kennt eine stimmlose Aussprache des inlautenden Obstruenten und deshalb ist eine Syllabierung [ɔp.ˈlɔŋ] durchaus erwartungsgemäß. Das WdA kennt als zweite Variante jedoch eine Aussprache mit stimmhaftem b. Nach der negativen Silbenstrukturbedingung (3.23) ist *o[bl.]ong und nach (3.22) ist *o[b.l]ong absolut ausgeschlossen. Dennoch ist das Wort zweisilbig und die einzige Möglichkeit, die dann noch übrigbleibt, wenn man von ambisyllabischem b absieht, ist die Einteilung [ɔ.ˈblɔŋ]. Es ist nicht auszuschließen, daß Auslautsbedingungen für die morphologische Silbe auch für die phonetische Silbe Gültigkeit haben, aber jedenfalls scheinen Silbenstrukturbedingungen in solchen Fällen den Vorrang zu haben.

Trotz all dieser Vorbehalte (man vergleiche auch Rietveld 1980 für eine kritische Literaturübersicht) muß angenommen werden, daß Silbeneinteilung und namentlich die Silbengrenze eine Rolle in der Phonologie spielt. Hoard (1971), Hooper (1972) und Feinstein (1979) – um nur drei Namen hervorzuheben – haben überzeugend nachgewiesen, daß im Englischen, Spanischen und Singhalesischen auf die Silbengrenze Bezug genommen werden muß, um solche Erscheinungen wie Aspiration, Assimilation bzw. Pränasalierung angemessen beschreiben zu können. Manchmal steht fest, wo eine Silbengrenze anzusetzen ist, aber wenn sie nicht markiert ist, bleibt vermutlich entsprechend Basbøll (1974) nichts anderes übrig, als davon auszugehen, daß phonetische Silben teilweise unbestimmt sind. Immerhin sind sie die Domäne für den 'stød' im Dänischen, in anderen Sprachen für Nasalierung, Ton oder Akzent. Offensichtlich spielt die Silbe und nicht das Segment oder das Morphem eine Rolle für die automatische Spracherkennung (vgl. Fujimura 1975). Wie dem allem auch sei, hier wird weiter nicht versucht, darüber eine Theorie aufzubauen, wie die Silbe in die Phonologie als ganze hereinbezogen werden soll — für die Zwecke der Diskussion wird aber zunächst angenommen, daß Silbenstruktur in Segmentketten durch diskrete Silbengrenzen repräsentiert wird.

In den nächsten Abschnitten ist darauf einzugehen, wie ein inhärentes Merkmal für Silbischkeit mit der Silbe verträglich ist. In Abschnitt 3.4.1 werden deshalb Beispiele vorgeführt, in denen als nichtsilbisch zu spezifizierende Segmente einen phonetischen Silbengipfel bilden, und andere, in denen mehrere als silbisch zu spezifizierende Segmente zu einer einzigen Silbe gehören. Des weiteren ist zu sehen, ob die Silbe besser durch ein Merkmal für den Silbenkern oder für die Silbengrenze zu markieren ist. In Abschnitt 3.4.2 werden deswegen Beispiele aus dem Bella Coola herangezogen, um zu überprüfen, ob die silbischen (sogenannten 'geflüsterten')stimmlosen Obstruenten besser durch ein Merkmal [+ syllabic] oder aber durch Silbengrenzen gekennzeichnet werden. Dann ist darauf einzugehen, wie sich zwei alternative Analysen, eine mit Hilfe des Merkmals 'consonantal' und eine mit dem Merkmal 'syllabic', gegeneinander ausnehmen. In Abschnitt 3.4.3 wird zu diesem Zwecke eine Alternation aus dem Spanischen näher geprüft. Dann ist zu vergleichen, ob ein phonologischer Prozeß angemessener mit einer morphologischen Grenze oder mit einer Silbengrenze zu erfassen ist. Als Beispiele dienen Vokalepenthese im Spanischen und Portugiesischen, die in Abschnitt 3.4.4 zur Sprache kommen. Schließlich ist noch einmal zu diskutieren, ob Silbenprozesse morphologisch oder phonetisch bedingt sind.

3.4.1 Silbischkeit und die Silbe

In phonologischen Regeln wird das Merkmal 'syllabic' sehr oft anstatt des Merkmals 'consonantal' verwendet, aber mehr insbesondere wird es, wie die Übersicht in (2.10) zeigt, gebraucht, um einerseits silbische Sonanten mit Vokalen und andererseits orale und laryngale 'Glides' mit den unsilbischen Konsonanten zu klassifizieren. Implizit ist jedenfalls, daß Vokale immer silbisch und Laryngale und Obstruenten immer unsilbisch sind. Es gibt jedoch Sprachen, in denen Plosive den Silbengipfel bilden können, etwa im Bella Coola, worüber in Abschnitt 3.4.2 zu sprechen ist, und im Bscheduch-Dialekt des Westtscherkessischen (vgl. das Beispiel 3.27). In solchen Fällen wäre noch denkbar, daß die Spezifizierung [+ syll] durch sprachspezifische Regeln zugewiesen wird, aber was ist zu halten von laryngalen 'Glides', die ganz allein einen Silbengipfel bilden können? Es ist schwer zu sehen, was der inhärente Gehalt des Merkmals 'syllabic' dann sein soll.

Colarusso (1979: 315) gibt folgende Beispiele aus dem Bscheduch, in dem /ʔ/ und /$ʔ^{w}$/, respektive aus /ʔa/ 'Hand' und /$ʔ^{w}$a/ 'Lippe' abgeleitet. zum einzigen Silbenträger werden (3.28):

(3.28)	/Ø-$\check{s}^{hy}$ə-$\acute{s}^{w}$ə-ʔa-Ø	[$\check{s}^{hy}$ə$\acute{s}^{w}$.ʔ]	(zweisilbig)
	es-Lok.-ihr(Pl.)-berühr-Imp.	'berührt es!'	
	/Ø-s-a-$\acute{s}^{w}$ə-$ʔ^{w}$a-Ø/	[sa$\acute{s}^{w}$.$ʔ^{w}$]	(zweisilbig)
	es-mir-zu-ihr(Pl.)-sag-Imp.	'sagt es mir!'	

Colarusso bemerkt dazu, daß diese Oberflächenformen "have taken the normal Northwestern syllable pattern" des Westtscherkessischen. Offensichtlich sind hier sprachspezifische Syllabierungsbedingungen am Werk, denen mit inhärentem Merkmal 'syllabic' nicht beizukommen ist, während die Spezifizierung mit [- cons, -son] keinerlei Widerspruch hervorruft.

Harris (1980) macht in seinem Aufsatz über spanische Silbenstruktur Beobachtungen, die auch das Merkmal 'syllabic' als phonologisches Merkmal betreffen. Die verzweigende Struktur links in (3.29) stellt die Teilrepräsentation einer Baumstruktur dar, welche die unterstellte Sonoritätshierarchie in einer Silbe wiedergeben soll:

(3.29)

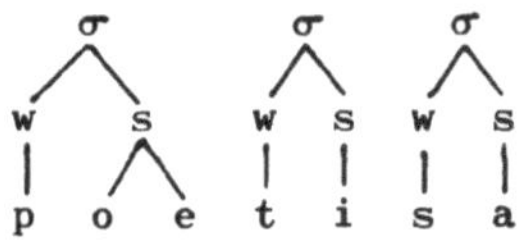

Darin gibt σ an, wo die Silbengrenzen in die Segmentkette eingeführt werden; der Knoten s (für "strong") dominiert die angeblich sonoren Elemente, w (für "weak") die angeblich weniger sonoren Elemente. Das Beispiel zeigt, daß ein s-Knoten mehr als ein sonores Segment zugleich dominieren kann. Harris macht dazu die Feststellung, daß

> "... one can see on a moment's reflection that arboreal syllable-structure representation apparently makes the distinctive feature [syllabic] superfluous. Crucially, however, tree representation does not simply provide a direct, isomorphic translation of familiar segmental features. Take, for example, poetisa in [(3.29)]. In the

pronunciation shown — perhaps the most typical pronunciation in all dialects — the first syllable contains the complex nucleus [oe] in which the vowel-like elements are equal partners. It would be arbitrary to characterize one of them as [+ syllabic] and the other as [- syllabic]. Obviously this is an impossible situation for the segmental feature [syllabic], which simply cannot be assigned here" (: 21).

Schließlich zitiert Harris Beispiele aus Untersuchungen über das Spanisch der Chicanos (3.30):

(3.30)	contó#ormígas	→ cont[ó]rmígas	'(er) zählte Ameisen'
	hablé#a#tiémpo	→ habl[já]tiémpo	'ich sprach rechtzeitig'
	la#ótra nóche	→ l[áo]tra nóche	'vorige Nacht'
	usté#insíste	→ ust[éi]nsíste	'Sie bestehen (darauf)'

Diese Verschmelzungserscheinungen zeigen, daß Vokale zwar getilgt oder mit anderen zusammengezogen werden können, daß jedoch der Akzent zurückbleibt. Ähnliches Material findet sich bei Kahn (1976). Harris zitiert dann aus einer Untersuchung von W.W. Cressey aus dem Jahre 1977:

"He presents, on the other hand, unassailable theoretical argumentation that the leftmost of the bracketed segments [jè] in the first syllable of words like dieciséis must not be represented as syllabic. On the other hand, Cressey displays presumably normal and typical spectrograms in which the segment spelled with the letter i is not only longer than the following [e] but also seems to bear a considerable amount of stress. Cressey concludes that the first segment therefore cannot be a glide, and thus that the stretch of speech in question is composed of two full vowels (what else is there?)" (: 23-4).

Harris schließt daraus, daß bloß eine Silbentheorie mit Baumstrukturen eine natürliche Repräsentation solcher Phänomene geben kann. Hier muß auf jedenfalls die Schlußfolgerung lauten, daß das Merkmal 'syllabic' in diesem Falle kein geeignetes distinktives Merkmal auf der segmentalen Ebene sein kann.

3.4.2 Syllabierung im Bella Coola

In seinem Aufsatz über "Syllabification in Northwest Indian Languages" listet Hoard (1978) eine Reihe von vokallosen ('geflüsterten') Wörtern aus dem Bella Coola auf, die er z.T. in der phonemischen Transkription von A. Kuipers zitiert. Hoard ergänzt diese Beispiele anhand von Tonbandaufnahmen mit einer phonetischen Transkription inklusive Syllabierung (3.31):

(3.31)	k̓x	[k̩̓.x̩]	'sehen'
	st̓s	[s̩.t̩̓.s̩]	'Salz'
	sk̓x	[š̩.k̩̓.x̩]	'schwarz'
	stp	[s̩.t̩ʰ.p̩ʰ]	'Muttermal'
	--	[ɬx̩ʷ.tɬ̩.cx̩ʷ]	'du spucktest auf mich'
	(nuyamɬ+ɬ+ɬ+ɬ)	[nu.yam.ɬ̩.ɬ̩.ɬ̩.ɬ̩]	'wir pflegten zu singen'

Das vorletzte Beispiel ist eine Allegroform, denn die Zitierform scheint [ɬ.xʷ.tʰ.ɬ.cʰ.xʷ] zu sein. Hoard bemerkt dazu:

> "*The simple syllable structure* of Bella Coola compensates for *the extreme complexity of the consonant sequences* [Hervorhebung von mir, W.K.]. No Bella Coola syllable has more than a single consonant onset, apparently, or more than a single consonant coda. The syllables with codas (e.g. <u>yam</u> of <u>nuyamɬɬɬɬ</u>) all seem to have vowel nuclei. None of the syllables in the voiceless words is closed. Sequences of a plain consonant followed by a fricative are tautosyllabic (onset plus nucleus)" (: 68).

Was die phonetische Realisierung der stimmlosen Verschlußlaute betrifft, beobachtet Hoard folgendes:

> "Phonetically, a syllabic voiceless stop consists of a stop portion followed by a release. The release for a plain syllabic voiceless stop sounds like aspiration" (: 68).

Obwohl in jeder Silbe ein phonetischer Gipfel zu erkennen ist, stellt Hoard fest, daß in Silben, die aus bloß einem Verschlußlaut bestehen, der Silbengipfel im Verschlußlösungsteil liegt und nicht im Verschlußteil. Er erblickt darin einen Widerspruch, denn der Silbenansatz liegt ja im Verschlußteil, dessen Merkmalspezifizierung [- cont] nicht mit der Spezifizierung [+ syll] kompatibel ist, es sei denn man abstrahiert völlig vom inhärenten Gehalt der phonologischen Merkmale. Dem Verschlußlösungsteil phonemischen Status mit der Spezifizierung [+ syll] zuzuerkennen, scheidet als Möglichkeit aus, denn dann müßte etwa ein Wort wie /stp/ mit fünf Segmenten wiedergegeben werden: z.B. */stTpP/. Als dritte Möglichkeit sieht er, Silbengrenzen einzuführen und die Verschlußlaute dennoch als [- syll] zu kennzeichnen, aber dann ist nicht klar, wie ein unsilbisches Segment in der Silbe mit einem "peak of prominence" ausgesprochen werden könnte. Der richtige Ausweg scheint ihm zu sein, die fraglichen Verschlußlaute als multikolumnale Segmente zu analysieren, wie es auch schon bei Campbell (1974) und Sasse (1976) vorgeschlagen wurde.

Doch ist der Widerspruch wohl einfacher zu beheben, wenn man völlig auf 'syllabic' als distinktives segmentales Merkmal verzichtet. Im Bella Coola werden Konsonantencluster in der Zitierform offenbar generell aufgelöst: CC → C $ C. Eine Besonderheit ist anscheinend eben, daß Verschlußlösung vor der Silbengrenze obligatorisch ist, was sich in einer entsprechenden Artikulationsregel formulieren läßt. Vorausgesetzt, man postuliert sowohl die Syllabierungs- wie die Artikulationsregel, dann bietet die Transkription /stp/ für phonetisch [s.t^h.p^h] keine Schwierigkeiten. Die wichtigste Schlußfolgerung ist jedoch, daß eine Silbe nicht dadurch definiert ist, daß sie ein [+ syll] Element enthält, sondern daß sie links und rechts durch eine Silbengrenze markiert wird.

3.4.3 Die Alternation Palatal - Ø im Spanischen

In einem sorgfältig argumentierten Aufsatz demonstriert Harris (1980), wie ein nichtsilbisches palatales Element nach einem palatalen Element getilgt wird. Die Beispiele, mit denen folgende Zusammenfassung illustriert wird, stammen sämtlich aus seinem Artikel und werden in seiner Transkription wiedergegeben.

Die mit Ø alternierenden Segmente sind [- cons, + son, + cont] /j/, also ein 'Glide', und [+ cons, - son, + cont] /y/, ein Konsonant, der auch eine [- cont] Variante kennt. In (3.32a) werden diese Elemente getilgt, in (3.32b) nicht:

(3.32)	a	r[i+ɣ]éndo	'lachend'	b	co[m+j]éndo	'essend'
		bru[ñ+ɣ]éndo	'polierend'		u[n+j]éndo	'einigend'
		amari[l̃+ɣ]ento	'gelblich'		sang[r+j]ento	'blutig'

Die Tilgungsregel, die diese Veränderung bewirkt, sieht folgendermaßen aus (3.33):

(3.33) $$\begin{bmatrix} -\text{syll} \\ +\text{high} \\ -\text{back} \end{bmatrix} \rightarrow \emptyset \; / \; \begin{bmatrix} +\text{high} \\ -\text{back} \end{bmatrix} \_\_\_ \qquad (= \text{Harris } 13)$$

Nach Harris' Analyse kann v o r einem Palatallaut auch Tilgung stattfinden. In den Beispielen in (3.34) wird der palatale 'Glide', aber nicht der palatale Konsonant getilgt:

(3.34)	a	despac[ɣ+í]to	'gemächlich'	b	arro[y+í]to	'Bächlein'
		cop[ɣ+í]sta	'Kopist'		tramo[y+í]sta	'Bühnenarbeiter

Das Verschwinden des nichtsilbischen Elements in (3.34a) erklärt Harris nicht mehr wie früher durch eine spiegelbildliche Funktion der obigen Regel (3.33), sondern durch eine sprachspezifische Reduktionsregel (3.35):

(3.35)
$$\overset{\displaystyle s}{\widehat{\begin{bmatrix}+\text{ high}\\-\text{ back}\end{bmatrix}\begin{bmatrix}+\text{ high}\\-\text{ back}\end{bmatrix}}} \rightarrow \overset{\displaystyle s}{\begin{bmatrix}+\text{ high}\\-\text{ back}\end{bmatrix}}$$
(= Harris 25)

Die Silbenreduktionsregel drückt aus, daß im sonoren Silbenkern *s* (für "strong") höchstens ein palatales Segment stehen kann. In den Beispielen in (3.34b) steht das nichtsilbische Element jedoch im Silbenanlaut und gehört also nicht zum Silbenkern, weshalb nach Harris die Reduktionsregel (3.35) in diesen Fällen nicht anwendbar ist. In der Tat fehlen im Spanischen Silbenkerne mit der Sequenz */ji/ (ebenso wie */ij/), was Harris durch folgende negative Bedingung ausdrückt (3.36):

(3.36)
$$^{*}[\; \ldots\; _{\sigma}C_1\; j\; i\; X\; _{\sigma}\; \ldots\;]$$
(= Harris 17)

Wohl gibt es einige Wörter mit /ji/ im Silbenanlaut, etwa *yip* 'Jeep' und *yiddish* 'Jiddisch'.

Vollständigkeitshalber sei hier noch erwähnt, daß Harris die morphologische Insertionsregel, die bei Verben der 3. Klasse ein *y*-Augment einfügt vor [- high] Vokalen, nunmehr gesondert behandelt (*hú+o* → *hú+y+o* → *hú*[y]*o* 'ich flüchte' aber *hu+í+r* → *huír*), so daß diese die Argumentation nicht weiter berühren.

Die Verschmelzung der palatalen Elemente in *despac*[j+í]*to* und *cop*[j+í]*sta* erklärt Harris also durch eine zweite Transformationsregel, die nicht auf segmentaler sondern auf suprasegmentaler Ebene funktioniert. Es ist jedoch möglich, diese Strukturveränderungen ebenfalls mit der segmentalen Regel (3.33) zu beschreiben, vorausgesetzt, man formuliert sie ohne das Merkmal 'syllabic' (3.37):

(3.37)
$$\begin{bmatrix}-\text{ cons}\\-\text{ back}\\+\text{ high}\end{bmatrix} \rightarrow \emptyset \;/\; \begin{bmatrix}+\text{ son}\\-\text{ back}\\+\text{ high}\end{bmatrix}\;\_\_$$
(Neufassung 3.33)

In den Beispielen, in denen ein Segment verschwindet, steht nämlich rechts vom Fokus ein nichtkonsonantisches Segment und ist das Segment links immer ein Sonant oder Vokal. In den Beispielen in (3.34b) unterbleibt die Tilgung, weil links ein nichtsonoranter Konsonant steht; in den Beispielen in (3.34a) wird dagegen das *i* getilgt, denn das vorangehende Segment ist sonorant und dabei bleibt der Akzent, genauso wie in den in 3.4.1 erwähnten Beispielen aus dem Chicano-Spanischen zurück. Bloß für das Suffix der

Possessivpronomen muß eine andere zugrundeliegende Repräsentation gewählt werden: mi+[ia] statt mi+[ja] 'mein' usw. Das bedeutet, daß für tu+[ia] → tu[y]a 'dein' und su+[ia] → su[y]a 'sein, ihr' dieselbe Verstärkungsregel herangezogen werden muß, die intervokalisch die Veränderung cre+[j]éndo → cre[y]éndo 'glaubend', also die Jotierung eines Nichtkonsonanten bewirkt, während nach Regel (3.37) m[í+i]a → mía wird. In allen anderen Fällen kann auf vorhandene Allomorphie zurückgegriffen werden, so daß Veränderungen in der Strukturbeschreibung nicht ad hoc vorgenommen zu werden brauchen.

Regel (3.37) besagt mit anderen Worten, daß nicht nur unsilbische, palatale Segmente wie in (3.32a) sondern auch silbische wie in (3.34a) nach einem palatalen, sonoranten Segment getilgt werden. Es folgen hier noch einige Musterableitungen (3.38):

(3.38)	a mit Tilgung		b ohne Tilgung	
	r[i+~~i~~]ó	'er lachte'	tr[iy]+ó	'(er) drasch'
	m[í+~~i~~]a	'meine (Fem.)'	m[íy]+a	'Meile'
	cop[j+~~í~~]sta	'Kopist'	tramo[y+í]sta	'Bühnenarbeiter'
	viv+[í+~~i~~]s	'(ihr) lebt'	am+[á+j]s	'(ihr) liebt'

In diesem Zusammenhang könnte man sich sogar fragen, ob es notwendig ist, für diese Beispiele unsilbische Nichtkonsonanten (den 'Glide' "j") zugrundezulegen, denn wenn man in Übereinstimmung mit der in der vorliegenden Arbeit gewählten Transkription statt des 'Glide' einen Vollvokal /i/ (und entsprechend statt des "y" ein /j/) wählen würde (vgl. 2.4.1 und 2.9.1), wäre das Ergebnis dasselbe. Auf jeden Fall kann in der hier vorgeschlagenen Beschreibung auf die Reduktionsregel (3.35) verzichtet werden, alle Tilgungen palataler Segmente werden auf einer Ebene durch eine statt durch zwei Regeln erfaßt. Dagegen ist diese neue Regel in dieser Form nicht geeignet, zwei besondere, im Appendix zu Harris' Aufsatz vorgeführte Gruppen von Beispielen zu erfassen: 1. das Paradigma der Verben für "pitching and batting" wie im Dialekt von San Antoñito, New Mexiko; 2. die Allegroregel, die im Dialekt von Mexiko-Stadt an der Silbengrenze einen palatalisierten, breiten Zischlaut /ž/ erzeugt (las yeguas → la[ž]eguas 'die Stuten'). Letztere Allegroregel verdient jedoch eingehendere Betrachtung.

Harris nennt die betreffende Regel 'Palatalisierung des s'. Seine Analyse ist folgende (3.39):

(3.39) las yeguas 'die Stuten'

z   Voicing: $C \rightarrow [+\text{voice}] \; / \; \_\_ \; \sigma \; [+\text{voice}]$

ž   Palatalisierung: $\begin{bmatrix} +\text{cor} \\ +\text{stri} \end{bmatrix} \rightarrow [+\text{high}] \; / \; \_\_ \; \sigma \begin{bmatrix} +\text{high} \\ -\text{back} \end{bmatrix}$

ø   Regel [(3.33)]

la[ž]eguas

In einer Fußnote fügt er allerdings hinzu:

"The syllable divisions are $\underline{la_{\sigma}}$[ž]$\underline{e_{\sigma}guas}$. I assume that independent principles of syllabification automatically provide this output."

Letztere Bemerkung gibt aber bereits an, daß hier eine Alternative erwogen werden kann, die formal gleich 'kostspielig' ist und keine Annahmen über Resyllabierung zu machen braucht. Sie sieht so aus (3.40):

(3.40) las yeguas

z   Stimmton: $C \rightarrow [-\text{stVC}] \; / \; \_\_ \; \$ \; [-\text{stVC}]$

ž   Apikalisierung: $\begin{bmatrix} +\text{cons} \\ -\text{back} \\ +\text{high} \end{bmatrix} \rightarrow [+\text{cor}] \; / \; [+\text{cor}] \; \_\_$

ø   Verschmelzung

la[ž]eguas

Schließlich bleiben dieselben Fälle unerklärt, für die Harris auch keine Beschreibung bietet (3.41):

(3.41) Sof[í+í]ta → Sofiíta 'Sophia (Dim.)'
fr[í+í]to → friíto 'kalt' (vgl. fríto 'gebacken')

Wesentlich ist freilich, daß der Gebrauch des Merkmals 'syllabic' für vokalische Segmente bei Harris zu der Aufstellung von zwei getrennten Regeln führt, während die echte Generalisierung nur mit dem Merkmal 'consonantal' zu erreichen ist.

3.4.4 Vokalepenthese im Spanischen und Portugiesischen

Harris (1969: 141 FN) präsentiert eine Regel für den e-Vorschlag im Spanischen (3.42):

(3.42) $\emptyset \rightarrow e \; / \; \# \_\_ \; s \; [+\text{cons}]$

Anlautende Cluster von *sC ... sind im Spanischen nämlich unmöglich. Seine Argumente, um diese Generalisierung als Epentheseregel zu formulieren, sind folgende.

Im Spanischen gibt es eine produktive Diminutivbildung, die an eine zweisilbige Basis ein dreisilbiges Suffix anhängt, an eine längere ein zweisilbiges Suffix (3.43):

(3.43)	a	madrecita (< madre)	b comadrita (< comadre)
		*madrita	*comadrecita
		sauriecito (< saurio)	dinosaurito (< dinosaurio)
		*saurito	*dinosauriecito

Harris (1979) führt dann eine Anzahl Wörter vor, die alle eine dreisilbige Basis haben, aber verschieden suffigiert werden (3.44):

(3.44)	a	estudiecito (< estudio)	b preludito (< preludio)
		*estudito	*preludiecito
		espaciecito (< espacio)	despacito (< despacio)
		*espacito	*despaciecito

Die augenscheinlich unregelmäßige Diminutivbildung in (3.44a) kann als regelmäßig aufgefaßt werden, wenn die phonetisch dreisilbigen Wörter estudio, espacio phonologisch als zweisilbig repräsentiert werden, damit sie dieselbe Suffigierung erfahren wie die Wörter in (3.43a).

Ein zweites Argument sieht Harris in Alternationen im Spanischen (3.45):

(3.45)	a	escribir	b inscribir
		eslovaco	checoslovaco

Die Allomorphie kann ohne Schwierigkeiten durch dieselbe Regel (3.42) erfaßt werden.

Ungewöhnliche Akzentverhältnisse in Wörtern wie esnób, estár passen in ein generelleres Muster, wenn diese Wörter einsilbig ins Lexikon aufgenommen werden. Es darf hinzugefügt werden, daß der e-Vorschlag auch immer in neuen Lehnwörtern auftritt und daß die betreffende Regel im Fremdsprachenerwerb für Spanischsprechende außerordentlich schwer zu unterdrücken ist.

Hooper (1976) lehnt Harris' Analyse trotzdem aufgrund der "True Generalization Condition" (3.2) ab, "because the rule requires that ALL sequences of /s/ + C have to be prededed by /e/" (: 234). Das ist allerdings nicht der Fall, denn es gibt andere Vokale im Anlaut vor /sC/: [osp]ital, [ist]oria, [ust]ed. In ihrer Theorie müssen alle Wörter mit anlautendem /esC/ mit diesem /e/ ins Lexikon aufgenommen werden. Vokaleinschub läßt sie dagegen nur gelten für Neueingänge, Entlehnungen aus fremden Sprachen. Es ist hier zu beachten, daß Epenthese in ihrer Theorie nicht durch "P-rules" (die nur Merkmalspezifizierungen ändern), sondern durch eine sprachspezifische positive Silbenstrukturbedingung erfolgt (vgl. : 208). In bereits lexikalisierten Wörtern bewirkt diese Bedingung den Einschub von Silbengrenzen, aber in neuen Wörtern kann sie auch je nachdem, wie die Syllabierung in einer Kette ausfällt, einen Vokal oder einen Konsonanten einschieben, dessen Qualität aufgrund zweier universeller Prinzipien vorhersagbar ist:

> "The epenthetic V must always be the minimal V or a V whose features are copied from a nearby segment ... " (: 235-6).

Syllabierung ergibt für ein neues Fremdwort wie <u>slavo</u> folgende Ausgabe: $ s $ la $ bo $.

> "The syllabification has been accomplished, but the result is that the first 'syllable' is not an acceptable syllable because it does not contain a V " (: 235).

Die positive Silbenstrukturbedingung (SSC) schiebt dann einen Vokal ein, so daß $ Vs $ la $ bo $ entsteht.

> "The position of the inserted vowel is not automatically predicted by the SSC. An acceptable syllable could be derived by inserting the V after the /s/: $ sV $ la $ bo $. However, the order $ Vs $ is preferred because it allows the original order of C's to remain, thereby hispanicizing the word with the minimum amount of change from its original form. Once the foreign word has been adjusted to fit native syllable structure, the nativized form with the epenthetic V is listed in the lexicon" (: 235).

Aufgrund einer "strength hierarchy" für spanische Vokale wird dann die Qualität dieses Vokals als /e/ festgestellt (: 238), denn das ist "the minimal vowel" in dieser Sprache.

In einem anderen Fall beschränkt Hooper Vokalepenthese allerdings nicht auf lexikalische Neueingänge. Sie zitiert das Portugiesische, das in Brasilien gesprochen wird; darin dürfen weder Verschlußlaute noch Affrikaten im Silbenauslaut stehen und deshalb findet Einschub eines /i/ statt. Sie gibt folgende Beispiele (3.46):

(3.46)	Portugal	Brasilien	
	su[bst]ituição	su[bist]ituição	'Unterschiebung'
	a[dv]ogado	a[ǰiv]ogado	'Rechtsanwalt'
	fu[tb]ol	fu[čib]ol	'Fußball'

Wie aus den beiden letzten Beispielen hervorgeht, bewirkt das epenthetische /i/ nachträglich Palatalisierung des dentalen Verschlußlauts. Hooper geht nicht weiter auf diese Fälle ein (außer daß sie feststellt, daß das <u>i</u> offensichtlich der minimale Vokal ist), aber man darf schließen, daß sie die Formen der linken Spalte als die lexikalische Repräsentation für die der rechten Spalte ansieht. Zwar sind diese 'zugrundeliegenden' Formen für einen Brasilianer vermutlich nicht aussprechbar, aber in ihrer Theorie ist diese Abstraktion erlaubt, denn die Epenthese ist durch eine SSC motiviert. Die Ableitung muß in folgenden Schritten vor sich gehen: 1. Syllabierung (fu[t\$b]ol, 2. Vokaleinschub (fu[tV\$b]ol, 3. Spezifizierung des minimalen Vokals (fu[ti\$b]ol, 4. Palatalisierung (fu[či\$b]ol. Anders gesagt, eine SSC generiert einen Vokal, von dem aufgrund der sprachspezifischen "strength scale" bekannt ist, daß es sich dabei um ein /i/ handelt. Obwohl diese i-Epenthese bei Hooper durch einen anderen Mechanismus zustandekommt als die spanische e-Epenthese bei Harris, möchte man annehmen, daß das Kriterium, das für letztere Regel geltend gemacht wird, auch für erstere Regel gilt. Gleichviel, ob die Vokalepenthese in zwei Schritten (C \$ → C V \$ → C i \$) oder in einem Schritt (C \$ → C i \$) zustandekommt, aufgrund der "True Generalization Condition" (3.2) wäre erforderlich, daß ALLE Sequenzen von Plosiv + V + Silbengrenze im Portugiesischen ein /i/ enthalten. Dem ist jedoch nicht so, denn es gibt auch andere Vokale in dieser Position: su[be.]rona 'Korksäure', su[bo.]cular 'unter den Augen befindlich' (Sequenzen von Affrikata mit einem anderen Vokal als i sind nicht zu erwarten, denn dentaler Verschlußlaut mit /i/ ist die einzige Quelle für palatoalveolare Affrikaten). Trotzdem liegt es auf der Hand, für das brasilianische Portugiesisch eine Epentheseregel folgender Form anzunehmen (3.47):

(3.47) $\emptyset \rightarrow i \ / \ \begin{bmatrix} -\text{son} \\ -\text{cont} \end{bmatrix} \ \_\_ \ \$$

Sie ist unzweideutig und erzielt unmittelbar dasselbe Resultat wie die mutmaßliche Analyse bei Hooper. Allerdings müßte ihre strenge Interpretation der "True Generalization Condition", so wie sie die für den spanischen Fall gelten läßt, aufgegeben werden. Wenn nicht, dann bliebe nichts anderes übrig, als die brasilianisch-portugiesischen Beispiele wie in (3.46) in ihrer phonetischen Repräsentation ins Lexikon aufzunehmen.

Was nun den e-Vorschlag betrifft, könnte man an Hoopers Analyse der Hispanisierung neuer Entlehnungen anschließen: Angenommen, die erste Syllabierung wäre in der Tat so vor sich gegangen, wie sie annimmt (\$ s \$ la \$ bo \$), dann könnte die Regel für e-Prothese folgende Form erhalten (3.48):

(3.48) $\emptyset \rightarrow e \ / \ \$ \ \_\_ \ s \$ C$

Diese Regel hätte gegenüber Hoopers SSC als generierendem Mechanismus einen zweifachen Vorteil: Sowohl die Position wie die Qualität des einzuschiebenden Vokals steht fest, während weder gegen die SSC als Bedingung noch gegen die "strength hierarchy" der spanischen Vokale verstoßen würde. Man könnte dann im Rahmen der NGP-Theorie bleiben und das Axiom der "Strong Naturalness Condition" (3.1) beibehalten. Alle Formen mit anlautendem /#esC/ wären als solche lexikalisiert und Regel (3.48) wäre nur auf neue Entlehnungen anwendbar. Es wäre also die denkbar konkreteste Analyse, zwar ohne jegliche linguistisch signifikante Generalisierung, aber sie wäre doch "surface-true". Trotzdem könnte man hier nicht von einer "True Generalization" sprechen, denn wortintern gibt es im Spanischen keine e-Prothese dieser Art. Vielmehr existiert hier eine negative Silbenstrukturbedingung (3.49):

(3.49) *[... $ s C ...]

Sie verhindert, daß die Umgebungsbedingungen der Regel (3.48) überhaupt je zutage treten. Vogel (1977) zeigt nämlich, daß Syllabierung in einem Wort wie extremo jedenfalls nicht e*[kst.r]emo sein kann. Nach (3.49) ist die Syllabierung e*[k.str]emo absolut ausgeschlossen und es ergibt sich als einzig richtige Silbeneinteilung e[ks.tr]emo, obwohl es im Spanischen weder auslautend */k#/ noch */ks#/ gibt. M.a.W., ungewohnte Konsonantenhäufungen am Silbenende werden zugelassen, damit die Silbenstrukturbedingung (3.49) nicht verletzt wird. Das bedeutet wiederum, daß Regel (3.48) wortintern immer leerlaufen würde. Weil der Wortanlaut die einzige Position ist, an der e-Epenthese stattfindet, ist die restringiertere Umgebungsbedingung die morphologische Grenze links vom Fokus. Demnach ist die ursprüngliche, 'morphologisch' bedingte Regel (3.42) von Harris beizubehalten.

Wenn Regel (3.42) jedoch eine Regel ist, die Entlehnungen aus anderen Sprachen restrukturiert, damit sie akzeptable Silbenstrukturen ergeben, dann ist nicht einzusehen, weshalb dieser 'morphologisch' motivierten Regel psycholinguistische Realität zugesprochen werden soll, während sie einer identischen morphophonologischen Distributionsregel für den Wechsel in den Beispielen in (3.45) abgesprochen wird. Es ist außerdem eine offene Frage, ob die betreffende "MP-rule" unnatürlich und arbiträr ist und ob ein Entstehen von Ausnahmen abzusehen ist. Übrigens ist zu beachten, daß die Regel (3.42) als bloße Restrukturierungsregel keine Alternationen zu verantworten hat, sondern in einem einmaligen Vorgang eine gegebene ('abstrakte' oder 'konkrete' ?) Form wie slavo in eine akzeptable Oberflächenstruktur verwandelt. Es wäre interessant, zu wissen, ob die linguistische Kompetenz von Muttersprachlern, eine e/Ø-Alternation in Wortpaaren und Entlehnungen zu vollbringen, sich auch auf angestammtes Vokabular erstreckt.

Auf jeden Fall zeigen die Regeln für Vokalepenthese im brasilianischen Portugiesisch (3.47) und im Spanischen (3.42), daß sowohl auf eine morphologische Grenze wie auf Silbenstruktur Bezug genommen werden können muß, um phonologische Prozesse beschreiben zu können.

3.4.5 Zusammenfassung

Die Beispiele aus dem Abschnitt 3.4.1 zeigten, daß das Merkmal 'syllabic' sich im Bscheduch nicht für eine lexikalische Repräsentation eignet, denn gerade angeblich silbische Elemente wurden getilgt. Die spanischen Analysen zeigten, daß dieses Merkmal nicht sinnvoll einem der beiden Elemente eines Diphthongs zuzuweisen ist. Die Beispiele aus dem Bella Coola in Abschnitt 3.4.2 zeigten, daß Syllabierung einfacher zu beschreiben ist, wenn statt des Merkmals 'syllabic' die Silbengrenze verwendet wird. Der Wechsel von Palatal mit Ø im Spanischen, wie er in Abschnitt 3.4.3 vorgeführt wurde, zeigte, daß das Merkmal 'consonantal' die betreffenden Alternationen adäquater erfaßt als das Merkmal 'syllabic'. Die i-Epenthese im Portugiesischen zeigt, daß ein kanonisches Silbenmuster eine Syllabierung bedingt, die wiederum phonologische Prozesse hervorrufen kann (vgl. Abschnitt 3.4.4).

Die Silbengrenze ist auf jeden Fall in die phonologische Beschreibung einzubeziehen. Während Syllabierung manchmal morphologisch bedingt ist, etwa die Unterdrückung der Nasalassimilation im Deutschen (vgl. Abschnitt 3.1), die morpheminterne Nasalassimilation (vgl. Abschnitt 3.2), die Auslautverhärtung (vgl. Abschnitt 3.3), kann sie auch von kanonischen Silbenmustern abhängig sein, etwa im Bella Coola (vgl. Abschnitt 3.4 und 3.4.2) oder im Portugiesischen (vgl. Abschnitt 3.4.4). Unklar bleibt dagegen, was man sich unter 'phonetisch bedingten' Regeln vorstellen soll. Hoopers Annahme, daß Silbenstrukturregeln phonetisch motiviert sind (1976: 117), ist gewiß nicht in allen Fällen zutreffend. Wenn das d im Wort Handout stimmhaft ist, kommt für einen Deutschen nur eine Syllabierung in Frage; ein Engländer kann dagegen auch nach stimmhaften Obstruenten eine Silbengrenze akzeptieren. Daß die Sequenz [vatn] für einen Isländer einsilbig ist, für einen Deutschen zweisilbig, ist offensichtlich nicht phonetisch sondern morpho-lexikalisch motiviert.

Für die phonologische Beschreibung des Deutschen bedeutet dies, daß nicht nur im Falle des Diphthongumlauts (vgl. Abschnitt 1.2.3) sondern überhaupt auf das Merkmal 'syllabic' zugunsten des Merkmals 'consonantal' verzichtet werden muß. Dagegen ist weiter zu prüfen, welche Rolle die Silbenstruktur im deutschen Lautsystem spielt. Darauf ist noch in Kapitel 5 einzugehen.

4. FLEXIONSMORPHOLOGIE

4.1 Präliminarien

In Kapitel 1 wurden Beispiele von segmentalem Wechsel vorgeführt, darunter zwei, die eine Alternation mit null postulierten. Es waren die e-Epenthese (1.43) und der feste Einsatz (1.77), welche je nach phonologischer Umgebung ein Segment aus null ableiteten. Beispiele von Reduktion eines Segments zu null wurden unter Hinweis auf Moulton (1962) und Höhle/Vater (1978) eher beiläufig erwähnt. Es handelt sich dabei um stilistische Varianten des Hochdeutschen, in denen Schwa vor Nasal oder l getilgt wird, wobei diese Sonanten silbisch werden. Solche Alternationen sind auch in der Deklination und in der Konjugation reichlich zu finden. Weil darin das Schwa eine zentrale Rolle spielt, ist hier ausführlicher auf die Flexionsparadigmata des Substantivs, des Adjektivs und des Verbs einzugehen.

4.1.1 Null

Gerade in der Beschreibung der Flexionsmorphologie ist es üblich, mit dem Nullsymbol ∅ die verschiedenen Paradigmata gleichsam zu vervollständigen. Wenn nur ein einziges Glied aus dem ganzen Flexionsparadigma mit einer 'Nullendung' vertreten ist, drückt das Fehlen eines Flexivs eine spezifische, unverwechselbare grammatische Bedeutung aus. Das ist etwa der Fall bei einer bestimmten Substantivklasse im Russischen: Die endungslose Form slov vertritt den Genitiv Plural von slovo 'Wort', also einen spezifischen Kasus und Numerus, Kategorien, die in anderen Paradigmata etwa durch die Endung -ov oder -ej ausgedrückt werden. Weil nur in diesem Kasus eine Endung fehlt, bezeichnet de Saussure ihr Nichtvorhandensein als "signe zéro" (: 124) oder "désinence zéro" (: 254). Das Fehlen einer Flexionsendung ist jedoch nicht so eindeutig interpretierbar, wenn es mehrere Leerstellen im Paradigma gibt. Das trifft im Deutschen zu im Singular des Substantivs Mann, wofür im Nominativ und im Akkusativ eine

Endung fehlt, während im Genitiv Mann-es und (fakultativ) im Dativ Mann-e eine Flexionsendung auftritt. Freilich handelt es sich beim Nominativ und Akkusativ um Kategorien, die im Deutschen bei keinem einzigen Substantiv spezifisch ausgedrückt werden. Während das Nullsymbol der Repräsentation slov-∅ mit einer bestimmten grammatischen Bedeutung zu identifizieren ist, läßt die Repräsentation Mann-∅ schon mehr als eine Deutung zu. Außerdem können ebenso viele 'Nullmorpheme' als Endungen postuliert werden, wie es Kategorien gibt, die am Substantiv ausgedrückt werden. Im Prinzip könnte man den Nominativ Singular also auch als Mann-∅-∅ darstellen – ein Nullsymbol für den Kasus und eins für den Numerus.

Die Ergänzung von Paradigmata mit 'Nullendungen' führt zu sonderbaren Ergebnissen, wenn man Sprachwandel beschreiben will. Gesetzt den Fall, eine Sprache verfügt über vier verschiedene Kasus, von denen am Substantiv nur einer ausgedrückt wird, so läßt sich nach diesem Verfahren ein vierstelliges Substantivparadigma mit drei Nullendungen und einer konkreten Endung mit phonologischer Substanz aufstellen. In einem späteren Sprachstadium, wo auch dieser Kasus nicht mehr ausgedrückt wird, kommen zwei Möglichkeiten in Betracht: Entweder werden nun vier Nullendungen für das Substantivparadigma angesetzt, was die Frage aufwirft, wann dann endlich der Abbau eines Flexionssystems einsetzt, oder aber man unterläßt es, die fehlenden Flexive durch Nullendungen zu ersetzen, doch dann fragt sich, weshalb sich ein Flexionssystem so schlagartig von vier auf null hat reduzieren lassen.

Kuryłowicz (1961: 211) anerkennt "Nullzeichen" nur in der "fundierten, abgehobenen Form", etwa Lauf-∅ (zu laufen), obwohl gerade solche Nullableitungen problematisch sind. Häufig bleibt im ungewissen, ob das Nullsymbol als Morphem oder als Allomorph zu interpretieren ist. In der englischen Pluralform sheep-∅ wird der Numerus nicht morphologisch ausgedrückt, und es ist Ansichtssache, ob man das Symbol ∅ als 'Leerstelle' (sowohl ohne phonologischen wie ohne semantischen Gehalt), als 'Nullmorphem' (ohne phonologischen aber mit semantischem Gehalt) oder als Nullallomorph des Pluralsuffixes -s oder des 'Morphems' {PLURAL} interpretieren will (vgl. Stepanowa 1973 und Bergenholtz 1976 für weitere Ausführungen und Literatur). In Abschnitt 4.3.1 wird dieses Thema wieder aufgegriffen werden.

4.1.2 Synkretismus

Die mit phonologischem Gehalt ausgestatteten Flexionsendungen lassen ebenfalls mehrere Interpretationen zu. Man kann zu Frau vier verschiedene Pluralendungen -en postulieren, denn in allen vier Kasus des Plurals erscheint Frau-en. Allerdings haben diese vier Endungen eine Form -en und eine Bedeutung [+ Plural] gemeinsam, so daß es naheliegt, nur ein einziges Pluralsuffix statt vier anzunehmen. Eine analoge Deutung könnte auf den Plural von Automat übertragen werden, aber zu diesem Wort lauten nicht nur der Plural, sondern auch alle obliquen Formen des Singulars Automat-en. Die Frage ist, ob sich die Singularendungen mit denen des Plurals zu einer einzigen Endung kombinieren lassen, oder ob hier mehr Klassen zu unterscheiden sind, etwa ein Plural und ein Nichtnominativ bzw. zwei oder gar drei Singularklassen, alle mit der Form -en.

Bierwisch (1967) ist der erste, der Flexionsendungen nach natürlichen Klassen zu unterscheiden und somit morphologische Synkretismen zu erklären versucht. Dazu benutzt er ein System von binären Merkmalen. Die vier Kasus, über die das Deutsche verfügt, analysiert er mit Hilfe der beiden Merkmale 'Oblique' und 'Governed' (bzw. 'Subordiniert'), wie folgt (4.1):

(4.1)

	Nominativ	Akkusativ	Dativ	Genitiv
Oblique	-	-	+	+
Governed	-	+	+	-

Zur Unterscheidung der Numeri genügt im Deutschen ein Merkmal 'Plural' (4.2):

(4.2)

	Singular	Plural
Plural	-	+

Die drei nominalen Klassen unterscheidet Bierwisch mit den beiden Merkmalen 'Masculine' und 'Feminine' (4.3):

(4.3)

	Femininum	Maskulinum	Neutrum
Masculine	-	+	-
Feminine	+	-	-

Auf diese Weise ist es möglich, das Vorkommen etwa der schwachen Adjektivendung -en im Genitiv und Dativ des Singulars der drei Genera mit einer Spezifizierung [+ Oblique] zusammenzufassen, während im Akkusativ des Maskulinums mehr Spezifizierungen nötig sind, nämlich [+ Masculine, + Governed]. Weil er außerdem von extrinsischer Regelordnung Gebrauch macht, kann die letztere Teilregel in einem Regelschema durch eine "Elsewhere"-Bedingung unspezifiziert bleiben. Die Regel für die schwache

Adjektivflexion sieht dann zum Beispiel so aus (4.4):

(4.4)

$$[+\text{Aff}] \rightarrow \left\{ \begin{array}{l} \text{n} \;/\; \left\{ \begin{array}{c} [+\text{Plur}] \\ [+\text{Obl}] \\ \begin{bmatrix} +\text{Masc} \\ +\text{Gov} \end{bmatrix} \end{array} \right\} \\ \text{e} \;/\; [\;\_\_\;] \end{array} \right\} \;/\; \left[\overline{+\text{Adj}} \right] \_\_$$

Durch eine optimale Regelordnung werden Merkmalspezifizierungen eingespart, und, um die elf Glieder im Paradigma, die ein n-Suffix bekommen, zu erfassen, sind nur vier morphologische Merkmale vonnöten. Das Paradigma von Automat, das in sieben von acht Fällen die Endung -en bekommt, braucht also drei Merkmale [+ Plur], [+ Obl] und [+ Gov] für die Flexivzuweisung.

4.1.3 Basisform

Die strengste Hypothese für Wortbildung ist eine solche, die erfordert, daß produktive Wortbildungsregeln vollspezifizierte Wörter als Basis haben, m.a.W., daß Wörter von Wörtern abgeleitet werden. Angenommen, daß flektierte Wörter nach denselben Prinzipien abgeleitet werden wie Derivationen, so gibt es (abgesehen von vollständiger oder partieller Suppletion) drei Möglichkeiten: Entweder die W u r z e l ohne jeglichen Zusatz oder Veränderung, oder der S t a m m (= Wurzel plus stammbildendes Suffix) oder aber das W o r t , ein Glied des Paradigmas, bildet die Basis für das Paradigma als ganzes.

Wenn die Wurzel als Basis für ein Paradigma zu wählen ist, kann es sogar angebracht sein, eine 'abstrakte' Form zu wählen, die nicht einmal als Allomorph vorkommt. Im klassischen Griechisch, in dem das Wort t^{h}rík-s 'Haar' unter anderem einen Genitiv Singular trik^{h}-ós, einen Akkusativ Singular trík^{h}-a und einen Dativ Plural t^{h}rik-sí aufweist, ist auch vom synchronen Standpunkt eine erschlossene Basisform t^{h}rik^{h}- zu konstruieren (vgl. Matthews 1974: 100), die mit denselben Dissimilationsregeln verbunden ist, die auch für Verben des Typs tí-t^{h}em-i 'setzen' gelten. Im Flexionsparadigma des russischen Verbs sind dagegen tatsächlich realisierte Allo-Formen aus dem Paradigma anzusetzen, z.B. živ- 'leben' oder stona- 'stöhnen' (vgl. Jakobson 1948, Kortlandt 1972); Regeln, die Konsonant vor Konsonant bzw. Vokal vor Vokal tilgen, ergeben živ-u 'ich lebe', ston~~a~~-u 'ich stöhne' bzw. ži~~v~~-t' 'leben', stona-t' 'stöhnen'. Bloomfield (1933: 225) erwähnt das Deutsche als ein typisches Beispiel für eine

Sprache, in der die Wurzel die Basis für die Flexion bildet, z.B. lach- für das Verbparadigma lachen. Das ist in Abschnitt 4.6 zu überprüfen.

Im oben in Abschnitt 4.1.1 erwähnten russischen Beispiel ist slov das einzige endungslose Glied im Paradigma. Endungslosigkeit erlaubt es nicht nur, auf die Kategorie Genitiv Plural zu schließen, sondern deutet gleichzeitig auf vokalischen Auslaut der Nominativform des Singulars hin, so daß man mit einigem Recht annehmen kann, daß zur Bildung des Genitivs Plural die Basisform slovo zu slov-Ø reduziert wird. Analog könnte für das Paradigma von Automat die Form mit Endung als Basisform gewählt werden. Es wäre dann möglich, das Komplement der genannten Flexionskategorien als einheitliche Klasse [- Plur, - Obl, - Gov] zusammenzufassen und die 'Nullendung' im Nominativ Singular als Allomorph aus -en abzuleiten. Formal gesehen wäre die eine Lösung ebenso aufwendig wie die andere; entscheidend ist jedoch, welche Kategorie die weniger markierte ist.

4.1.4 Allomorphie

Im Deutschen gibt es ein Beispiel von Allomorphie, bei dem ein Segment zu null reduziert wird, aber keine Nullallomorphie vorliegt. Die meisten Feminina, viele Maskulina und einige Neutra bilden hochsprachlich einen Plural mit dem Suffix -en. Diejenigen Substantiva dieser Flexionsklasse, deren Basis auf Schwa + Sonant auslautet, behalten jedoch im ganzen Flexionsparadigma die kanonische Form ...́ eR(C) (das fakultative C steht für n oder s) und bilden entsprechend einen Plural auf -n (vgl. Bech 1963) Wörter dieses Typs bilden also einen Plural wie Óper-n, Táfel-n (der Singular dieser Feminina bleibt endungslos), Báuer-n, Múskel-n (Genitiv Singular Báuer-n bzw. Báuer-s, Múskel-s). Neutra mit Plural auf -n fehlen; Substantive mit Nasal an der Stelle des Sonanten gehören bis auf das Femininum Sieben ebenfalls nicht zu dieser Klasse. Es gibt auch noch eine kleine Gruppe von Maskulina, Stammesnamen, die nicht nur im Plural, sondern auch im Singular die Flexionsendung -n bekommen, nämlich Báyer, Hohenzóller, Káffer, Pómmer (Zimber hat Genitiv-s) sowie Mágyar, Úngar. Die Flexionsendungen in Kónsul-n, Mógul-n, Triúmvir-n, Úngar-n, Mágyar-n (gegen die eingedeutschte Form Madjár-en), Náchbar-n (gegen Vórfahr-en, Náchfahr-en) können durch ein Alphabetmerkmal [+ E] verantwortet werden. Ähnlich wie bei Wurzel (1970b: 175, Regel SV2d) kann eine Eliminierungsregel formuliert werden (4.5):

(4.5) Eliminierung des Flexions-e

$$e \rightarrow \emptyset \ / \ \left[\ldots \left\{ \begin{matrix} \begin{bmatrix} e \\ -\ \text{stress} \end{bmatrix} \\ \begin{bmatrix} +\ E \end{bmatrix} \end{matrix} \right\} R + \underline{\quad} \ n \right]_N$$

Auch Pluraliatantum wie *Notabeln*, *Röteln*, *Ostern* (letzteres auch Neutrum Singular) und Singularformen mit auslautendem *n* wie *Pommern*, *Bayern*, *Hintern* fügen sich in dieses Schema. Die einzige potentielle Ausnahme von dieser Regel bildet der Plural von *Sieben*, aber Ziffern bilden regelmäßig den Plural auf *-en*. Auf diese Form ist in Abschnitt 4.4 noch einmal zurückzukommen.

Regel (4.5) beschreibt also einen Wechsel von Segment mit null, der *-n* als Allomorph des Morphems *-en* deutet. Bevor jedoch Nullsymbole als Allo-Formen ganzer Morpheme (also Nullallomorphe) eingeführt werden können, muß erst erörtert werden, wie das Verhältnis eines Lexikoneintrags zu seinen flektierten Formen ist.

4.2 Das Wort

4.2.1 Morphem und Zeichen

Nach de Saussure (1916) ist das minimale Zeichen eine arbiträre Verbindung zwischen einer konstanten Lautform und einer konstanten Bedeutung. Ein Zeichen ist nicht arbiträr, wenn seine Bedeutung aufgrund seiner Struktur sowie aufgrund der Bedeutung der einzelnen Minimalzeichen, aus denen es zusammengesetzt ist, vollständig vorhersagbar ist. Nur ein vollständig motiviertes Zeichen ist also als nicht-minimal zu betrachten. Ist ein Zeichen dagegen nicht vollständig motiviert, dann hat es als arbiträr zu gelten. Mit diesem Ausgangspunkt fängt Aronoff (1976) eine Argumentation über den Status des Morphems an, die hier mit äquivalenten deutschen Beispielen nachvollzogen wird.

Um als Morphem identifizierbar zu sein, braucht eine phonologische Kette von einem oder mehr Segmenten nicht ein Saussuresches Zeichen zu sein. Das Adjektiv *blau* und das Substantiv *Beere* sind beide minimale Zeichen, aber *Blau-* in *Blaubeere* ist nur teilweise motiviert, denn Blaubeeren können auch grün sein. Des weiteren können Morpheme in Aronoffs Auffassung auch völlig ohne Bedeutung sein, etwa die erste Konstituente in *Him-beere*. Erst auf der Ebene des Wortes, des vollständig spezifizierten

Zeichens, steht die Bedeutung fest. Ebenso läßt sich in den Wörtern be-fehlen und emp-fehlen weder mit den Präfixen noch mit dem Stamm eine bestimmte Bedeutung verbinden. Zwar gibt es das Verb fehlen, aber das wird ebenso wie die Derivation ver-fehlen schwach gebeugt.

Nach Aronoff besteht die Funktion des Morphems vielmehr auf einer anderen Ebene: Es hat eine konstante Form und ist arbiträr mit (morpho-) phonologischen Regeln verbunden. Die Wurzel von befehlen, empfehlen sowie von anbefehlen, anempfehlen ist ebenso wie die Wurzel von stehlen arbiträr mit einer Allomorphieregel verbunden, die diese Lautkette in den entsprechenden Umgebungen ablautet, z.B. befahl, befohlen.

Die Auffassungen über den Zeichenwert von Morphemen sind im übrigen sehr unterschiedlich. Vielfach rechnet man Morpheme, die als Kompositionsfuge erscheinen, etwa in Abfahrt-s-gleis (neben Abfahrt-gleis) zu den 'leeren Morphen', womit gemeint wird, daß sie charakteristischerweise des semantischen Gehalts entbehren. Tatsächlich sind die Vorkommen des Fugenelements weitgehend idiomatisiert; Fleischer (1969; 1976: 121) gibt Beispiele wie Land-haus, Land-s-mann, Land-es-farben, Länd-er-spiele. Solche Augmente können jedoch manchmal semantisch motiviert sein. Van den Toorn (1981) gibt Beispiele von Zusammensetzungen im Niederländischen, die je nachdem, ob die Basis ein Lebewesen bezeichnet oder nicht, ein Augment -s einfügen. Daß diese Augmentierung nicht morphologisch, sondern semantisch bedingt ist, zeigen Beispiele wie jager. In allen Bedeutungen, darunter 'Wildjäger' und 'Jagdflugzeug', bildet dieses Wort den Plural jager-s, aber in der Zusammensetzung besteht eine Opposition zwischen einer Bildung mit und einer ohne Fugenelement, z.B. jager-s-uitrusting 'Wildjägerausrüstung' : jager-uitrusting 'Düsenjägerausrüstung'.

Stepanowa (1973: 59-60) sieht das Morphem als "ein Zeichen, das das Vorhandensein einer kategorialen Bedeutung signalisiert". In den Wörtern Glas, Glasschrank, gläsern etwa erkennt sie dem Wurzelmorphem glas "den allgemeinen Aspekt der Bedeutung", also eine Art Grundbedeutung zu. Ein solcher diffuser Zeichenbegriff erschwert allerdings eine Unterscheidung zwischen vollständig motivierten und demotivierten Zeichen erheblich.

Indem Aronoff den Zeichenbegriff dahin einengt, daß er nur das Wort als minimales Zeichen gelten läßt, schafft er insofern Klarheit, als er zwischen zusammengesetzten Zeichen und demotivierten minimalen Zeichen unterscheiden kann, auch wenn auf morphologischer Ebene keine solche Unterscheidung möglich ist. Formverwandtschaft und Bedeutungsverwandtschaft werden mithin als getrennte Größen behandelt und eine systematische

Beziehung zwischen den beiden kann als Argument bei der morphologischen Analyse verwendet werden.

Vom Substantiv Bart kann mit dem Suffix -chen das Diminutiv Bärt-chen gebildet werden. Die Bedeutung dieses Diminutivs ist eine kompositionelle Funktion der Bedeutung des Substantivs Bart. Vom Substantiv Garten läßt sich das Diminutiv Gärt-chen bilden. Dessen Bedeutung ist jedoch nicht eine kompositionelle Funktion der Form Gart- oder Gärt- sondern des minimalen Zeichens, des Wortes Garten. Deshalb muß das Diminutiv Gärt-chen vom vollständig spezifizierten Substantiv abgeleitet sein. Aufgrund vergleichbarer Überlegungen über englische Beispiele nimmt Aronoff folgende Hypothese an (4.6):

(4.6) "All regular word-formation processes are word-based. A new word is formed by applying a regular rule to a single already existing word. Both the new word and the existing one are members of major lexical categories" (: 21).

Diese Hypothese ist strenger als die, welche Wortableitungen von Morphemen zuläßt.

Die Ideen Aronoffs sind nicht unangefochten geblieben, denn es ist nicht immer eindeutig, wie Wörter aufgegliedert sind (vgl. Rardin 1975 : 105-14 für diesbezügliche Einwände). In der Regel ist die hierarchische Struktur einer Wortkonstruktion zwar binär (vgl. Fleischer 1969; 1976: 30), aber daraus folgt keineswegs, daß ein einziges Wort oder ein Kompositum die Basis für Wortableitung bildet. Für Vielweiberei und alttestamentlich (vgl. Schultink 1980 für parallele Beispiele aus dem Niederländischen) sind mehrere Konstituenten zugleich die Basis.

Entsprechend Aronoff kann eine Wortbildungsregel mit dem Diminutiv -chen nach folgendem Muster formuliert werden (4.7):

(4.7) $[\ X\ ]_N \rightarrow \Big[[\ X\ ]_N + \text{chen}\Big]_N$

Weil das X in der Basis dieser Regel keine phonologische Information enthält, könnte im Prinzip gleichgültig welche Kette stehen, vorausgesetzt, es handelt sich dabei um eine Lautkette, die als Substantiv spezifiziert ist. Also nicht die Wurzel oder der Stamm, sondern das Wort bildet die Basis. Eine Wortbildungsregel wie (4.7) macht allerdings keine Aussagen über Fragen der Neubildung oder der Produktivität, sie bietet nur eine Analyse der Struktur von existierenden Wörtern. In diesem Sinne sind Wortbildungsregeln nur Redundanzregeln, denn sie drücken Regelmäßigkeiten auf morphologischer und nicht auf semantischer Ebene aus. Aronoff wiederholt die oft gemachte Beobachtung, daß wenn neue Wörter nach diesem Schema gebildet werden, sehr leicht Idiomatisierung auftritt:

"The word gravitates towards the sign" (: 18).

Das ist eindeutig der Fall bei Wörtern wie Fähnchen 'billiges Sommerkleid', Zäpfchen 'Suppositorium' oder 'Uvula', aber diese Diminutiva haben zugleich die Bedeutung des darin enthaltenen Substantivs beibehalten, denn sie bedeuten auch 'kleine Fahne' bzw. 'kleiner Zapfen'. Das oben erwähnte Diminutiv Bärtchen hat bereits eine geringfügige Bedeutungsspezifizierung erfahren, denn es bedeutet namentlich auch 'kleiner Schnurrbart'. Zweifelhaft wird eine Analyse nach Regel (4.7) erst für das Wort Ständchen 'Serenade', denn zwar wird eine solche Musik im Stehen gemacht, aber es fragt sich, was dazu berechtigt, die Sequenz Stand- auch als Substantiv zu kategorisieren. Vollends ausgeschlossen ist es, ein Wort in der 'Basis' von Mädchen 'junge Frau' zu entdecken. Nur die Identifizierung der Endung als Diminutivmorphem läßt sich begründen, aber bloß die Diminutivbildung als ganze ist minimales Zeichen und Regel (4.7) ist nicht anwendbar, auch nicht als morphologische Redundanzregel. Die Diminutivbildung Mäd-chen 'kleine Made' ist dagegen direkt auf das Wort Made zurückzuführen, und über solche Formen ist im nächsten Abschnitt zu sprechen.

4.2.2 Stammbildungssuffixe

Angenommen, daß Wörter von Wörtern abgeleitet werden, dann muß z.B. das Minimalzeichen Garten als Basis für die Derivation mit -chen dienen, was freilich eine Sequenz *Gartenchen statt Gärtchen ergäbe. Es ist dann die Frage zu beantworten, wie mit dem anstoßerregenden en fertig zu werden ist. Es ist deshalb notwendig, zu überlegen, was der Status dieser Stammesendung ist. Entsprechend Wurzel (1970b) wird hier angenommen, daß die betreffende Sequenz nicht einfach eine zufällige Endung, sondern ein stammbildendes Suffix -en ist und zwar entsprechend Kloeke (1981a) ein Morphem mit spezifischer Bedeutung. Dafür sprechen folgende Gründe.

Nach Paul (1917: 38) haben viele mhd. Maskulina auf ... e, die ursprünglich nach der n-Flexion deklinierten, nhd. ihre Basis um ein n erweitert. Dieser Übertritt in eine andere nominale Klasse betrifft Wörter, die leblose Gegenstände bezeichnen, sowie die Fischnamen Karpfen, Hausen, Huchen, Rochen, Brachsen. Umgekehrt haben die Wörter Schöffe,

Heide, Christ, die ja menschliche Lebewesen bezeichnen, sowie das Wort Rabe das auslautende n ihrer Basis verloren und sind in die Gruppe mit n-Flexion übergegangen. Offensichtlich spielte dabei eine Rolle, daß die Endung ... en mit der inhärenten Bedeutung [- Belebt] identifiziert wurde. Freilich sind nicht alle Wörter mit dieser Endung auch [- Belebt], denn neben den fünf erwähnten Fischarten sind die Neutra Küken, Fohlen, Füllen, Wesen noch zu den Lebewesen zu rechnen. Diesen Unterschied kann man jedoch morphologisch darstellen, indem man alle nichtbelebten Substantive auf -en aufgliedert und die Endung als Suffix kennzeichnet.

Auf jeden Fall bei den Maskulina scheint es angebracht, ein stammbildendes Suffix -en mit der Bedeutung [- Belebt] zu unterscheiden. Das dürfte durchaus auch für die Namen der Fische zutreffen, denn ebensowenig, wie die kategoriale Bedeutung des 'Genus' immer dem natürlichen Geschlecht entspricht (vgl. der Trampel, der Dragoner, das Mensch, das Groupie, die Memme, die Drohne), bringt eine arbiträre Lautform zum Ausdruck, daß Fische ausnahmslos zu der nominalen Kategorie der Lebewesen gehören. Der Walfisch ist morphologisch mit anderen fisch-Ableitungen verwandt, aber es ist eine Frage des Weltbilds, ob dieses Wirbeltier bedeutungsmäßig zu den kaltblütigen Kiemenatmern oder zu den warmblütigen Säugetieren gerechnet wird. Die pronominale Flexion im Deutschen kennt nur drei Kongruenzklassen die sogenannten 'Genera', aber das schließt nicht aus, daß Nomina mehr Klassen unterscheiden als die Artikelformen.

Für die Analyse der Endung -en als Morphem gibt es distributionelle Hinweise. Die nichtbelebten Substantive auf ... en kennen Derivationen, aber das Rückläufige Wörterbuch von Mater verzeichnet weder die auslautenden Sequenzen *... enchen, *... enlein noch *... enlich, *... enig, *... enisch, dafür aber wohl Gärtchen (zu Garten), Häklein (zu Haken), schädlich (zu Schaden), bögig (zu Bogen), badisch (zu Baden). Vor diesen Suffixen werfen die erwähnten Wörter die Endung regelmäßig ab. Wörter, die im Mhd. noch keine interne Struktur aufwiesen, haben Restrukturierung erfahren: Faden, Ofen, Wagen mit den zugehörigen Diminutiva Fädchen, Öfchen, Wäglein. Die Opposition zwischen nichtbelebten Bezeichnungen auf -en und anderen Endungen ist augenfällig in folgenden Minimalpaaren (4.8):

(4.8)	a	Lump-en	'Fetzen'	b	Lump	'Gauner'
		Tropf-en	'Wassermenge'		Tropf	'Kerl'
		Drach-en	'Fluggerät'		Drache	'Fabeltier'
		Knot-en	'Schlinge'		Knote	'Kerl'
		Lapp-en	'Tuch'		Lappe	'Lappländer'
		Frank-en	'Währung'		Franke	'Bewohner Frankens'
		Rapp-en	'Münze'		Rappe	'Pferd'

Alle Maskulina in (4.8a) haben im Gegensatz zu jenen in (4.8b) jetzt das Merkmal [- Belebt], während die Formenpaare in einem früheren Stadium des Hochdeutschen Varianten voneinander waren.

Wie vorher schon analog zu Aronoff argumentiert wurde, hat nicht jedes Morphem eine Bedeutung, aber umgekehrt impliziert Bedeutung ein Morphem oder ein Wort. Wenn also eine Endung bedeutungsunterscheidend (oder besser zeichenunterscheidend) wirkt, so muß dieser Bedeutungsunterschied mit einem Morphem (oder Morphemkomplex) verbunden sein, und dann ist -en hier als stammbildendes Suffix zu klassifizieren. Anders als bei Wurzel wird hier jedoch angenommen, daß solche Suffixe nicht durch Stammbildungsregeln eingeführt werden, sondern mit zur Basis gehören.

In der Derivation wird indessen nicht nur ... en sondern auch auslautendes ... e der Basis regelmäßig getilgt. Es fehlen außerdem auslautende Sequenzen *... echen, *... elein (wohl Diminutivbildungen des Typs Eselein), *... elich (mit Ausnahme des Adjektivs ehelich), *... eig, *... eisch, dagegen gibt es wohl Glöckchen (zu Glocke), Wieglein (zu Wiege), monegassisch (zu Monegasse), gewerblich (zu Gewerbe), würdig (zu Würde). Weil das e in Größe (zu groß) selber ein Derivationssuffix ist, kann eine Gliederung Größ-e als gesichert gelten, aber problematisch ist, ob Fuchsie (neben Fuchsia) eine interne Struktur hat, es sei denn, daß beide Formen Fuchsi-en als Plural haben, so daß auf eine Gliederung Fuchsi-e geschlossen werden könnte. Im Prinzip könnte die Tilgung des auslautenden e vor dem Pluralsuffix -en auf zweierlei Weise gedeutet werden: als Degeminierung identischer Segmente (vgl. Wurzel: 223) oder als Tilgung eines Morphems vor einem anderen. Weil für die Tilgung des stammbildenden Suffixes -en in der Derivation ohnehin nur eine 'morphologische' Analyse in Betracht kommt, liegt eine analoge Behandlung des auslautenden Schwa auf der Hand. Hier wird ebenso wie bei Wurzel angenommen, daß auslautende Schwa an der Basis, die vor einem Suffix mit Ø alternieren, selber stammbildende Suffixe sind. Ein solches Argument läßt sich z.B. auch für eine Aufgliederung der Form Kode finden; der auslautende Vokal alterniert mit null in der Ableitung kod-ifizieren. Der Plural Kod-e-s zeigt indessen, daß eine solche Alternation nur vor bestimmten Suffixen stattfindet. Darauf ist noch einmal in Abschnitt 4.3.2 zurückzukommen.

4.2.3 Flexive

Wurzel (und Lieber 1980 pflichtet ihm darin bei) sieht in den Endungen der Pluralformen Hühn-er und Graf-en keineswegs echte Pluralelemente, was er mit der semantischen Motivierung in Zusammensetzungen wie Graf-en-sohn, Hühn-er-keule und Derivationen wie einblätt-r-ig zu belegen sucht.

> "Wir haben es also offensichtlich auch in diesem Fall mit einem Stammbildungselement zu tun, das sich jedoch von den anderen darin unterscheidet, daß es innerhalb der Flexionsparadigmen nur den Stamm für den Plural und in bestimmten Fällen gleichzeitig die Basis für Derivationen bildet" (: 28).

Wurzel unterscheidet also, ebenso wie das hier getan wird, Wurzelmorpheme und Stammbildungselemente, die zusammen den Stamm bilden. Ein solcher Stamm, z.B. Kind-er (Details werden hier ausgelassen), bildet bei ihm dann die Basis sowohl für Zusammensetzung und Derivation (Kind-er-kopf, Kind-er-chen) wie für die Pluralflexion (Kind-er). Letztere Form ist das Ergebnis einer Pluralbildung mit -e. Während das e der Pluralform Hund-e erhalten bleibt, wird es in Kind-er-ɇ durch dieselbe Regel eliminiert, welche die zugrundeliegende Pluralform /spīgel+e/ zu Spiegel reduziert (vgl. oben Regel 4.5).

Gegen diese Analyse ist Folgendes einzuwenden. Nicht nur in der Flexion, sondern auch in der Derivation hat die Endung -er eine klare Pluralbedeutung, denn Singularfügungen wie *das Kind-er-chen und *des Kind-er-chen-s sind ausgeschlossen. Zwar ist das Morphem -er in der Zusammensetzung Kind-er-kopf demotiviert, aber es ist kaum überraschend, wenn Augmente aus dem vorhandenen Flexivinventar stammen. Wie das 'unorganische' Fugenelement -s in Erholung-s-heim, freiheit-s-liebend zeigt, muß das jedoch nicht immer der Fall sein.

Vielmehr sind vier verschiedene Pluralmorpheme zu unterscheiden: -s, -er, -e, -en. De Saussure (: 161) stellt fest, daß Plurale in verschiedenen Sprachen jeweils einen verschiedenen "Wert" haben, aber er sagt nicht explizit, ob er Pluralbildungen für vollständig oder nur teilweise motivierte Zeichen hält:

> "Le pluriel anglais ships 'navires' rappelle par sa formation toute la série flags, birds, books, etc., tandis que men 'hommes', sheep 'moutons' ne rappelle rien" (: 181).

Weil die vier Pluralmorpheme jeweils eine konstante lautliche Form besitzen, die arbiträr mit einer konstanten Bedeutung verbunden ist, sind sie als minimale Saussuresche Zeichen zu betrachten.

Manche Beschreibungen unterscheiden zwischen einem umlautenden und einem nichtumlautenden Pluralzeichen -e (so Curme 1905), aber die Tatsache, daß ein Suffix Umlaut auslöst, kann weder als eine semantische noch als eine phonologische Eigenschaft angesehen werden. Vielmehr ist jener Teil der Basis, der vor Plural-e Umlaut erfährt, entsprechend zu markieren, grundsätzlich so, wie Wurzel es auch tut. Bei identischer lautlicher Form und identischer Bedeutung ist nur auf ein einziges Pluralzeichen -e zu schließen.

Wenn entsprechend Aronoffs Hypothese (4.6) jede Form von regelmäßiger Wortbildung das vollständig spezifizierte Wort als Basis hat, dann gilt das erst recht für Flexion. Daraus folgt, daß Pluralbildungen zusammengesetzte Zeichen sind, denn ihre Bedeutung ist sowohl aufgrund ihrer Struktur wie aufgrund der Bedeutung der einzelnen minimalen Zeichen, aus denen sie zusammengesetzt sind, vollständig vorhersagbar. Aufgrund ihrer gemeinsamen Bedeutung sind die vier Pluralmorpheme als Synonyme zu betrachten (es sei denn, man leugnet wie Bergenholtz 1976: 43, daß Synonymie existiert), aber jedes für sich ist ein Zeichen.

Das Pluralmorphem -en hat ein Allomorph -n – die Eliminierungsregel (4.5), welche diese beiden Formen aufeinander bezieht, läßt ihre Bedeutung unberührt. Es gibt dagegen keine morphologisch bedingten, anders als durch gemeinsame Bedeutung motivierten Regeln, die es zuließen, die vier zugrundeliegenden Pluralmorpheme als Allomorphe voneinander zu betrachten. Über die Möglichkeit, daß Morpheme jedoch mit null alternieren, ist noch in Abschnitt 4.3 zu sprechen.

Trotz der verwirrenden Vielfalt an Homonymen, welche die einzelnen Morpheme -s, -er, -e, -en jeweils im Deutschen kennen – oder vielleicht besser deswegen – wird im Folgenden als Ausgangspunkt genommen, daß die Flexive für Kasus, Numerus, Person, Tempus und Modus alle Saussuresche Zeichen sind. Es ist dies die strengste Hypothese, denn sie impliziert, daß flektierte Wörter vollständig spezifizierte Wörter als Basis haben.

4.2.4 Die unmarkierte Flexionskategorie

Wenn flektierte Wörter von vollständig spezifizierten Wörtern abgeleitet werden, ist davon auszugehen, daß eine der Alternanten aus dem Paradigma als Basis für die anderen Alternanten dient (vgl. Bloomfield 1933: 224). Es liegt auf der Hand, daß das morphologisch weniger markierte Glied (im allgemeinen das flexionslose) als Basis für die Ableitung des morphologisch markierteren Gliedes dient. Was die Numeri betrifft, ist unumstritten, daß der Singular unmarkiert ist vis-à-vis dem Plural. Für die Kasus scheint es angebracht, den Nominativ als die unmarkierte Kategorie zu bezeichnen.

In der romanistischen Literatur trifft man andere Auffassungen an, so neuerdings noch bei Hogg (1979) und implizite bei Mayerthaler (1977). Ersterer beruft sich dabei auf Hooper (1976), die bei der Diskussion über Rhotazismus den paradigmatischen Ausgleich des lateinischen honos folgendermaßen zu erklären sucht:

> "The direction of the leveling suggests /honor/ as the base form. This is not too surprising, since leveling usually favors the forms of the basic or unmarked category. Evidence in Latin and Early Romance suggest[s] that the accusative is considered the basic category for nouns, since this is the case that came to replace all others when case distinctions were being lost. Thus at this intermediate stage, there is already a restructured underlying form, /honor/, and an inverse rule r → s, in the nominative of certain nouns" (: 95-6).

Demnach müßte der Nominativ als die markierte grammatische Kategorie angesehen werden.

Die Frage wäre jedoch berechtigt, ob stattdessen die phonologische Markiertheit der Basis auslösender Faktor für die Veränderung gewesen sein könnte. Schließlich gibt es zu honos nicht nur ein Flexions-, sondern auch ein Derivationsparadigma, und zwar nicht nur honestus, sondern auch honōrābilis, honōrārius, honōrātus, honōrāre, honōrificus. Außerdem wäre die Frage zu beantworten, ob die Endung von honos zum Zeitpunkt des Ausgleichs ein Teil der Basis (eventuell ein stammbildendes Suffix) oder eine Flexionsendung ist. Hier könnte ja auch eine Rolle spielen, daß ein Mindestmaß an Allomorphie erstrebt wird. In allen Ableitungen außer im Adjektiv honestus und im Nominativ honos ist honōr- das Basisallomorph, also darin könnte schon ein Anlaß zur Restrukturierung gesehen werden. Das hieße dann, daß nicht eine der Varianten, sondern eine abstrakte Basisform zu wählen wäre. Ähnlich ließe sich über die morphologischen Veränderungen in anderen Flexionsklassen spekulieren.

Daß die Basisform von ratio (neben ratiōnis, ratiōnābilis, ratiōnālis, ratiōnārium) in irgendeinem Stadium möglicherweise ratio-n- aber später ration- ist, wäre schon denkbar. Solche Fälle von Metanalyse, in denen eine Morphemgrenze eliminiert oder verschoben wird, sind zumindest bei einzelnen lexikalischen Einheiten bezeugt: fr. dinde 'Puter' (< oiseau d'Inde), ndl. schoen 'Schuh' (< scoe, Pl. scoe-n), dt. Birne (< bir,

Pl. bir-n), oder Präfigierung mit einem Pluralzeichen von vokalisch anlautenden Wörtern in Hiatusstellung: entre quatre [z]yeux. Umgekehrt sind Fälle bezeugt, in denen Morpheme restrukturiert werden. Oben in Abschnitt 4.2.2 wurden bereits die Wörter Wagen, Ofen, Faden erwähnt. Ein neueres Beispiel ist das Verb röntgen, das von dem Personennamen Röntgen abgeleitet worden ist; dazu lauten die dritte Person Singular und der Imperativ röntgt, röntg!. Vom Substantiv Zyklamen ist das Adjektiv zyklam (neben zyklamfarben) abgeleitet. Restrukturierung der Basisform für die Flexionsparadigmata ist übrigens nur ein Faktum, das man erst im nachhinein feststellen kann. Offen bleibt, was diese Metanalyse bewirkt hat. Sowohl die eine Erklärung, daß auf einmal der Akkusativ als unmarkierte Kategorie aufgetreten sein sollte, wie die andere, daß Allomorphie vermieden werde, sind ad hoc.

Wetzels (1981) weist indessen nach, daß die Annahme, der Akkusativ sei in den romanischen Sprachen der unmarkierte Kasus, auf einer Fehlinterpretation beruht. Zunächst weist er darauf hin, daß Untersuchungen über Kinderspracherwerb in mit dem Lateinischen vergleichbaren Sprachen wie Russisch und Deutsch ergeben haben, daß Kinder, gleichgültig welchen Kasus die Erwachsenengrammatik erfordern würde, alle Nomina erst einmal im Nominativ verwenden. Weil diese Beobachtung sich durch Daten aus vielen anderen Sprachen bestätigen läßt, schreibt Slobin (1970):

> "The underlying semantic-cognitive structure of human experience is universal, and these universals of structured experience seem to be expressed in strikingly similar fashion in child speech around the world" (: 175).

Des weiteren argumentiert Wetzels, daß es zumindest bemerkenswert ist, daß lateinische Akkusativformen oft durch ein zusätzliches Morphem markiert sind – weshalb man darin eine semantisch sekundäre Kategorie sehen könnte. Als drittes Argument zitiert er Fälle von morphologischem Ausgleich im Lateinischen, vielfach zugunsten der Nominativform: vōx : (vocis >) vōcis (vgl. Juret 1937: 92), corpos (> corpus) : (corperis >) corporis (vgl. Meillet/Vendryès 1927: 433). Viertens führt Wetzels Beispiele an, in denen Wörter die Nominativform erhalten, sobald sie wie etwa in Aufzählungen und in der Apposition eine geringere syntaktische Abhängigkeit aufweisen: quemvis hominem secum attulit ad nos: grammaticus, rhetor, geometres, pictor, aliptes, augur, schoenobates und Sextili, Dionysiae filius (vgl. Hofmann/Szantyr 1965: 28). Er bemerkt dazu:

"C'est en nous fondant sur ces faits que nous concluons avec Meillet

> et Vendryès qu'en latin 'c'est sous la forme du nominatif que, hors de la phrase, le nom se présente à l'esprit' (1927: 500), remarque qui, d'ailleurs, constitue m u t a t i s m u t a n d i s une définition parfaite du cas non-marqué" (: 107).

Ausschlaggebend für seine Argumentation sind jedoch die Entwicklungen von Paradigmata im Altfranzösischen (und diese sind exemplarisch für die in anderen romanischen Sprachen). Es sind die Substantivparadigmata für das Maskulinum und das Femininum (4.9):

(4.9)

	Maskulinum			Femininum	
	Sg.	Pl.		Sg.	Pl.
Nom.	-s	∅	Nom.	∅ (-s)	-s
Obl.	∅	-s	Obl.	∅	-s

Aus dem Schema in (4.9) geht hervor, daß die Endung -s im Maskulinum zweifach markiert ist, entweder [- Obl, - Plur] oder [+ Obl, + Plur] (eine einzige Markierung genügt nicht). Bei den meisten Feminina reicht dagegen eine Markierung für die Endung -s aus, nämlich [+ Plur].

Das -s im Substantiv des Altfranzösischen ist also funktional vielfach belastet. Es besteht deshalb von vornherein paradigmatischer Druck, diese Polysemie zugunsten einer geringeren funktionalen Belastung (eine Form : eine Bedeutung) aufzugeben. Außerdem verstößt das Flexionssystem gegen ein Prinzip, nach dem semantisch primäre Kategorien phonologisch unmarkiert und sekundäre markiert sind, denn im Maskulinum hat der Nominativ im Singular eine Endung -s, aber im Plural ist er endungslos. Nach Linell (1979), der sich auf Jakobson und Greenberg beruft, geht der Abbau morphologischer Differenzierungen immer in einer bestimmten Reihenfolge vor sich. Von den drei hier relevanten Kategorien wird erst der Genusunterschied, dann der Kasusunterschied und erst ganz zuletzt der Numerusunterschied aufgegeben. Im Altfranzösischen gibt es also zwei funktionale Gründe für einen morphologischen Ausgleich, der erwartungsgemäß in einer bestimmten Reihenfolge vor sich gehen müßte.

Wetzels zeigt, daß genau das geschieht, was die drei voneinander unabhängigen Prinzipien vorhersagen. Wegen des paradigmatischen Drucks besteht eine Tendenz, den Genusunterschied im Nominativ zugunsten des Maskulinums aufzuheben: Zeichen für den Nominativ Singular wird das -s. Außerdem geben die Paradigmata, die mit ein und demselben Zeichen sowohl Kasus wie Numerus unterscheiden, eines dieser Flexionszeichen auf. Erwartungsgemäß wird nur noch der Numerusunterschied beibehalten: Die flektierte Pluralform mit -s erhält eine unflektierte, weder für Genus noch für Kasus markierte Form als Basis.

Im Altfranzösischen ist es die funktionale Belastung durch Homonymie der Flexive, die einen Ausgleich zugunsten jener Form fördert, die auf einen ursprünglichen Akkusativ zurückzuführen ist. Im lateinischen Fall honos (Gen. honōris) ist es das Paradigma der Nomina agentis des Typs auctor (Gen. auctōris), das Analogie bewirkt; es fehlt der Nachweis, daß gerade nur der Akkusativ Singular diese Veränderung in der Nominativform ausgelöst hat. Weder im einen noch im anderen Fall ist die Umstrukturierung darauf zurückzuführen, daß der Akkusativ irgendwann zum unmarkierten Kasus geworden wäre.

Die Wahl der unflektierten Allo-Form als Basis für die flektierte, des Singulars als Basis für den Plural und überhaupt der weniger markierten Form als Basis für die markiertere wird nunmehr als selbstverständlich vorausgesetzt. Wie das lateinisch-romanische Paradigma zeigt, kann in jenen Fällen das frequentere Allomorph gewählt werden. Die Richtigkeit einer Wahl des Nominativs als Basis bei der Ableitung der obliquen Kasus dürfte immerhin hinreichend begründet sein.

4.3 Nullallomorphie

4.3.1 Phonologischer Gehalt

Wenn man keine Allomorphie – also auch keine Nullallomorphie – zuläßt, gleichzeitig aber Nullmorpheme in das Zeicheninventar aufnimmt, und umlautende sowie nichtumlautende Pluralbildungen verantworten will, so muß man unter Umständen wenigstens neun Pluralmorpheme unterscheiden: -Ø, ¨-Ø, -ə, ¨-ə, -ər, ¨-ər, -n, -ən, -s (so Mugdan 1977).

Winter (1964) läßt nur monosegmentale Nullallomorphie gelten. In seinem niederdeutschen Heimatdialekt weist z.B. die Verbalform hi zex 'er sagt' (gegenüber hi mo:kt 'er macht') denselben t-Schwund auf wie dix 'dicht' (neben dixtə 'dicht, Komp.'), weshalb er folgende Prinzip aufstellt:

> " ... in the special case that the total phonic substance of a morpheme consists of one phoneme subject to phonologically conditioned partial loss, a zero-allomorph of this one-phoneme morpheme can be admitted" (: 16).

Kastovsky (1980) postuliert eine Nullkonvention, die eine formelle Version dieses Prinzips zu sein scheint:

> "If a phonological rule deletes a segment which exhaustively represents a formative, then Ø resulting from the deletion

operation has morphological surface status" (: 230).

Dadurch können im Prinzip nicht nur monosegmentale, sondern auch polysegmentale Formative einbezogen werden, aber ihm geht es namentlich darum, zwischen zwei Arten von Tilgung zu unterscheiden, nämlich Morphemkürzung etwa von /dis/ zu /di/ in dissimilar 'unähnlich' und Morphemtilgung von /t/ zu /Ø/ in bet 'wetten, Prät./2.Part.':

> " ... with /bet+t/, the output would now be [bet+Ø], because [t] in [bet+t] represents {PRET}, {PART II} (< /d/ by Voice Assimilation < /id/ by Vowel Deletion)" (: 230-1).

Dies illustriert jedoch gleichzeitig, daß er im Gegensatz zu Winter nicht in allen Stadien der Derivation auf 'phonische Substanz' besteht.

Um eine Proliferation von Nullendungen zu verhindern, kann in Übereinstimmung mit Chomsky (1965: 170-84) folgende Bedingung gelten: Morpheme haben phonologischen Gehalt, m.a.W., sie bestehen aus einem oder mehr vollständig spezifizierten Segmenten. Denn ebenso wie das Saussuresche Zeichen das Lautbild (d.h. ein Morphem, ein Morphemgefüge, ein Wort oder eine Phrase) voraussetzt, hat das Lautbild den Laut (ein einzelnes Segment oder eine Segmentkette) als Voraussetzung. Das bedeutet, daß es keine Nullmorpheme geben kann, sondern nur Nullallomorphe. Lücken in einem Paradigma haben demnach weder phonologischen noch 'symbolischen' Status, es sei denn, es läßt sich eine Alternation zwischen einem Morphem und null begründen.

Das bedeutet auch, daß interner Lautwechsel nicht als 'Morphem' gelten kann. Das gilt sowohl für die Längung des u in der Pluralform Lapsus (linguae) wie für den Umlaut des u in der Pluralform Mütter, denn in diesen Formen ist kein Segment und keine Segmentkette vorhanden, die als ein Pluralmorphem zu identifizieren wären. Im übrigen ist Umlaut ein Sammelbegriff für ähnliche aber doch unterschiedliche Alternationen: Die Pluralform Mütter unterscheidet sich in einer Merkmalspezifizierung [- back] von ihrer Basisform, jedoch die Pluralform Väter in drei [- back, - low, - tense]. Der Lautwechsel ist in diesen Formen zwar zeichenunterscheidend, aber kein Zeichen in sich (es wäre ja sonst auch nicht mehr möglich, Zeichenunterscheidendes und Zeichen grundsätzlich auseinanderzuhalten). Umlaut kann also nur als kategorial oder kontextuell bedingte Allomorphie gewertet werden.

Was die Flexionsregeln betrifft, wird hier weiter angenommen, daß sie denselben Prinzipien unterliegen wie Wortbildungsregeln und daß Wortbildungsregeln nur Morpheme mit phonologischem Gehalt einführen. Auf diese Formen sind Allomorphieregeln anwendbar, die über phonologische Ketten operieren, aber über spezifische Morpheme oder morphologische Ketten spezifiziert sind. Solche Regeln lassen freilich auch Nullallomorphie zu. Wenn sich keine phonologisch motivierten, von der Bedeutung unabhängigen Allomorphieregeln finden lassen, bedeutet das für die Pluralsuffixe -er, -e, -en, -s in der Tat, daß sie als vier separate Morpheme unterschieden werden müssen.

4.3.2 Kappen

Isačenko (1972) argumentiert, daß es im Russischen eine spezifische Form von Nullallomorphie gibt, bei der Morpheme vor Morphemen getilgt werden. Er betont, daß dieses Phänomen im Gegensatz etwa zu Haplologie und Synkope völlig regelmäßig und vorhersagbar ist und anscheinend auch bei spontanen Neubildungen aus der Kindersprache funktioniert. Seine Ideen sind übrigens nicht unangefochten geblieben (vgl. Lopatin/Uluxanov 1974), aber Aronoff (1976) sieht besonders in einigen der von Isačenko angeführten Beispielen eine Bestätigung der Annahme, daß Wörter aus Wörtern abgeleitet werden. Es sind Verbalableitungen wie die folgenden (4.10):

(4.10)	buržuá	buržuáz-n-yj	oburžuáz-it'-s'a
	'Bourgeois'	'bürgerlich'	'verbürgerlichen'
	blagoród-stvo	blagoród-n-yj	oblagoród-it'
	'Edelsinn'	'edel'	'veredeln'
	cingá	cing-ót-n-yj	cing-ót-it'
	'Skorbut'	'skorbutisch'	'skorbutisch werden'

Die Derivation der jeweiligen Verben vom verwandten Substantiv wäre problematisch, vom Adjektiv dagegen ginge sie völlig regelmäßig vor sich, obwohl phonologisches Material, wenigstens ein -n, getilgt werden müßte. Die folgenden Beispiele aus Isačenko belegen die phonologische Beziehung zwischen Verb und Adjektiv noch überzeugender (4.11):

(4.11)	bez umá	bez-úm-n-yj	obez-úm-et'
	'ohne Verstand'	'besinnungslos'	'besinnungslos machen'
	bez zemlí	bez-zemél'-n-yj	obez-zemél-it'
	'ohne Land'	'landlos'	'landlos werden'
	bez nadéždy	bez-nadëž-n-yj	obez-nadëž-it'
	'ohne Hoffnung'	'hoffnungslos'	'Hoffnung verlieren'

In letzteren Beispielen haben Adjektiv und Verb jeweils nicht nur denselben Akzent, sondern auch denselben Vokalismus im Stamm. Wie Isačenko feststellt, wird in der Ableitung das Stammsuffix des Adjektivs vor dem

Themavokal des Verbs getilgt.

In Kloeke (1978b) ist argumentiert worden, daß es im Deutschen ebenfalls Beispiele von dieser besonderen Form der Nullallomorphie gibt, welche im Gegensatz zu Synkope und Haplologie immer völlig regelmäßig ist. Die Unregelmäßigkeit von Synkope ist allein schon aus Schwankungen ersichtlich: *Mäntlein* neben *Mäntelein*, *Vöglein* neben *Vögelein*; Haplologie gibt es in *Zauberin* (< *Zaubererin*), *Hamsterin* (< *Hamstererin*), aber nicht in *Auswandererin* und sie schwankt in *Abenteu(r)erin*. Um wieder das Beispiel der Derivation von *Gärt-chen* heranzuziehen: Nachdem durch die Wortbildungsregel (4.7) die Basis *Gart-en* um das Diminutivsuffix *-chen* erweitert worden ist, muß das stammbildende Suffix *-en* durch folgende Kappregel eliminiert werden (4.12):

(4.12) $$\Big[\big[\ \underset{1}{X}\ \ \underset{2}{+\,en}\ \big]\ \underset{3}{+\,chen}\ \Big] \rightarrow 1\ \emptyset\ 3$$

Kappen ist also formal eine Art von Nullallomorphie, die nicht nur voraussetzt, daß dieser Wechsel regelmäßig ist, sondern auch, daß der alternierende Teil und der bedingende Faktor beide nicht irgendwelche Lautketten, sondern Morpheme sind. Es ist nicht erforderlich, daß solche Morpheme auch minimale Saussuresche Zeichen sind. Das spielte oben nur bei der Identifizierung des stammbildenden Elements *-en* als Morphem eine Rolle, weil argumentiert wurde, daß es wenigstens teilweise oder womöglich sogar vollständig motiviert ist. Kappen ist vielmehr ein morphologischer Prozeß. In Abschnitt 4.2.2 wurde angeführt, daß auslautende Sequenzen vom Typ **... en-chen* aber auch **... e-chen* im Deutschen fehlen, und von irgendeiner Bedeutung war dabei nicht die Rede. Erwartungsgemäß fehlen denn auch homonyme Morpheme in dieser Position, die nicht unbedingt als stammbildende Suffixe zu identifizieren sind. So gibt es zu den Pluraliatantum *Leute*, *Kinkerlitzen* erwartungsgemäß die Diminutivbildungen *Leut-chen*, *Kinkerlitz-chen*.

Andere Arten von Nullallomorphie werden in der englischen Literatur auch unter dem Sammelbegriff "truncation" aufgeführt, aber darunter können eben verschiedene Formen von Morphemkürzung gefaßt werden (vgl. Jakobson 1948, Schane 1968). Für das Deutsche ist jedoch noch eine Nullalternation relevant, und zwar Apokope.

Apokope liegt vor, wenn das auslautende *e* des diskontinuierlichen Affixes *Ge- ... -e* außer nach stimmhaften Obstruenten getilgt wird:

Ge-bräu-~~e~~, Ge-fühl-~~e~~, Ge-tier-~~e~~, Ge-fäß-~~e~~, Ge-büsch-~~e~~ gegenüber Ge-web-e, Ge-länd-e, Ge-birg-e, Ge-häus-e, Ge-häng-e (vgl. die Beispiele 3.8 und Wurzel: 181, Regel SV 5b). In Abschnitt 4.4 wird bei der Pluralbildung mit -e noch eine dritte Form von Nullallomorphie zur Sprache kommen.

Kappregeln vom Typ (4.12), Tilgung eines spezifischen Morphems vor einem anderen spezifischen Morphem, haben indessen einen größeren Anwendungsbereich. Folgende Alternationen lassen sich nach generellen Prinzipien erklären, wenn man annimmt, daß die betreffenden Wörter intern gegliedert sind (4.13):

(4.13)	a	Firm-a	b	Firm-en	c	firm-ieren
		Bas-is		Bas-en		bas-al
		Bas-e		Bas-en		bas-isch
		Vot-um		Vot-en (Vota)		vot-ieren
		Glob-us		Glob-en (Globusse)		glob-al

Vorausgesetzt, man akzeptiert, daß die Wörter in (4.13a) eine interne Struktur haben, so kann die Pluralbildung auf -en durch eine generelle Regel erklärt werden, welche die stammbildenden Suffixe -a, -is, -e, -um, -us kappt. Zusätzliche Motivation für das Ansetzen einer internen Morphemgrenze kommt aus den Beispielen in (4.13c).

Je nachdem, ob in Wörtern wie Diva oder Saldo eine Morphemgrenze vorhanden ist, ist eine andere Regel für die Pluralbildung anzuwenden. Eine Sonderregel, die nur für 'italienische' Lehnwörter gilt, ergibt den Plural Saldi, aber sonst bekommen Substantive mit Vollvokal im Auslaut ein -s im Plural: Diva-s, Saldo-s. Die Strukturierung Div-a-s, Sald-o-s gehört freilich auch zu den Möglichkeiten, denn vor -s werden keine Morpheme abgekappt. Die Pluralbildung mit -en setzt dagegen eine innere Struktur der Basis Div-a, Sald-o (vgl. auch sald-ieren) voraus: Div-en, Sald-en. Substantive mit denselben Endungen wie in (4.13a) ohne interne Gliederung können keinen Plural mit -en bilden und verlieren diese denn auch nicht im Plural (4.14):

(4.14)	a	Oma	b	Oma-s	(*Omen)
		Iltis		Iltiss-e	(*Ilten)
		Wag-nis		Wag-niss-e	(*Wagnen)
		Slum		Slum-s	(*Slen)
		Reich-tum		Reich-tüm-er	(*Reichten)
		Sinus		Sinus, Sinuss-e	(*Sinen)
		O-bus		O-buss-e	(*Oben)

Es ist also die Existenz einer Kappregel (Tilgung eines stammbildenden Suffixes vor dem Pluralsuffix -en), die ein Argument an die Hand gibt, Wörtern wie Straß-e mit der Pluralform Straß-en (vgl. Abschnitt 4.2.2) eine innere Struktur zu geben. Vor -en aber auch vor bestimmten anderen Suffixen fehlt das Schwa überhaupt, und deshalb wird es entweder regelmäßig getilgt (Adress-at zu Adress-e, Konkubin-at zu Konkubin-e, Korall-in zu Korall-e) oder es alterniert mit einem gespannten e-Laut (Goethe-aner zu Goethe, Hanse-at zu Hanse, Mauve-in zu Mauve).

Der Eindeutschungsprozeß von Fremdwörtern kennzeichnet sich durch folgende Phasen. Zum Beispiel Fresko hat weder einen italienisierenden Plural *Freski noch einen Plural *Fresko-s (oder *Fresk-o-s). Offensichtlich ist der Singular Fresk-o aufgegliedert, denn der Plural wird mit -en gebildet: Fresk-en. Die endgültig eingedeutschte Form des Singulars ist inzwischen Fresk-e geworden. Zwei generalisierende Prozesse, Pluralbildung mit dem frequentesten Pluralsuffix -en (vgl. Abschnitt 4.1.4) sowie Tilgung eines auslautenden Schwa vor eben diesem Suffix lassen auf eine interne Struktur der Wortstämme auf ... e schließen. Dadurch kann auf eine Regel 'Tilgung eines auslautenden Schwa vor Suffix' verzichtet werden und der Anwendungsbereich von Kappregeln wird entsprechend erweitert.

4.4 Substantivflexion

Deutsche Substantive bilden ihren Plural mit den Suffixen -er, -s, -e, -en, oder sie bleiben endungslos. Bei den Substantiven, die im Plural endungslos bleiben, sind gewisse Teilregelmäßigkeiten zu erkennen. Abgesehen von den beiden Feminina Mutter und Tochter, die im Plural Umlaut haben, und vom Maskulinum Käse, gehören zu dieser Gruppe Maskulina und Neutra auf ... el, ... em, ... en, ... er, die sich zum Teil jedoch im Plural durch Umlaut unterscheiden, sowie Neutra, die mit dem Diminutivsuffix -chen, -lein, -le, -erl oder mit dem diskontinuierlichen Affix Ge- ... -e gebildet werden.

Die meisten beschreibenden Grammatiken sind darauf bedacht, Fremdwörter von den übrigen Substantiven zu unterscheiden, aber diese Trennung läßt sich nicht mit den Deklinationsendungen begründen. Als Fremdwörter klassifizierte Substantive können nämlich mit einem der vier erwähnten Pluralsuffixe ihren Plural bilden oder aber endungslos bleiben. Das Pluralzeichen -er erscheint nur in dieser Form und hat also kein Allomorph, ebensowenig wie das Pluralzeichen -s. Das Pluralzeichen -en hat, wie in Abschnitt 4.1.4 erörtert wurde, tatsächlich ein Allomorph -n; das Schwa der hochsprachlichen Norm ist nicht etwa durch Regel (1.43) zu erklären, denn zu den Feminina Unruh, Fee gibt es die Pluralformen Unruh-en, Fe-en, aber in diesen Wörtern fehlt ein Konsonant links vom Fokus, der die Epenthese auslösen könnte. Wurzel (: 171) nimmt in seine Epentheseregel eine Morphemgrenze auf und leitet das Suffix aus zugrundeliegendem /+n/ ab, aber in diesem Abschnitt wird sich zeigen, daß es sowohl Suffixe von der Form -en wie -n gibt. Ersteres ist also als zugrundeliegend für das Pluralsuffix anzusetzen. Über eine mögliche Allomorphie des Pluralsuffixes -e ist in den anschließenden Absätzen zu sprechen. Es gibt auch Allomorphie in der Basis: Zwei der vier Pluralsuffixe gehen mit Umlaut einher, nämlich -e und -er. Vor der Pluralendung -er wird ein umlautfähiger Vokal immer umgelautet: Irr-tüm-er (M.), Spitäl-er (N.); Feminina, die einen Plural mit -er bilden gibt es nicht. Vor der Pluralendung -e bleiben umlautfähige Vokale vielfach unverändert. Wenn der Umlaut auftritt, dann erscheint er in allen vier Pluralkasus; im Dativ Plural all dieser Substantive erscheint außerdem ein -n.

Die Pluralbildung mit -e geht bei Maskulina und Neutra nicht immer mit Umlaut einher, Feminina mit umlautfähigem Stammvokal werden jedoch ausnahmslos umgelautet (4.15):

(4.15)			Sg.	Pl.
	a	(M.)	Baß	Bässe
		(N.)	Floß	Flöße
		(F.)	Angst	Ängste
	b	(M.)	Arm	Arme
		(N.)	Schaf	Schafe
		(F.)	-	-

Wenn der Umlaut eintritt, erscheint er auch hier in allen vier Pluralkasus; im Dativ Plural sowohl der umlautenden wie der nichtumlautenden Substantive erscheint außerdem ein -n.

Von den Substantiven auf ...́ er, die im Nominativ Plural ohne Endung erscheinen, nehmen einige wohl den Umlaut (4.16):

(4.16)			Sg.	Pl.
	a	(M.)	Acker	Äcker
		(N.)	Kloster	Klöster
		(F.)	Mutter	Mütter
	b	(M.)	Computer	Computer
		(N.)	Opfer	Opfer
		(F.)	-	-

Wenn der Umlaut eintritt, erscheint er wiederum in allen vier Pluralkasus; im Dativ Plural sowohl der umlautenden wie der nichtumlautenden Substantive erscheint außerdem ein -n.

Das Pluralsuffix -e löst bei den Feminina also immer Umlaut aus. Wurzel setzt sowohl für die Substantive in (4.15) wie die in (4.16) ein Pluralsuffix *-e* an, das später in der Derivation getilgt wird. Das ist völlig in Übereinstimmung mit der in 4.1.4 diskutierten kanonischen Form *...́ eR(C)* der deutschen Substantive. Regel (4.5) muß deswegen nur geringfügig angepaßt werden, indem das auslautende *n* in der Formel fakultativ gemacht wird (4.17):

(4.17) Eliminierung des Flexions-e (Neufassung 4.5)

$$e \rightarrow \emptyset \left[\ldots \left\{ \begin{matrix} \overset{e}{[-\text{stress}]} \\ [+\text{E}] \end{matrix} \right\} R + \_\_\_ \ (n) \right]_N$$

Die Generalisierung, daß ein Plural-*e* bei Feminina immer Umlaut auslöst, kann beibehalten werden: Nicht nur wird so verantwortet, daß in den Substantiven in (4.16a) ebenso wie in (4.15a) der Umlaut in allen vier Pluralkasus eintritt, sondern damit wird gleichzeitig zum Ausdruck gebracht, daß Feminina vom Typ (4.16b) eben nicht existieren. Die funktionale Erklärung für das Fehlen einer solchen Gruppe Feminina gibt Werner (1969: 98). Bei Maskulina und Neutra bleibt die Singular/Plural-Opposition am begleitenden Kasusträger, z.B. am Bestimmwort, erhalten. Im Femininum und Plural der Bestimmwörter sind dagegen drei von vier Kasus homonym. Im übrigen kann angenommen werden, daß die im 1. Kapitel erwähnten Beispiele (1.31) *Charákter* und *Kalfákter* beide einen Plural auf *-e* bilden; bloß die Akzentverschiebung in *Charaktére* (vis-à-vis der Pluralform *Kalfákter*) verhindert eine Tilgung des auslautenden Vokals nach Regel (4.17). Die Annahme, daß die Wörter in (4.16a), aber auch die in (4.16b) zunächst mit einem Pluralsuffix *-e* gebildet werden, ist um so plausibler, als sie alle ebenso wie die Substantive in (4.15) ausnahmslos die Kasusendung *-n* im Dativ Plural bekommen.

Die Formulierung der Eliminierungsregel (4.17) hat diese Schlußfolgerung zwar bereits vorweggenommen, aber analoge Argumente lassen sich für Substantive auf *...́ el* vorbringen. Von jenen, die im Nominativ Plural endungslos erscheinen, haben einige wohl den Umlaut (4.18):

(4.18)

		Sg.	Pl.
a	(M.)	Apfel	Äpfel
	(N.)	-	-
	(F.)	-	-
b	(M.)	Hobel	Hobel
	(N.)	Takel	Takel
	(F.)	-	-

Wenn der Plural eintritt, erscheint er in allen vier Pluralkasus; im Dativ Plural sowohl der umlautenden wie der nichtumlautenden Substantive erscheint außerdem ein -n.

Die Analogie läßt sich nicht vollständig auf Substantive des Typs ..́. en übertragen (4.19):

(4.19)

		Sg.	Pl.
a	(M.)	Graben	Gräben
	(N.)	-	-
	(F.)	-	-
b	(M.)	Balken	Balken
	(N.)	Pronomen	Pronomen
	(F.)	Sieben	Sieben (neben Siebenen)

Wenn der Umlaut eintritt, dann erscheint er in allen vier Pluralkasus; der Dativ Plural unterscheidet sich jedoch nicht durch eine Kasusendung.

Schließlich gibt es nur ein Substantiv des Typs ..́. em, das überhaupt einen Plural aufweist: Brodem. Der Genitiv Singular wird mit dem Kasuszeichen -s gebildet, aber in allen vier Pluralkasus fehlt der Umlaut, und auch der Dativ Plural unterscheidet sich nicht durch eine Kasusendung.

Was den Plural zu Sieben betrifft, verzeichnen alle Handbücher die endungslose, einige jedoch auch die in (4.19b) eingeklammerte Form mit der Endung -en. Die Ableitungen sieb-zehn, sieb-zig lassen darauf schließen daß das Substantiv mit dem Stammbildungssuffix -en gebildet ist, allerdings gibt es sieb-te neben sieben-te. Pluralbildung mit Suffix entspräche der Regel, daß Ziffern wie z.B. die Acht, die Neun usw. einen Plural auf -en bilden. In Abschnitt 4.1.4 wurde schon festgestellt, daß Sieben das einzige Substantiv der Form ..́. en ist, das einen Plural auf -en bildet; es muß nunmehr als Ausnahme von der Regel (4.17) spezifiziert werden. Und dann gibt es noch die Ebene mit dem Plural Ebenen, ebenfalls eine Ausnahme von der oben erwähnten kanonischen Form der Substantive. Dieselbe funktionale Erklärung wie bei (4.16) trifft hier zu: Bei Eliminierung des e würde sich eine Homonymie des Singulars und des Plurals, die beim begleitenden Numerus- und Kasusträger schon existiert, auch auf das Substantiv erstrecken.

Es gibt eine Reihe sogenannter 'substantivierten Adjektive', zu der auch substantivierte Partizipien gehören, die zunächst nichts mit dieser Diskussion zu tun zu haben scheinen (4.20):

(4.20)	a	das Innere	b	innere
		das Äußere		äußere
		das Besondere		besonder
		der Erwachsene		erwachsen
		der Eingeborene		eingeboren
		der Gefangene		gefangen

Den Substantivcharakter entlehnen die Wörter in (4.20a) wohl der Tatsache, daß keine semantisch äquivalenten Substantive mit ihnen in Konkurrenz stehen, in allen drei Genera flektieren sie aber auf jeden Fall wie ein Adjektiv. Ihr wesentliches Merkmal ist, daß sie eine völlig durchsichtige derivationelle Struktur haben: Es sind umkategorisierte Adjektive bzw. Partizipien. Adjektive verstoßen nicht gegen die Eliminierungsregel (4.17), weil diese nur für Substantive gilt. Damit sie jedoch nach der Umkategorisierung nicht das Schwa der letzten Silbe verlieren, müßte die Regel so eingeschränkt werden, daß die betreffenden Substantive nicht von anderen Wörtern abgeleitet sein dürfen.

Letztere Einschränkung ist jedoch zu pauschal, denn Fleischer (1969; 1976: 185-6) gibt Beispiele von deverbativen Ableitungen vom Typ Ge-lach-e, Ge-lauf-e mit pejorativer Bedeutung, die anders als die in 4.3.2 erwähnten 'Kollektiva' vom Typ Gefäß, Gebüsch keine Apokope erfahren. Einige von diesen 'Pejorativa' verlieren dennoch das auslautende -e, nämlich die Wörter Ge-murmel, Ge-plauder, Ge-polter, Ge-trampel. Dieser Verlust ist jedoch nicht durch Apokope zu erklären, sondern durch die kanonische Form deutscher Substantive: Mit auslautendem -e würden sie gegen die Eliminierungsregel (4.17) verstoßen. Diese muß folglich ihre Form beibehalten, und sowohl die Sieben und die Ebene wie die substantivierten Adjektive und Partizipien müssen von ihr durch ein Minusmerkmal ausgenommen werden.

Substantiva, deren Basis als Adjektiv spezifiziert ist, behalten also das e der letzten Silbe. Eine Bestätigung für die Richtigkeit der Regel findet sich in folgenden Minimalpaaren (4.21):

(4.21)

a	das(der) Elter	die Eltern	'Elternteil'
	der Ober	die Ober	'Oberkellner'
	der Jünger	die Jünger	'Apostel'
b	der Ältere	die Älteren	'der Betagtere'
	der Obere	die Oberen	'der Superior'
	der Jüngere	die Jüngeren	'der später Geborene'

Für die richtige Anwendung der Regel (4.17) muß allerdings angenommen werden, daß die Substantiva in (4.21a) demotiviert bzw. restrukturiert sind und keine Adjektiva als Basis enthalten.

Regel (4.17) enthält ein fakultatives n rechts vom Fokus. Ein anderer Sonant ist also in dieser Position nicht zugelassen. In der Tat bleibt das e der letzten Silbe in Mogeler, Badener, Plauderer erhalten, aber der Plural zu der Schauder lautet die Schauder und zu die Schlauder lautet er die Schlaudern.

Über die innere Struktur der Basis für Regel (4.17) ist nichts spezifiziert, und sowohl Last-er, Säck-el, Brock-en wie Laster, Dackel, Küken können der allgemeinen Regel für Pluralbildung auf -e wie der Eliminierungsregel unterworfen werden. Weil das auslautende e des diskontinuierlichen Affixes Ge- ... -e nach Sonanten getilgt wird (vgl. auch Abschnitt 4.3.2), erfahren die Wörter Gemäuer und Gefieder einmal Apokope in der Derivation und einmal Eliminierung des Flexions-e in der Pluralbildung: Ge-mäuer-~~e~~-~~e~~, Ge-fieder-~~e~~-~~e~~.

Es gibt eine zweite Gruppe von Substantiven, für die sich eine Pluralbildung mit -e rekonstruieren läßt. Von den in 4.3.2 erwähnten Substantiven des Typs Ge-bräu und Ge-web-e haben sowohl die ersteren wie die letzteren einen Plural auf ... e, nämlich Gebräue und Gewebe. Oberflächlich gesehen werden erstere mit einem Pluralsuffix gebildet und letztere sind im Nominativ Plural endungslos. Die Apokopierungsregel entsprechend Wurzel (: 181, Regel SV 5b), die in diesen Kollektivbildungen außer nach stimmhaftem Obstruent das auslautende -e tilgt, muß aber auf Basisformen eingeschränkt werden, so daß nur das auslautende -e des diskontinuierlichen Affixes, aber keine anderen e apokopiert werden. Stattdessen muß eine Pluralstruktur Ge-bräu-e bzw. Ge-web-~~e~~-e angenommen werden. Wesentlich ist deshalb folgende Kappregel (4.22):

(4.22) Kappen von -e

$$+ e \rightarrow \emptyset \; / \; \underline{\quad} + \text{Suff}$$

Diese Regel ist allerdings zu generell gefaßt, denn zwar fehlen die bereits in Abschnitt 4.2.2 genannten Lautfolgen *... e-chen, *... e-lein, *... e-isch, *... e-ig, *... e-lich, aber die Pluralformen Genre-s, Kode-s, Voile-s zeigen, daß die Suffixe in (4.22) einzeln aufgezählt werden müssen. Im selben Abschnitt wurde nämlich argumentiert, daß Kod-e aufgrund der Alternation kod-ifizieren intern gegliedert sein müßte. Also stammbildendes -e wird vor -s nicht gekappt. Das Wort Käse dagegen, zu dem es die Ableitungen käs-en und käs-ig gibt, und das als /kēẓ+e/ (mit dem zusätzlichen diakritischen Merkmal [+ L], vgl. Abschnitt 1.2.2) repräsentiert wird, verliert das auslautende -e vor Plural-e. Die Pluralform Käse wird ebenso wie der Plural Gewebe nach einer Pluralbildung auf -e durch Kappen (4.22) abgeleitet: Käs-e̸-e, Ge-web-e̸-e.

Während für die obigen Fälle Argumente zu finden sind, eine Pluralbildung mit -e anzunehmen, ist das für andere Substantive nicht möglich. Wörter wie Lotus oder Suaheli bekommen weder eine Numerus- noch eine Kasusendung. Nichts deutet darauf, daß diese Wörter je eine Flexionsendung bekommen haben, die dann wieder getilgt wäre. Buchstabenwörter wie Pkw dagegen bekommen ein fakultatives Plural-s; Die Pluralbildung mit -s nach Vollvokal ist durchaus regelmäßig, so daß ein Fehlen dieser Endung (die hochsprachlich vorgezogen wird im Plural) zu markieren ist.

Schwieriger sind in diesem Zusammenhang die Diminutivbildungen auf -chen und -lein. Erstere Gruppe ließe sich gut in der Reihe der Substantive auf ...́ eR unterbringen, aber das ist nicht so einfach mit den Wörtern auf -lein. Wurzel (: 175) erweitert seine der Regel (4.17) entsprechenden Regel (SV 2d) solchermaßen, daß auch letztere Ableitungen erfaßt werden, nachdem sie Pluralbildung auf -e erfahren haben. Im Folgenden ist darauf einzugehen, ob die Diminutiva einen Plural bilden, oder ob ihr Nominativ Plural mit dem Nominativ Singular identisch ist.

Abgesehen von der Möglichkeit, den Plural des Diminutivs etwa von Hündchen als endungslose Form oder als eine Bildung mit dem Nullallomorph des -e, also als Hündchen-e̸ zu analysieren, gibt es noch eine dritte Möglichkeit. In einigen Varianten des Deutschen gibt es neben der Pluralform Kindchen auch Kinderchen, sowie Kindlein neben Kinderlein. Diese Form kommt nur vor bei Wörtern, deren Grundwort einen Plural auf -er bildet. Fleischer (1969; 1976) schreibt dazu:

> "Es handelt sich um Analogiebildungen zu Formen wie Äckerchen, Hämmerchen, wo -er zum Stammauslaut gehört" (: 180).

Wilmanns (1896: 320) äußert sich auch in diesem Sinne. Wie bereits in Abschnitt 4.2.3 erwähnt, betrachtet Wurzel das -er entsprechend als stammbildendes Suffix, das zusammen mit der Wurzel (z.B. Kind-er) sowohl als Basis für Zusammensetzung und Derivation (Kind-er-kopf, Kind-er-chen) wie für die Pluralbildung (Kind-er-e̸ in seiner Analyse) dient. Singularfügungen wie *das Kinderchen, *das Kinderlein und (des) *Kinderchen-s, *Kinderlein-s sind jedoch völlig ausgeschlossen, weil das inlautende Morphem -er eindeutiger Träger der Pluralbedeutung ist. Analog zu dieser Pluralform wäre also auch noch eine Pluralstruktur Hünd-Ø-chen denkbar.

Als vierte Möglichkeit käme schließlich noch die Struktur Hünd-Ø-chen-Ø in Betracht, denn Paul (1917: 29) verzeichnet z.B. Mädercher, Dingercher neben Mädcher, Mäulcher in westmd. Mundarten. Suffixhäufung gibt es bei Diminutiva im Afrikaans (umgangssprachlich stoel-tjie-tjie, der Multiple Application Constraint bei Lieber 1980 zum Trotz mit iterierendem Affix, neben stoel-tjie 'Stühlchen', sowie huis-ie-tjie neben huis-ie 'Häuschen') und im Russischen (sum-oč-ka neben sum-ka 'Beutelchen', syn-oč-ek neben syn-ok 'Söhnchen'). Wilmanns (1896: 324) erwähnt ahd. esil-in-ch-il-in 'Eselein', und nhd. sind solche Ableitungen wie Säck-el-chen doch auch wohl als Häufung von Suffixen derselben Klasse zu deuten. Obwohl Suffixhäufungen im Deutschen keineswegs als fremde Gebilde zu betrachten sind, führen solche Überlegungen ins Uferlose, besonders, wenn man Nullmorpheme ausschließen und Nullallomorphie auf ein Minimum beschränken will.

In Kloeke (1981) wird argumentiert, daß weder die Diminutivbildungen auf -chen noch die auf -lein Pluralbildung erfahren. Wenn man das Paradigma von Kind betrachtet, dann gibt es darin nur wenige Varianten (4.23):

(4.23)	Kind-chen	(Sg. Nom./Dat./Akk.)
	Kind-chen-s	(Sg. Gen.)
	Kind-chen bzw. Kind-er-chen	(Pl. alle vier Kasus)

Im Singular ist nur ein Kasuszeichen für den Genitiv nachweisbar. Im Plural fehlt in der einen Variante des Paradigmas sowohl das Numerus- wie das Kasuszeichen, in der anderen kommt nur ein Numeruszeichen vor, allerdings vor dem Diminutivsuffix. Diese Vorkommen lassen sich in folgenden Schemas ausdrücken (4.24) und (4.25):

(4.24) [X]⁀[Dim.]⁀[Kasus]

(4.25) [X]⁀[Plur.]⁀[Dim.]

Es muß betont werden, daß Schema (4.25) nicht in allen Varianten des Hochdeutschen gilt. Beide Schemas weisen indessen eine Affixkategorie und eine Reihenfolge dieser Affixe auf. Sie lassen sich zu einer morphologischen Verkettungsbedingung (MVB 4.26) zusammenfügen, die alle Beispiele in (4.23) erfaßt:

(4.26) MVB [X]⁀[Plur.]⁀[Dim.]⁀[Kasus]

MVB (4.26) ist jedoch strenger als die beiden vorigen Schemas, die gegenseitig unabhängig waren, denn auch hier darf jeweils nur ein Affix aus der angegebenen Kategorie an einer spezifischen Stelle in der Kette erscheinen, aber die betreffende Stelle kann auch leer sein. Das Sortierschema ist sehr leicht zu falsifizieren.

Ein Gegenbeispiel gegen MVB (4.26) wäre etwa *Wägelchen*. Sowohl zu *Waage* wie zu *Wagen* wird ein Diminutiv *Wäglein* (aus *Wäg-~~e~~-lein* bzw. *Wäg-~~en~~-lein*) gebildet, aber **Wäg-chen* ist unzulässig; dafür findet ein Suffixeinschub statt: *Wäg-el-chen* (vgl. Kloeke 1978b für mehr Einzelheiten über Diminuierungen vom Typ *Ding-el-chen*, *Krüg-el-chen*, *Löch-el-chen* zu *Ding*, *Krug*, *Loch*). Es wäre zwar möglich, neben den Suffixen *-chen*, *-lein* und *-el* noch ein zusätzliches Suffix *-elchen* anzunehmen, aber diese Häufung kommt ohnehin vor: *Sack* bildet folgende, zum Teil schon demotivierte Diminutiva *Säck-chen*, *Säck-el* und *Säck-el-chen*.

Allein wegen dieses letzten Beispiels muß die MVB modifiziert werden zu (4.27):

(4.27) MVB [X] ⌢ [Plur.] ⌢ [Dim.] ⌢ [Dim.] ⌢ [Kasus]

Diese MVB führt zu folgenden Schlüssen: 1. Sie besagt, daß Wörter im Deutschen kein gesondertes Genuszeichen enthalten, außer möglicherweise innerhalb der als X spezifizierten Teilkette. 2. Sie besagt, daß es kein Numeruszeichen für den Singular gibt, nur Pluralzeichen sind zugelassen. 3. Sie besagt, daß das Pluralzeichen und das Kasuszeichen zwei gesonderte Kategorien sind und außerdem sogar durch ein oder zwei Diminutivzeichen getrennt werden können. 4. Sie besagt, daß Flexion Basis für Derivation bilden kann.

Als Gegenbeispiele gegen MVB (4.27) könnten die Wörter vom Typ *Haufe* angeführt werden. Der Genitiv lautet *Haufens*. Es wäre zunächst möglich, zusätzlich zu den beiden Deklinationsendungen des Singulars *-en*, *-s* noch ein *-ens* anzusetzen, so daß nicht gegen die MVB verstoßen wird. Diese Wörter haben jedoch alle, außer *Buchstabe*, eine Doppelform im Nominativ, entweder *Haufe* oder *Haufen*, und in allen sonstigen Kasus erscheint nur noch *Haufen*. Im Paradigma als ganzem bildet der *n*-lose Nominativ und nicht die 'doppelte' Genitivendung die Ausnahme, denn die Basis *Haufen* bekommt regelmäßig ein *-s* im Genitiv Singular und erscheint, ebenfalls regelmäßig, endungslos in allen anderen Kasus. Ebenso wie im Fall *honos* (vgl. Abschnitt 4.2.4) hat das Paradigma eine morphologisch markierte Sonderform im unmarkierten Kasus, dem Nominativ.

Ähnliches ist der Fall bei den Possessiva *mein*, *dein*, *sein* usw.; diese Wörter sind dafür markiert, daß sie, wenn sie als Bestimmwort auftreten, im Nominativ Maskulinum und Neutrum (und im Akkusativ Neutrum) keine Flexionsendung annehmen, also nicht **meiner Freund* sondern *mein Freund*. Beim Adjektiv *oblique* ist die Basis markiert: Der Nominativ lautet obli[k], aber in allen Derivations- und Flexionsbildungen wird der erweiterte Stamm obli[ky̥]e, obli[ky̥]en, Obli[ky̥]ität verwendet.

Für die Wörter des Typs Haufe könnte also Hauf-en als Basis gewählt werden mit einer zusätzlichen Lexikoneintragung, die zum Ausdruck bringt, unter welchen, meist stilistischen Bedingungen die Variante Hauf-e gewählt wird. Vergleichbare Behandlungen solcher Sonderfälle finden sich in SPE (: 129-30, 193-4) fürs Englische und in Zonneveld (1978: 90-4) fürs Niederländische. Die Wörter Buchstabe und Herz bekämen ebenfalls eine lexikalische Basis Buchstab-e bzw. Herz-en, aber in diesen Fällen gäbe es keine Varianten, sondern nur eine 'Ausnahmeform' für den Nominativ. Im Folgenden wird sich übrigens zeigen, daß sich in dem hier dargebotenen Rahmen noch eine andere Repräsentationsmöglichkeit anbietet.

Diese Analyse paßt indessen nahtlos zu den in 4.2.2 und 4.3.2 angestellten Betrachtungen über das Vorhandensein von stammbildenden Suffixen im Deutschen. Am Anfang dieses Abschnitts wurde bereits angedeutet, daß sich die Unterscheidung zwischen Stammwörtern und Fremdwörtern schwerlich mit unterschiedlicher Deklination begründen läßt. Vielmehr ist eine solche Unterscheidung anhand der Struktur der Basis zu machen. Die in (4.13) angeführten Beispiele wie Firm-a, Bas-is, Bas-e, Vot-um, Glob-us weisen bis auf Bas-e ein 'fremdes' stammbildendes Suffix auf, aber ihre Pluralbildung ist regelmäßig zu nennen, ebenso wie die Kappregeln, welche die jeweiligen Stammbildungssuffixe vor anderen Suffixen tilgen. Bas-e paßt ebenso wie Sachs-e und Hauf-en auch aufgrund des phonologischen Gehalts des Stammbildungssuffixes zum 'Stamm'-Wortschatz des Deutschen.

Für die Pluralbildung der Diminutiva hat MVB (4.27) nunmehr folgende Konsequenzen. Zwei von vier möglichen Aufgliederungen der Pluralform Hündchen scheiden aus, denn nach dem Diminutiv kann im Deutschen kein Pluralmorphem und deshalb auch nicht dessen Allomorph auftreten. Analog zu Kind-chen und Kind-er-chen wäre dann noch an zwei Pluralstrukturen zu denken: Hünd-chen und Hünd-Ø-chen. Letztere Form setzt voraus, daß die Basis für Diminutivbildung fakultativ für den Plural spezifiziert sein kann. Dabei ist zu bedenken, daß nicht alle Spielarten des Hochdeutschen die Form Kinderchen kennen. Man kann im Falle der Diminutivbildungen ohne Nullallomorphie auskommen, wenn man stattdessen die Basis für die Diminutivbildung um ein fakultatives -er erweitert (4.28):

(4.28) Diminutivbildung (Stilvariante von 4.7)

$$[\ X\ ]_N \rightarrow \left[[\ X\ (+er)\ ]_N\ +chen\ \right]_N$$

Diminutiva außer der *-er*-Klasse werden ohne Pluralsuffix gebildet. Für die allgemeine hochsprachliche Variante des Deutschen gilt indessen auf jeden Fall MVB (4.29):

(4.29) MVB $[\ X\ ]^\frown \left[\begin{matrix}[\text{Plur.}]\\ [\text{Dim.}]\end{matrix}\right]^\frown [\text{Kasus}]$

Diese MVB hat ebenso wie MVB (4.27) Konsequenzen nicht nur für die Plural- sondern auch für die Kasusbildung. In der Form *Hunden* ist *-en* eindeutig mit dem Dativ Plural zu identifizieren, die MVB verbietet jedoch, ein einziges Morphem zugleich als Plural- und als Kasusmorphem, d.h. als 'Portmanteaumorphem' zu interpretieren. Das Pluralzeichen bei *Hund* lautet jedoch *-e* und, wie aus der Form *Kind-er-n* hervorgeht, hat das Kasuszeichen die Form *-n*. Die Dativform ist demnach so strukturiert: *Hund-e-n*. Diese Struktur entspricht übrigens der in 4.2.4 erwähnten Reihenfolge des Abbaus morphologischer Kategorien, denn Kasusunterscheidungen werden eher aufgegeben als Numerusunterschiede. In einer Form, die in der markierten Numeruskategorie einen Kasusträger aufweist, müßte erwartungsgemäß auch der Numerus phonologisch ausgedrückt werden. Das trifft hier zu.

Plurale auf *... en* unterscheiden sich im Dativ nicht von den anderen Kasus. Die Generalisierung, daß die meisten Substantive im Dativ Plural die Form *... n* haben, ließe eine Analyse *Frau-en*, *Fuchsi-~~a~~-en*, *Kind-chen*, *Kind-er-chen*, *Gräb-en-~~e~~*, aber auch eine solche mit zusätzlichem Nullallomorph *-~~n~~* zu. Eine Degeminierungsregel à la Wurzel (: 223) wäre einfach und durchaus plausibel. Wenn man jedoch Deklinationsregeln wie Wortbildungsregeln formuliert, dann muß entweder die entsprechende Regel negative Spezifizierungen enthalten, oder aber müßten die einzelnen Wörter wie *Oma* und *Porto* usw. mit einem Regelmerkmal versehen werden. Freilich wäre auch möglich, in allen Fällen ein Kasus-*n* einzuführen, um es dann, wo nötig, wieder zu tilgen. Eine strengere Bedingung für eine solche Wortbildungsregel wäre eine, die nur positive Bedingungen, eine Basis mit *e* und fakultativer Liquida, zuläßt (4.30):

(4.30) Dativ Plural

$$\left[\begin{matrix}+\text{ Obl}\\ +\text{ Gov}\\ +\text{ Plur}\end{matrix}\right] \rightarrow +\text{n} \ / \ \left[\left[\ X\ \ e(L)\ \right]_N \ \_\_\ \right]_N$$

Was die Deklination des Singulars betrifft, so sind darin nur wenige Flexive zu unterscheiden. Feminina bleiben endungslos. Bei den Maskulina und den Neutra gibt es zwei Kasuszeichen, das *-s* des Genitivs und das fakultative *-e* des Dativs; bei den Maskulina kann stattdessen in den drei obliquen Kasus ([+ Obl] oder [+ Gov]) das Flexiv *-en* in Erscheinung treten.

Wurzel (: 25-6) will die Eliminierung des Flexions-*e* als 'phonologisch bedingt' auch auf das Dativ-*e* des Singulars erweitert sehen, aber die Distribution dieser Endung ist nicht völlig mit dem des Plural-*e* identisch. Wie die Regel (4.17) auch angibt, kann das *e* nach einem Konsonantencluster erhalten bleiben: Zu *Abend* lautet der Plural denn auch *Abend-e*, aber der Dativ Singular lautet nur *Abend*. Hinzukommt, daß das Dativ-*e* im allgemeinen auf einsilbige (betonte) Stammorpheme beschränkt und außerdem fakultativ ist, was nicht für das Plural-*e* zutrifft. Eine entsprechend eingeschränkte Wortbildungsregel für das Flexionszeichen *-e* im Dativ Singular scheint hier besser zu funktionieren.

Das Genitivzeichen erscheint unter ungefähr denselben Bedingungen als *-es* statt *-s*, wo das fakultative Dativ-*e* vorkommt. Unter allen Umständen wird jedoch ein Zusammenstoß von auslautendem Zischlaut und Genitiv-*s* vermieden (*Érdrutsch-es*, nicht **Érdrutsch-s*), also muß eine Regel, die verschiedene stilistische Bedingungen für die Distribution der Allomorphe *-es* und *-s* berücksichtigt, in den Regelbestand aufgenommen werden.

Das Flexiv *-en* im Singular ist nicht als Kasuszeichen zu werten, also kann es in der Morphemkette nur in einer anderen Kategorie erscheinen. Freilich können Substantive nicht gleichzeitig für den Plural und für die obliquen Kasus des Singulars markiert werden — das eine schließt das andere aus. Dies kann in der Formulierung von MVB (4.29) zum Ausdruck gebracht werden, indem die morphologische Kategorie Obliquus an derselben Stelle untergebracht wird wie die Kategorie Plural (4.31):

$$(4.31)\quad \text{MVB}\quad [\ X\ ]^\frown \left[\begin{matrix}[\text{Plur.}]\\ [\text{Obl.}]\end{matrix}\right]^\frown [\text{Kasus}]$$

Für die unter MVB (4.27) erwähnten Substantive *Buchstabe* (Gen. *Buchstabens*) und *Herz* (Gen. *Herzens*) ergibt sich daraus die Notwendigkeit, ihre Basis statt mit einem stammbildenden Suffix *-en* mit einem morphologischen Merkmal für die Zuweisung des Obliquusflexivs zu versehen. Im Falle der Wörter vom Typ *Haufe* bzw. *Haufen* (Gen. *Haufens*) erweist sich das Morphem *-en* als ambig, denn es kann sowohl als Flexiv wie als stammbildendes Suffix interpretiert werden. Als Flexiv fehlt ihm aber die grammatische Bedeutung [- Belebt], auch wenn noch das Genitivflexiv folgt. Die 'Doppelflexion' mit *-en-s* konnte denn auch noch im 18. Jahrhundert bei Wörtern wie *Graf*

Gen. Graf-en-s) und Prinz (Gen. Prinz-en-s) vorkommen, während sich das stammbildende Suffix -en schon längst auf die neue Bedeutung spezialisiert hatte.

Substantive der sogenannten 'schwachen Flexion' (Maskulina, die in den drei obliquen Kasus des Singulars das Flexiv -en erhalten) bilden ihren Plural immer mit dem homonymen Pluralzeichen -en. Umgekehrt impliziert dieses Pluralzeichen jedoch nicht, daß im Singular das Flexiv -en auftritt denn weder bei den Feminina noch bei den Neutra (außer Herz) kommt es vor, und auch bei Maskulina mit -en im Plural kann im Singular das Genitivzeichen -s vorkommen (z.B. Muskel, Gen.Sg. Muskel-s, Pl. Muskel-n). Es muß also, wie es die MVB (4.31) auch anzeigt, zwischen Pluralbildung auf -en und Obliquusbildung auf -en unterschieden werden.

Das einzige Kasuszeichen, das im Plural der Substantive vorkommt, ist das Dativ-n; es beschränkt sich auf die Pluralformen, die in der Basis auf ... e, ... el, ... er auslauten.(Hund-e-n, Kind-er-n, Racker-n, Flegel-n, Säck-el-n). Im Singular werden mehrere Maskulina mit der Obliquusendung -en ausgestattet (und per implicationem auch im Plural). Sonst erhalten Maskulina und Neutra im Genitiv Singular ein -s (mit fakultativem e-Einschub) und im Dativ (fakultativ) ein -e. Von den vier Pluralzeichen -er, -s, -e, -en hat das Morphem -e ein Allomorph -Ø (Typ Mütter), das Morphem -en ein Allomorph -n (Typ Bauer-n). Diminutiva erhalten zwar ein -s im Genitiv Singular, aber sonst sind sie weder für Kasus noch Numerus gekennzeichnet.

Die Argumente für die Annahme, daß Pluralformen vom Typ Mütter mit zugrundeliegendem Pluralsuffix -e anzusetzen sind, beruhen auf der Distribution des Schwa. 1. Das frequenteste Pluralsuffix bei Substantiven ist -en, Substantive mit Schwa + Sonant im Auslaut behalten jedoch die kanonische Form ... eR(C) bei und bilden einen Plural mit dem Allomorph -n (vgl. Abschnitt 4.1.4). Es ist denn auch in Übereinstimmung mit dieser kanonischen Form der Substantive, daß Pluralbildungen mit -e fehlen.
2. Das Pluralsuffix -e löst bei Feminina immer Umlaut aus. Wenn die Pluralformen von Mutter, Tochter mit einem zugrundeliegenden Pluralsuffix -e gebildet werden, bleibt diese Generalisierung beibehalten. 3. Zusätzlich gilt jedoch noch ein externes Argument, eine typologische Implikation. Wenn die markierte Numeruskategorie morphologisch für Kasus markiert wird, impliziert dieses Kasuszeichen auch das Vorhandensein eines Numeruszeichens, und ebenso wie das Vorhandensein des Kasuszeichens im Dativ Plural Hunden impliziert, daß es nicht die Struktur *Hund-en sondern Hund-e-n

hat, legt dasselbe Kasuszeichen im Dativ Plural Müttern die Struktur Mütter-e̸-n nahe. Dagegen beruhen die Argumente für die Annahme, daß Diminutivbildungen (außer solchen auf -er-chen und -er-lein) auch in der zugrundeliegenden Form ohne Pluralzeichen gebildet werden, auf der Distribution der Pluralmorpheme. Die Stapelbedingungen für Suffixe, so wie sie in MVB (4.27) und MVB (4.29) zum Ausdruck kommen, zeigen nämlich an, daß im Deutschen zwar ein Numerussuffix vor einem Diminutivsuffix vorkommen kann, aber nicht danach.

4.5 Adjektivflexion

Aufgrund der Überlegungen über die unmarkierte Flexionskategorie in 4.2.4 ist davon auszugehen, daß ein unflektiertes Adjektiv die Basis bildet für ein flektiertes, ein Nominativ für einen Obliquus, ein für Kasus nicht markiertes für ein markiertes. Das Adjektiv jung zum Beispiel ist prädikativ unflektiert und kann als Basis für die flektierte Form jung-e dienen. Dies ist die Singularform des Nominativs aller drei Genera in der sogenannten nominalen oder 'schwachen' Flexion. Im Komparativ und im Superlativ erscheint die Steigerung links vom Flexiv: jüng-er-e, jüng-st-e, der Genitiv Plural lautet jüng-er-e-r, jüng-st-e-r. In der markierten Numeruskategorie, dem Plural, setzt das Vorhandensein eines Kasusmorphems ja auch die Anwesenheit eines Pluralmorphems voraus. In Übereinstimmung mit MVB (4.31) ist dieses Morphem links vom Kasusmorphem zu erwarten. Es wird nunmehr folgende Stapelbedingung für das Adjektiv postuliert (4.32):

(4.32) MVB [X]⌢[Komp.]⌢[Flex.]⌢[Plur.]⌢[Kasus]

Demnach ist die sogenannte pronominale oder 'starke' Adjektivflexion folgendermaßen aufgebaut (4.33):

(4.33)	M.	F.	N.	Pl.
	jung-e-r	jung-e	jung-e-s	jung-e
	jung-e̸-en(-s)	jung-e-r	jung-e̸-en(-s)	jung-e-r
	jung-e-m	jung-e-r	jung-e-m	jung-e-n
	jung-e-n	jung-e	jung-e-s	jung-e

Im Singular werden beim Maskulinum und Neutrum also alle vier Kasus ausgedrückt, beim Femininum und Plural nur zwei. Bis auf den Genitiv Singular des Maskulinums und des Neutrums – diese scheinbare Diskrepanz kommt jedoch noch zur Sprache – sind diese Kasusendungen mit denen der flektierten Bestimmwörter des Typs dies-e-r, dies-e, dies-e-s usw. identisch.

Wenn die Kasusendung am Bestimmwort erscheint, tritt sie ja nicht beim regierten Adjektiv auf: dieser junge Mann, dieses jungen Mannes usw. Im Nominativ Maskulinum sowie im Nominativ (und per implicationem im Akkusativ) Femininum und Neutrum erfährt die flektierte Form keine weitere Flexion (jung-e), sonst tritt eine Nasalendung auf, die entweder aus -n oder -en analysierbar ist. Was den Plural der nominalen Flexion betrifft, dieser lautet in allen vier Kasus auf ... en aus und läßt sich auf natürliche Weise mit der Pluralbildung der größten Gruppe von Substantiven (vgl. Abschnitt 4.1.4) zusammenfassen, was soviel bedeutet, daß die Pluralformen folgendermaßen aufgegliedert sind: jung-ɇ-en. Am Ende des vorigen Abschnitts wurde bereits hervorgehoben, daß das Vorkommen dieses Pluralzeichens im Deutschen nicht impliziert, daß im Singular Maskulinum des Substantivs in allen obliquen Kasus das Flexiv -en auftritt, aber umgekehrt bilden sogenannte 'schwach' flektierte Wörter, die im Singular mit -en flektiert werden, immer einen Plural auf -en. Für Adjektive und Substantive gilt also dieselbe sprachspezifische Implikation.

Die Deklination der sogenannten nominalen oder 'schwachen' Adjektivflexion hat folgendes Paradigma (4.34):

(4.34)

	M.		F.
(dies-e-r)	jung-e	(dies-e)	jung-e
(dies-e-s)	jung-ɇ-en	(dies-e-r)	jung-ɇ-en
(dies-e-m)	jung-ɇ-en	(dies-e-r)	jung-ɇ-en
(dies-e-n)	jung-e-n	(dies-e)	jung-e
	N.		Pl.
(dies-e-s)	jung-e	(dies-e)	jung-ɇ-en
(dies-e-s)	jung-ɇ-en	(dies-e-r)	jung-ɇ-en
(dies-e-m)	jung-ɇ-en	(dies-e-n)	jung-ɇ-en
(dies-e-s)	jung-e	(dies-e)	jung-ɇ-en

Außer im Akkusativ Maskulinum und im Dativ Plural erscheinen im pronominalen und im nominalen Paradigma jeweils verschiedene Endungen. Auch in diesen beiden Fällen ist die Homonymie nur oberflächlich; in diesen jungen (Dat.Pl.) z.B. enthält die pronominale Endung dies-e-n ein e-Flexiv und ein Kasusmorphem, während die nominale Endung in jung-ɇ-en ein e-Flexiv und ein Pluralmorphem enthält, aber kein Kasuszeichen.

Es sind also drei verschiedene Arten von Adjektivflexion zu unterscheiden: 1. die attributive, die das e-Flexiv einführt; 2. die pronominale, welche die Kasusendungen -r, -m usw. einführt, falls der Kasus am Bestimmwort nicht ausgedrückt wird; 3. die nominale Flexion, welche ein -en einführt, falls der Kasus am Bestimmwort wohl ausgedrückt wird.

Die Regel für das e-Flexiv kann folgende Formulierung erhalten (4.35):

(4.35) e-Affigierung von Determinantien und Adjektiven

$$[\ X\ ]_{D,A} \rightarrow \left[\ \ldots \left[[\ X\ ]_{D,A} +e\ \right] \ldots\ \right]_{NP}$$

Nach dieser Regel haben sowohl attributive Adjektive wie Bestimmwörter ein e-Affix. Diese affigierten Formen bilden dann die Basis für die 'starke' Kasusflexion sowie (im Fall der Adjektive) für die 'schwache' n-Flexion. Bierwisch (1967) schreibt eine vergleichbare Insertionsregel (T 3'), die das Merkmal [+ Affix] als rechte Schwester der Konstituente Adjektiv oder Determinans einfügt.

> "There must be in addition a general convention for insertion rules like (T 3') stating that they must be applied only once to a given constituent in order to prevent the introduction of an indefinite number of new elements, in this case affixes" (: 257).

Wurzel (: 55) übernimmt Bierwisch' alternative Lösung, die statt dieses Formativs ein Merkmal [+ Inflection] zufügt. Hier erweist sich jedoch die Forderung, daß Morpheme phonologischen Gehalt haben müssen als vorteilhaft, denn es muß weder auf eine "general convention" noch auf ein besonderes Merkmal Bezug genommen werden.

Die Regeln für Kasus- und Numerusbildung der pronominalen Flexion können mit Hilfe der in (4.1), (4.2) und (4.3) verwendeten Merkmale analog zu Bierwisch (: 251-2) formuliert werden (4.36):

(4.36) Kasusflexion

a Nom. Mask. Sing.

$$\begin{bmatrix} +\ \text{Masc} \\ -\ \text{Obl} \\ -\ \text{Gov} \end{bmatrix} \rightarrow +r\ /\ \left[[\ X\ +e\ ]\ \_\_\ \right]_{D,A}$$

b Akk. Mask. Sing.

$$\begin{bmatrix} +\ \text{Masc} \\ -\ \text{Obl} \\ +\ \text{Gov} \end{bmatrix} \rightarrow +n\ /\ \left[[\ X\ +e\ ]\ \_\_\ \right]_{D,A}$$

c Nom./Akk. Neut. Sing.

$$\begin{bmatrix} -\ \text{Plur} \\ -\ \text{Masc} \\ -\ \text{Fem} \\ -\ \text{Obl} \end{bmatrix} \rightarrow +s\ /\ \left[[\ X\ +e\ ]\ \_\_\ \right]_{D,A}$$

d Dat. Mask./Neut. Sing.

$$\begin{bmatrix} -\ \text{Plur} \\ -\ \text{Fem} \\ +\ \text{Obl} \\ +\ \text{Gov} \end{bmatrix} \rightarrow +m\ /\ \left[[\ X\ +e\ ]\ \_\_\ \right]_{D,A}$$

(4.36) Kasusflexion (Fortsetzung)

e Gen.Mask./Neut. Sing.

$$\begin{bmatrix} -\text{Plur} \\ -\text{Fem} \\ +\text{Obl} \\ -\text{Gov} \end{bmatrix} \rightarrow +\text{s} \;/\; \Big[[\ \text{X}\ ]\ \_\_ \Big]$$

f Gen./Dat. Fem. Sing.

$$\begin{bmatrix} +\text{Fem} \\ +\text{Obl} \end{bmatrix} \rightarrow +\text{r} \;/\; \Big[[\ \text{X}\ \ +\text{e}\ ]\ \_\_ \Big]_{D,A}$$

g Gen. Plural

$$\begin{bmatrix} +\text{Plur} \\ +\text{Obl} \\ -\text{Gov} \end{bmatrix} \rightarrow +\text{r} \;/\; \Big[[\ \text{X}\ \ +\text{e}\ ]\ \_\_ \Big]_{D,A}$$

h Dat. Plural (Neufassung 4.30)

$$\begin{bmatrix} +\text{Plur} \\ +\text{Obl} \\ +\text{Gov} \end{bmatrix} \rightarrow +\text{n} \;/\; \Big[[\ \text{X}\ \ +\text{e(L)}\ ]\ \_\_ \Big]$$

Für das sechzehnstellige Paradigma der pronominalen Flexion der Adjektive und Bestimmwörter sind also eine Flexivregel und acht Kasusregeln vonnöten. Bierwisch kommt mit acht Regeln aus, indem er die Regeln für Nom./Akk. des Femininums und des Plurals sowie die Regeln für Gen./Dat. des Femininums und die für Genitiv des Plurals (hier 4.36f,g) durch geschweifte Klammern zusammenfaßt. Diese formale Vereinfachung verbietet sich jedoch im hier gebotenen Rahmen, weil Kasus und Numerus jeweils durch Saussuresche Zeichen und nicht durch Merkmale vertreten sind. Hier braucht übrigens die Regel für Nom./Akk. des Femininums und des Plurals nicht in irgendeiner Weise abgekürzt zu werden, weil diese vier Flexionskategorien weder ein Kasus- noch ein Numeruszeichen aufweisen und also nur nach Regel (4.35) flektiert werden.

In einigen Regeln treten aber andere Synkretismen zutage. Regel (4.36e), die dem Genitiv das Zeichen -s zuweist, gilt für Bestimmwörter, Adjektive und Substantive und enthält keine Spezifizierung am Haken, während das Dativ-e sich in der Tat auf Substantive beschränkt. Regel (4.36h) ist eine vereinfachte Fassung der Regel (4.30), womit zum Ausdruck kommt, daß im Dativ Plural immer ein Kasuszeichen -n steht, in welcher grammatischen Kategorie auch immer, vorausgesetzt, daß die Basis auf ... e, ... el, ... er auslautet.

Die Regeln für Plural- und Obliquusbildung der nominalen Flexion können analog zu Bierwisch (: 259) folgendermaßen formuliert werden (4.37):

(4.37) n-Flexion

a $\begin{bmatrix} -\text{ Plur} \\ +\text{ Obl} \\ +\text{ n-Fl} \end{bmatrix} \rightarrow +en \;/\; \Big[[\; X \;] \;\_\_\; \Big]_{A,N}$

b $\begin{bmatrix} +\text{ Masc} \\ +\text{ Gov} \\ +\text{ n-Fl} \end{bmatrix} \rightarrow +en \;/\; \Big[[\; X \;] \;\_\_\; \Big]_{A,N}$

c $\begin{bmatrix} +\text{ Plur} \\ +\text{ n-Fl} \end{bmatrix} \rightarrow +en \;/\; \Big[[\; X \;] \;\_\_\; \Big]_{A,N}$

Diese drei Regeln enthalten alle ein Alphabetmerkmal [+ n-Flexion], aber bei Adjektiven ist diese Markierung fast völlig vorhersagbar. Sie werden nämlich in allen durch (4.37) beschriebenen Fällen so flektiert, wenn bereits ein Kasusmarker als Tochter derselben NP am Bestimmwort oder am Substantiv auftritt (4.38):

(4.38) Kasusausgleich

a [u R. 4.36a,f,g] → [- R. 4.36a,f,g]

$/ \; \Big[\ldots [\; X \; {+r} \;]_D \ldots [\; \_\_\_ \;]_A \ldots \Big]_{NP}$

b [u R. 4.36c,e] → [- R. 4.36c,e]

$/ \; \Big[\ldots ([\; X \; {+s} \;]_D) \ldots [\; \_\_\_ \;]_A \ldots ([\; Y \; {+s} \;]_N) \ldots \Big]_{NP}$

Bedingung: D oder N

c [u R. 4.36d] → [- R. 4.36d]

$/ \; \Big[\ldots [\; X \; {+m} \;]_D \ldots [\; \_\_\_ \;]_A \ldots \Big]_{NP}$

Damit erweisen sich die drei Ausgleichsregeln in (4.38) als typische Dissimilationsregeln auf der Ebene nicht des Wortes, sondern der Nominalgruppe. Zwar besteht bei den Töchtern der Nominalphrase Kongruenz der Kasusmerkmale, aber sobald ein Kasuszeichen -r, -s oder -m am Bestimmwort oder Substantiv erscheint, kann nicht ein identisches Kasuszeichen am Adjektiv ausgedrückt werden.

Eine weitere morphologische Ausgleichsregel (4.39) bestimmt die Pluralbildung mit -en am Adjektiv:

(4.39) [u n-Fl] → [+ n-Fl]

$/ \; \Big[\ldots [\; X \; {+e} \;]_D \ldots [\; \_\_\_ \;]_A \ldots \Big]_{NP}$

Regel (4.39) ist eine anders geartete Dissimilationsregel als die Ausgleichsregeln in (4.38), in denen das Kasuszeichen am Adjektiv 'unterdrückt' wird, wenn es bereits ein identisches Zeichen am Bestimmwort gibt, denn das Merkmal [+ n-Fl] wird direkt zugewiesen. Beim Kasusausgleich wird das morphologische Merkmal für n-Flexion dem Adjektiv indirekt zugewiesen: Erst wenn es negativ für die Kasusregeln spezifiziert ist, bekommt es das betreffende Alphabetmerkmal nach (4.40):

$$(4.40) \quad [\text{u n-Fl}] \rightarrow [+\text{ n-Fl}] \;/\; \left[\frac{\qquad}{-\text{ R. 4.36}}\right]_A$$

Im Plural und in sieben (von zwölf möglichen) Singularfällen bekommt das Adjektiv das Flexiv -en nach den Regeln in (4.37).

Auf die Ähnlichkeit der Adjektiv- und der Bestimmwortflexion wurde schon immer hingewiesen, aber der Genitiv Singular des Maskulinums und des Neutrums wurde dann fast immer als 'Ausnahme' bezeichnet (vgl. 4.33), weil in gut-~~e~~-en Mann-es und dünn-~~e~~-en Wein-s trotz des Fehlens der Kasusendung an der Stelle des Bestimmwortes die 'schwache' und nicht die pronominale Endung am Adjektiv erscheint. Bierwisch (: 252) sieht sich denn auch genötigt, das Gegenstück zu Regel (4.36e) mit einem zusätzlichen Merkmal [- Adj] zu versehen, weil angeblich die s-Endung nur für Determinantien gilt. Es ist jedoch nicht die grammatische Kategorie, welche das Erscheinen der nominalen Flexion bedingt, sondern der phonologische Gehalt des betreffenden Zeichens: Wenn das Genitiv-s am Determinans oder am Substantiv innerhalb derselben NP erscheint, erscheint es nicht am Adjektiv (vgl. 4.38b), und flektiert das Adjektiv mit -en (vgl. 4.39).

Im vorigen Abschnitt wurde bereits gezeigt, daß das -s das einzige unzweideutige Kasuszeichen in der Substantivflexion ist; das Dativ-e ist weitgehend fakultativ und das Dativ-n des Plurals erscheint nur in einer beschränkten Anzahl von Fällen. Während die Dissimilation am Adjektiv im Genitiv des Singulars augenfällig ist, ist sie nicht nachzuweisen im Dativ Plural (von großen Bank-en, von großen Bänk-e-n), weil hier die Endungen der pronominalen und der nominalen Flexion homonym sind. Die Dissimilation unterbleibt, wenn die Dativzeichen nicht identisch sind: mit voll-e-m Bauch(-e). Zwar sind die Kasuszeichen -m und -e synonym (wenn auch unterschiedlicher Distribution), aber sie haben nicht eine identische lautliche Form. Die Dissimilation unterbleibt auch, wenn das Numeruszeichen -e am Substantiv erscheint (junge Hunde), aber nach flektiertem Bestimmwort wird mit -en gebeugt (alle jungen Hunde). Ohnehin sind mehr Nuancen zu verantworten, denn es gibt auch Schwankungen (sämtliche südliche(n)

Länder), aber daß bei der Adjektivflexion Dissimilation im Spiel ist, bestätigt sich aufgrund historischer Tatsachen.

In einem früheren Stadium des Neuhochdeutschen war das Erscheinen des Kasuszeichens am Adjektiv nur von der grammatischen Bedeutung abhängig (froh-e-s Sinn-es), aber im Neuhochdeutschen wird sein Erscheinen auf der Ebene der NP gesteuert: froh-e̸-en Sinn-es, genannt-e-s Fürst-en Macht, rein-e-s Mensch-en Wollen, beim Vergessen empfangen-e-s Gut-e̸-en.

Die n-Flexion wird übrigens nicht nur durch Dissimilation nach (4.38), sondern entsprechend (4.39) auch durch Markiertheitsverhältnisse zwischen den vier Pluralzeichen unter sich bedingt (vgl. auch Wurzel: 33-46). Das liegt daran, daß Pluralbildung auf -en eindeutig die unmarkierte Flexion ist, denn sie ist die umfangreichste und die produktivste, weil sie nach der Eindeutschung von Lehnwörtern die meisten Substantive erfaßt (vgl. 4.3.2) und auch die Adjektive, sofern sie keine Ausnahme von der pronominalen Flexion bilden. Determinantien werden dagegen unmarkierterweise nach den Regeln in (4.36) flektiert.

Analysen, die wie Fourquet (1979) die NP als Basis für die Flexion wählen, und die zum Beispiel in de-s hoh-en Baum-s und einØ alt-er Mann die diskontinuierlichen Morpheme -s-n-s bzw. Ø-r entdecken wollen, erkennen zwar richtig die Ebene der NP, auf der die Flexivzuweisung beim Adjektiv geschieht, aber sie sind gezwungen, ebenso viele verschiedene Flexive anzuerkennen, wie es sie an der meist 'besetzten' Kategorie, in diesem Fall am Bestimmwort, gibt. Daß der Synkretismus am Substantiv stärker ist als am Bestimmwort, kann nicht angemessen zum Ausdruck gebracht werden. Das Gleiche gilt für eine Analyse wie Durrell (1977), welche analog zu Matthews (1972, 1974) nicht ein "Wortparadigma", sondern "Paradigmen zwei- bis dreistelliger Wortgruppen" darzustellen sucht, weil erst auf der Ebene des Syntagmas bzw. der NP zu entscheiden ist, ob den ein Dativ Plural oder ein Akkusativ Maskulinum ist. Eine solche Analyse ist jedoch nur interpretatorisch von Wichtigkeit; eine Erzeugungsgrammatik hat überhaupt keine Probleme mit Synonymie, vielmehr mit Synkretismus.

Eine Dissimilationsregel, die in der Tat phonologischen Gehalt innerhalb des Paradigmas als bedingenden Faktor zuläßt, braucht weder zu theoretischen Neuerungen Zuflucht zu nehmen, wie bei Milner/Milner (1972), die zusätzlich zu den üblichen syntaktischen Kategorien noch einen A-Knoten für einen "specifier" postulieren, welche die "désinence flottante" von links nach rechts steuert. Noch ist es die grammatische Bedeutung oder der 'inhärente Kasus' (vgl. Esau 1973), wodurch das Erscheinen eines

Kasusmorphems am Adjektiv bedingt wird.

Dal (1952: 90) weist schon darauf hin, daß der bestimmte Artikel die Funktion des Substantivs übernommen hat, den Kasus anzuzeigen. Vater (1963) modifiziert dies dahingehend, daß die Kasusanzeige eine Funktion der Endung des Determinans ist, nicht die des Stammes. M.a.W., das Determinans kongruiert in Kasus, Genus und Numerus:

> "Die Kasusanzeige durch den Artikel ist also redundant; nur wenn der Kasus am Substantiv selbst nicht ausgedrückt wird, kann sie relevant werden – muß es aber nicht! In vielen Fällen wie <u>das Buch</u>, <u>die Bücher</u> oder <u>der Frau</u> gibt auch der Artikel nicht Aufschluß über den Kasus. Der Artikel kann schon deswegen kein Kasusmerkmal sein, weil er in zahlreichen Fällen den Kasus eben nicht anzeigt" (: 31).

Davon abgesehen, daß hier zwischen Kasusträger (in diesem Fall Artikel und Substantiv), Kasuszeichen (Morphem mit konstanter Bedeutung) und Kasusmerkmal (binär spezifiziert) zu unterscheiden wäre, setzt diese Auffassung voraus, daß alle in einer Sprache existierenden Kasus und Numeri in der Tat immer ausgedrückt werden, und implizite wird dadurch die Möglichkeit des Synkretismus von vornherein ausgeschlossen.

Bei Wurzel werden ebenso wie bei Bierwisch die 'schwache' und die 'starke' Adjektivdeklination – wie üblich – als zwei komplementäre und nicht als drei Flexionsklassen erkannt. Bei ihnen wird die 'schwache' Deklination als das Ergebnis einer "Umkategorisierung" beschrieben. Es ist in ihrem System also auch eine arbiträre Entscheidung, ob die Zuweisung des <u>e</u>-Flexivs der <u>n</u>-Zuweisung nachgeordnet (vgl. die Regel in 4.4) oder vorgeordnet wird (vgl. Wurzel: 277 FN 20). In dieser Beschreibung ist das Adjektiv mit <u>e</u>-Flexiv Eingabe sowohl für die 'schwache' wie für die 'starke' Flexion.

Die am wenigsten markierte Genuskategorie, das Maskulinum, weist erwartungsgemäß die größte Diversität in der Flexion auf, indem alle vier Kasus jeweils durch vier verschiedene Kasuszeichen ausgedrückt werden. Das Paradigma des Femininums verfügt dagegen nur über ein Kasuszeichen, das gleichzeitig für den Genitiv und den Dativ gilt. Das Neutrum umfaßt drei Kasuszeichen, darunter jedoch zwei, die es mit dem Maskulinum gemeinsam hat, und eins, das gleichzeitig den Nominativ und den Akkusativ vertritt. Der Plural enthält zwei verschiedene Kasuszeichen im Genitiv und im Dativ.

Im Nominativ verfügen nur das Maskulinum und das Neutrum über ein Kasuszeichen; das Femininum hat hier zwar auch <u>e</u>-Affigierung nach Regel (4.35), ist aber kein Kasusträger. Der Nominativ des Plurals enthält ebenfalls dieses e-Affix. Man könnte versucht sein, aufgrund der typologischen Implikation, die im vorigen Abschnitt bei den Substantiven angeführt wurde, das e im Plural als Numeruszeichen anzusehen, weil die pronominale Flexion in dieser markierten Numeruskategorie über zwei Kasuszeichen verfügt. Dieses externe Argument ist jedoch hinfällig, weil interne Argumente fehlen. Zwar wird das Adjektiv im Nom./Akk. Plural statt mit -e mit -en flektiert, wenn ein flektiertes Bestimmwort vorangeht, aber das trifft nur für einen Teil der Bestimmwörter zu, und außerdem gibt es, wie oben erwähnt, Schwankungen.

Im synchronen Sprachvergleich erweist sich die Analyse der deutschen attributiven Adjektivflexion entsprechend der morphologischen Verkettungsbedingung (4.32) auch als überzeugend. Das Deutsche kennt demnach ein vollständiges Paradigma mit e-Affigierung nach Regel (4.35), ein defektives Paradigma mit Kasusaffigierung nach den Regeln in (4.36) und ein defektives Paradigma mit en-Affigierung nach den Regeln in (4.37): z.B. alt-e-r / dies-e-r alt-e Mantel (M.); alt-e / dies-e alt-e Stadt (F.); alt-e-s / dies-e-s alt-e Märchen (N.); alt-e / dies-e alt-~~e~~-en Schuhe (Pl.) Das Jiddische kennt ein im Neutrum defektives Paradigma mit e-Affigierung, eine weiter als im Deutschen reduzierte Kasusflexion ohne dieselben Dissimilationsregeln wie im Deutschen nach (4.38) sowie eine auf Mask./Neutr. beschränkte en-Flexion: z.B. a alt-e-r / jen-e-r alt-e-r lamp (M.)'Lampe'; a alt-e / jen-e alt-e štot (F.)'Stadt'; a alt / jen-s alt-e maise-le (N.) 'Erzählung'(Dim.)'; alt-e / jen-e alt-e šix (Pl.)'Schuhe'. Das Niederländische kennt ein ebenfalls im Neutrum defektives Paradigma mit e-Affigierung, aber keine Kasusflexion und keine n-Flexion (wohl bei den substantivierten Adjektiven): z.B. een oud-e / dez-e oud-e lamp (Gen.comm.) 'Lampe'; een oud / dit oud-e verhaal (N.)'Erzählung'; oud-e / dez-e oud-e schoenen (Pl.)'Schuhe'. Das Englische verfügt nicht über Adjektivflexion: an old / the old shoe (Sg.) 'Schuh'; old / the old shoes (Pl.) 'Schuhe'.

J.S. Bach verwendete eine vom heutigen Nhd. abweichende Kasusflexion für Adjektive und gab einem seiner Werke den Titel Das musikalisches Opfer. Trojanskaja (1972) dokumentiert die Tatsache, daß "Polyflexion" typisch für Autoren aus Ostmitteldeutschland wie Schottel und Zesen ist. Sie verzeichnet u.a. folgende Beispiele (4.41):

(4.41) zum ewigem Recht (Luther)
dem Teudschem Lande (Agricola)
wegen der jhnen saurwerdender Ausrede (Schottel)
aus einem so instehendem und gewissem ůbel (Zesen)

(4.41) (Fortsetzung)

in diesem Gottslesterlichem, Moͤrdischem, Suͤndlichem verderblichem stuͤcke (Luther)
der hochberuͤhmter Scaliger (Schottel)

Der Unterschied zwischen dieser namentlich bei Rist und Schottel verwendeten und der ihr gleichberechtigten Variante, der "Monoflexion", ist nur mit Hilfe einer Dissimilationsregel in der Art von (4.38), wenn auch mit angemessenen subtilen stilistischen Bedingungen, zu beschreiben. Regeln, die nicht hierarchisch, sondern linear die betreffende Flexion zuweisen, können diese Besonderheiten nicht erfassen.

Dal (1940; 1973: 86-7) gibt noch einen Beleg dafür, daß Kasus nicht nur mit grammatischer Bedeutung sondern auch mit phonologischem Gehalt zu verbinden ist. Im Dialekt von Imst (Tirol) ist der Kasusanzeiger ein freies Morphem (4.42):

(4.42)	i man fōter	'meinem Vater'
	i de modder	'der Mutter'
	i de kinder	'Kindern'

Im Hochdeutschen sind die Kasuszeichen allerdings gebundene Morpheme.

Die pronominale Flexion kennt also acht Kasuszeichen: ein -m, zwei homonyme -n, zwei homonyme -s und drei homonyme -r. Die nominale Flexion umfaßt zwei homonyme Obliquusmorpheme -en im Singular sowie ein Pluralzeichen -en. Basis für beide Flexionstypen in allen Kasus und in beiden Numeri ist das Adjektivflexiv -e.

4.6 Verbflexion

Am Verb wird die Personalform nach dem Tempus ausgedrückt: lebst (Präsens), lebtest (Präteritum). Im Konjunktiv aller Verbformen trennt ein Schwa die Personalform vom Stamm oder von der Wurzel: lebest (1. Konjunktiv), lebtest (2. Konjunktiv). Kappregeln bieten die Voraussetzung dazu, hier die Homonymie des Präteritums und des 2. Konjunktivs zu erklären, also es kann durchweg ein Modusmorphem -e angesetzt werden. Aus diesen Beispielen geht nicht hervor, in welcher Reihenfolge das Präteritumsuffix und das Modussuffix auftreten, aber die starken Verben zeigen, daß nicht eine Form des 1. Konjunktivs (komme), sondern eine Präteritumform die Basis für den 2. Konjunktiv bildet: kam (Präteritum), käme (2. Konjunktiv). Für die Personalformen läßt sich nunmehr folgende Stapelbedingung formulieren (4.43):

(4.43) MVB [X]⁀[Prät.]⁀[Mod.]⁀[Pers.]

Es ist hervorzuheben, daß der Infinitiv, das 1. Partizip und das 2. Partizip bestenfalls anstelle des X stehen können. Tatsächlich haben MVB (4.29) und (4.31) für den Infinitiv, insofern er wie ein Substantiv flektiert, respektive MVB (4.32), insofern die Partizipien wie Adjektive flektieren, mehr Relevanz.

Wenn für die Verbflexion eine der Alternanten aus dem Paradigma als Basis für die anderen Ableitungen gewählt werden soll, dann fallen sowohl die für Tempus wie die für Modus markierten Kategorien aus. In den verbleibenden Kategorien fällt auch der Plural ab, so daß, abgesehen von den nicht eigentlich verbalen Formen, dem 1. Partizip und dem 2. Partizip, nur die drei Singularformen des Indikativ Präsens, der Imperativ Singular und der Infinitiv in Betracht kommen.

Der Infinitiv ist weder für Person, noch für Tempus noch für Modus markiert. Im allgemeinen sind die 'natürliche' Zitierform und die Infinitivform identisch, aber Zonneveld (1982) gibt Beispiele aus dem Niederländischen, die es nahelegen, daß erstere Form unmarkiert ist, weil Muttersprachler sie ohne Schwierigkeiten produzieren, aber die präpositionale Infinitivform nicht. Das läßt sich belegen am Beispiel hérbeginnen 'aufs neue anfangen', dessen präpositionale Infinitivform schwankt (te hérbeginnen oder hér te beginnen) und oft vermieden wird (vgl. nhd. zu míßdeuten neben míßzudeuten). In anderen verwandten Sprachen ist die Infinitivform die denkbar markierteste; im Russischen trägt sie ein Suffix -t', das ausgerechnet alle relevante phonologische Information der Basisform verdeckt (vgl. Abschnitt 4.1.3). Außerdem ist der Infinitiv historisch gesehen keine Verbalform, und das Bulgarische kennt ihn nur rudimentär.

Zählungen, wie sie Greenberg (1966) in verschiedenen Sprachen vorgenommen hat, lassen von den Personalformen die 3. Person aufgrund der Frequenz als "most unmarked" erscheinen. Wenn man außerdem die Variation an Erscheinungsformen dieser Kategorie als Maßstab nimmt, weil die frequentesten Formen auch die größte Unregelmäßigkeit aufweisen, muß die 3. Person wiederum als unmarkiert erscheinen, denn im Deutschen kommt sie ohne Endung (kam), mit Endung (komm-t), mit Umlaut (gräb-t), mit Geminatenvereinfachung (rät), mit e/i-Wechsel (nimm-t) und mit längerer Flexionsendung (rett-et) vor. Vergleichsweise hat die 3. Person Plural zum Beispiel nur wenig Erscheinungsformen: -en und -n (leb-en, änder-n). Greenberg erwähnt aber auch Gegenbeispiele:

"There are a few discordant facts, e.g. the zero of the first person singular in the Dutch verb where the third person has overt form" (: 44).

Im Deutschen ist die 1. Person Singular auch relativ wenig markiert. Sie weist weniger Allomorphie als die 3. Person auf, und außerdem sind ihre Erscheinungsformen in allen Fällen jeweils mit denen der 3. Person Singular identisch, außer im Indikativ Präsens. Hier ist sie nicht mit der 3. Person, sondern meistens mit dem Imperativ Singular identisch. Allerdings besteht ein Schwanken zwischen einer Form mit oder ohne auslautenden Vokal (mache oder mach), außer wenn im Imperativ Vokalwechsel vorliegt, denn dann kommt nur die kurze Form vor: gib (Imp. Sg.), geb(e) (1.Pers. Sg. Ind. Präs.).

Für die Wahl einer Basisform mit Vokal im Auslaut könnte freilich Folgendes sprechen. Gerade die längere Verbalform dürfte die Zitierform sein, denn, wie Kohler (1979: 17) feststellt, ist Elision satzintern häufiger:

" ... in ich mach so was nicht ist die Wahrscheinlichkeit für das Schwinden von [ə] größer als in Dir gefällt es ja nicht, wenn ich das mach".

Außerdem zeichnen sich der 1. Konjunktiv und der 2. Konjunktiv aller Verben durch Formen mit e in der Flexionsendung aus, aber nur der 2. Konjunktiv der starken Verben kennt Umlaut. Die starken Verben sind im Präteritum im Singular 1. und 3. Person endungslos (gab), und im 2. Konjunktiv weisen sie sowohl das Konjunktivsuffix -e wie Umlaut auf. Im allgemeinen lösen Suffixe nur in der direkt vorangehenden Silbe Umlaut aus, und diese Regelmäßigkeit würde gut zu folgender Analyse in (4.44) passen, wenn man für das schwache Verb traben den Stamm trab-e und für das starke Verb graben den Stamm grab-e ansetzt:

(4.44) 1. Person Singular

Präs.	1. Konj.	Prät.	2. Konj.
trab-e	trab-e̸-e	trab-e̸-t-e	trab-t-e̸-e
grab-e	grab-e̸-e	grub-e̸	grüb-e

Eine Generalisierung ist nunmehr, daß kein Morphem für die 1. Person Singular anzusetzen ist. Stattdessen kann es als Themavokal gewertet werden; dies ist noch weiter zu motivieren. Die interne Struktur der Präteritalendung bei den schwachen Verben als Morphemgefüge -t-e statt als Einzelmorphem *-te läßt sich analog zu den Substantiven wie Straß-e und Fresk-e (vgl. Abschnitt 4.3.2) mit der Alternation trab-t-e (Sg.) :

trab-t-ø-en (Pl.) begründen.

Sowohl bei den starken wie bei den schwachen Verben sind die Personalformen der 1. und 3. Person Singular in drei von vier Kategorien identisch in nur einer wird die Basis um ein Personalzeichen erweitert (4.45):

(4.45) 3. Person Singular

Präs.	1. Konj.	Prät.	2. Konj.
trab-ø-t	trab-e	trab-t-e	trab-t-e
gräb-ø-t	grab-e	grub	grüb-e

Bloß im Indikativ Präsens der 3. Person Singular gibt es also eine Personalform. Die Generalisierung, daß im Präteritum sowie im 1. und 2. Konjunktiv nicht nur bei starken, sondern auch bei schwachen Verben die 1. und 3. Person Singular nicht morphologisch realisiert werden, ist positiv zu bewerten. Es muß dann in Kauf genommen werden, daß das 2. Partizip ge-trab-t und das Präteritum trab-t-e geringere Ähnlichkeit im Suffix haben als manchmal angenommen wird, aber bei den starken Verben trifft dies ohnehin nicht zu: grub, ge-grab-en. Im übrigen kann einer Präteritumform sehr wohl Zeichenwert zuerkannt werden, aber namentlich bei transitiven Verben muß der Zeichenwert eines 2. Partizips wie ge-schlag-en doch wohl in Frage gestellt werden. Auf jeden Fall ist schwerlich anzunehmen, daß eine Präteritumform als weniger markierte Form die Basis für das Partizip abgeben könnte, denn in den Dialekten südlich des Mains fehlen Präterita fast ganz und erscheinen stattdessen Partizipialkonstruktionen.

Indessen müssen zwei Regeln angenommen werden: eine, die den Themavokal -e in der Verbalableitung, also auch im Auslaut des Präteritums der starken Verben, eliminiert, und eine Kappregel nach dem Schema von (4.22), die stammbildendes Schwa vor Verbalsuffix Schwa abkappt. Die Eliminierungsregel kann folgende Form erhalten (4.46):

(4.46) Themavokaleliminierung

$$+e \rightarrow \emptyset \quad \Big[[\ \ldots \ \_\_ \ ]_V \ \ldots \ \Big]_V$$

Alle von einem Verbalstamm abgeleiteten Formen, ob mit oder ohne Suffix, verlieren demnach den Themavokal: trab-ø-t, trab-ø-t-e, gräb-ø-t, grub-ø. Wenn die Spezifizierung V am äußeren Haken weggelassen wird, kann die Anwendung dieser Regel allerdings auf Substantive erweitert werden: Lauf, Grab, Trab, Besuch, Schau. Das hätte als Konsequenz, daß das auslautende -e von Schnitt-e 'Brotscheibe' (vgl. Schnitt 'Schneiden') nicht als stammbildendes Suffix sondern als Ableitungssuffix gewertet werden müßte.

Nach dentalem Verschlußlaut im Auslaut der Wurzel trennt ein Schwa diese vom dentalen Verschlußlaut des Verbalsuffixes (rettet, rettete, redet, redete); Zischlaute im Wurzelauslaut werden fakultativ vom s im Suffixanlaut getrennt (reis(es)t, reiß(es)t, riss(es)t, zisch(es)t). Wenn jedoch Vokalwechsel stattfindet, gibt es kein Schwa in dieser Position (lädt gegen ladet, lädst gegen ladest, wandte gegen wendete, tritt gegen bietet). Die Frage ist, ob es sich bei diesem Schwa um einen Themavokal oder um einen Prothesevokal handelt.

Die 1. (und 3.) Person Singular Präteritum des starken Verbs laden lautet lud, die 2. Person Plural ludet. Das e kann also in diesem Fall kein Themavokal sein. Es bleibt dann die Möglichkeit, daß die Personalendung -et und nicht -t lautet, aber außer nach dentalem Wurzelauslaut entfällt die Analyse, denn z.B. die 2. Person Plural zu schreien lautet hochsprachlich im Präsens schreit, und im Präteritum schriet; die Ableitung schrei-ø-et, schrie-et würde *schreiet, *schrieet ergeben. Deshalb kann es als prothetisches e analysiert werden, das zu den dentalen Suffixen -t, -st, -t-e die Allomorphe -et, -est, -et-e bildet, wenn die Wurzel des Verbs auf Dentalobstruent auslautet. Diese Dentalclusterauflösung kann folgende Form bekommen (4.47):

(4.47) e-Prothese vor Dental

$$\emptyset \rightarrow e \;/\; \ldots \begin{bmatrix} -\text{ son} \\ +\text{ cor} \\ \alpha\text{ cont} \end{bmatrix} \Big]_{WR} {}^{+} \;\_\_\; \begin{bmatrix} -\text{ son} \\ +\text{ cor} \end{bmatrix} \ldots \Big]_{V}$$

Bedingung: wenn $\alpha = -$, dann obligatorisch

Im Prinzip ist es aber auch möglich, die Allomorphie durch e-Synkope vor Nichtdental zu beschreiben (vgl. Kapitel 5). Von dieser Protheseregel sind indessen die oben erwähnten Formen mit Vokalwechsel wie läd-t, läd-st, trit-t, tritt-st ausgenommen, so daß eine Ausgleichsregel angenommen werden muß (4.48):

$$(4.48)\quad \left\{ \begin{matrix} [+\text{ U}] \\ [+\text{ e/i-W}] \end{matrix} \right\} \rightarrow [-\text{ R. } 4.47] \;/\; \_\_ \begin{bmatrix} -\text{ Pret} \\ -\text{ Mod} \end{bmatrix}$$

Die Präteritalformen wand-te, sand-te müssen ebenfalls mit diesem Minusmerkmal versehen werden. Falls im Fokus der Ausgleichsregel auch noch das Alphabetmerkmal [+ Ablaut] eingeklammert wäre, könnten diese beiden Formen zwar regelmäßig gebildet werden, aber auch alle anderen ablautenden Verben wären dann so spezifiziert, und das würde fälschlicherweise Ableitungen wie ihr *lud-t statt lud-et ergeben. Das Paradigma der 2. Person Plural von laden (schwach und stark) und traben kann nunmehr folgendermaßen strukturiert werden (4.49):

(4.49) 2. Person Plural

Präs.	1. Konj.	Prät.	2. Konj.
lad-ɇ-et	lad-e-t	lad-et-e-t	lad-et-e-t
lad-ɇ-et	lad-e-t	lud-et	lüd-e-t
trab-ɇ-t	trab-e-t	trab-t-e-t	trab-t-e-t

Die funktionalen Gründe für die e-Prothese (bzw. das Unterbleiben der Synkope) vor Dentalsuffix sind nicht weit zu suchen. Die 1. und 3. Person Plural eines Verbs wie retten wären sonst nämlich im Präsens, 1. Konjunktiv, Präteritum und 2. Konjunktiv homonym, während sie jetzt in den beiden ersten Kategorien retten und in den beiden letzten retteten lauten. Das Gleiche gilt für die 2. Person Singular bzw. Plural, die sonst, außer im Präsens, in drei Kategorien rettest bzw. rettet lauten würden, sich aber jetzt im Präteritum und 2. Konjunktiv durch ein deutlich erkennbares Suffix unterscheiden: rettetest bzw. rettetet.

Für die Realität des Themavokals könnte indessen das Paradigma der Verben vom Typ widmen sprechen, denn darin ist immer ein Bindevokal vorhanden, sofern er nicht mit dem Konjunktiv-e zu identifizieren ist: widme (Präsens), widme (1. Konjunktiv), widmete (Präteritum), widmete (2. Konjunktiv). Die Regel für die Themavokaleliminierung müßte dann so formuliert werden, daß sie diese Verben nicht erfaßt. Folgende morphologische Ausgleichsregel bewirkt dies (4.50):

(4.50) $$V \rightarrow [-\text{R. } 4.46] \;/\; \left\{\begin{matrix}[-\text{son}]\\ [-\text{cont}]\end{matrix}\right\} [+\text{nas}] + \_\_\_ \; [-\text{son}]\; X \Big]_V$$

Statt der Ausgleichsregel könnte auch eine Umformulierung der Regel (4.46) gewählt werden, die das Komplement der in (4.50) angegebenen Umgebung spezifiziert, oder es könnten die längeren, vokalisch anlautenden Allomorphe der Flexionszeichen als zugrundeliegend angesetzt werden, aber zum Zwecke der weiteren Exposition wird hier diese Notationsvariante gewählt. Die Verben des Typs atmen, öffnen, vervollkommnen behalten auf diese Weise ihren Themavokal, auch wenn ein Suffix folgt; das stammauslautende Schwa

(4.51) 2. Person Singular

Präs.	1. Konj.	Prät.	2. Konj.
atm-e-st	atm-e-st	atm-e-t-e-st	atm-e-t-e-st
trab-ɇ-st	trab-e-st	trab-t-e-st	trab-t-e-st
läd-ɇ-st	lad-e-st	lud-est	lüd-e-st
lad-ɇ-est	lad-e-st	lad-et-e-st	lad-et-e-st

wird sonst regelmäßig nach (4.46) eliminiert. Die 2. Person Singular der Verben atmen, traben und laden (stark und schwach) ist dann strukturiert wie in (4.51).

Der Plural und der Infinitiv der Verben vom Typ erheitern, vernebeln können zwar im 1. Konjunktiv, aber nie im Indikativ Präsens *erheiteren, *vernebelen lauten, doch die 1. Person Singular Indikativ Präsens schwankt erheit(e)re, verneb(e)le. Aufgrund der normsprachlichen Pluralformen schrei-en (Präs.), schri-en (Prät.) muß ein Suffix -en angesetzt werden. In Kapitel 1 beim Beispiel (1.38) wurde bereits auf dieses Schwanken hingewiesen, und es ist jetzt auf die Frage einzugehen, welche Wortform die Basis für die Flexion sein kann, die nicht synkopierte oder die synkopierte. Die beiden erwähnten Verben sind vom Adjektiv heiter und vom Substantiv Nebel abgeleitet; das flektierte Adjektiv kann heit(e)r-e lauten, aber das flektierte Substantiv kann weder im Dativ noch im Plural *Neb(e)l-e sein, während das dazugehörige Adjektiv wiederum schwankt: neb(e)lig. Flektierte Verben und Substantive enthalten also immer die längere Basisform, und deshalb muß folgende Epentheseregel (4.52) angenommen werden:

(4.52) e-Epenthese im flektierten Stamm

$$\emptyset \rightarrow e \;/\; \left\{\begin{matrix}[-\text{son}]\\ [-\text{cont}]\end{matrix}\right\} \;\_\_\; \begin{bmatrix}+\text{cons}\\ +\text{son}\\ \langle-\text{nas}\rangle\end{bmatrix} \begin{matrix}+e(n)\\ [-\text{Mod}]\end{matrix} \Big]_{N,\langle V\rangle}$$

Nach dieser Regel ist e-Epenthese in flektierten Verben und Substantiven obligatorisch. Weder für den Verbstamm erheit(e)re, verneb(e)le noch für das unflektierte Substantiv Nebel (vgl. Regel 1.43) oder für das unflektierte Adjektiv heiter oder für das flektierte heit(e)r-e besteht diese Verpflichtung; die Basis kann also mit oder ohne Schwa repräsentiert werden. Sobald jedoch das Substantiv oder Verb flektiert wird, muß das e vorhandensein, denn sonst wäre im Plural das Ergebnis *Nebl-e statt Nebel-e, und nur letztere Form bildet die richtige Eingabe für die Eliminierungsregel (4.17). Die verbalen Pluralformen mit -en sind freilich auch durch diese Regel zu erfassen, wenn der Index für die Verbkategorie hinzugefügt wird (4.53):

(4.53) Eliminierung des Flexions-e (Neufassung 4.17)

$$e \rightarrow \emptyset \;/\; \Big[\ldots\Big[\ldots \overset{e}{\left\{\begin{matrix}[-\text{stress}]\\ [+\text{E}]\end{matrix}\right\}}\; R\;\Big]_{N,V} \;[-\overline{\text{Mod}}\;]^{(n)} \Big]_{N,V}$$

Nicht nur, daß damit die Pluralendung -en mit der Pluralendung der Adjektive und Substantive identifiziert werden kann, sondern sogar das Alphabetmerkmal [+ E] läßt sich ohne weiteres für die Sonderfälle tun und sein verwenden. Das Flexionszeichen der 2. Person Plural erweist sich damit als typisches Verbalsuffix. Die Regel für die Pluralbildung auf -en läßt sich generalisieren, indem die Kategorienspezifizierung am Haken nunmehr getilgt wird (4.54):

(4.54) Pluralbildung auf -en (Neufassung 4.37c)

$$\begin{bmatrix} +\text{ Plur} \\ +\text{ n-Fl} \end{bmatrix} \rightarrow \text{+en} \; / \; \big[[\; X \;] \_\_\_ \big]$$

Die Pluralbildung auf -en, die unmarkierte Flexion, umfaßt also die meisten Substantive, die Adjektive, sofern sie keine Ausnahme von der pronominalen Flexion bilden, und alle Verbalformen der 1. und 3. Person Plural.

Die Epentheseregel (4.52) hat ein stilistisches Gegenstück, eine fakultative Regel, die ein Schwa vor folgendem Sonanten tilgt. Darüber wurde bereits etwas ausführlicher in Abschnitt 1.2.4 gesprochen. Je nachdem, ob mehr ungespannte e in dieser Position angesetzt werden, wird diese fakultative Elisionsregel mehr Schwa erfassen können. Nicht nur im Singular, sondern auch im Plural kann nämlich das Wort Nebel sowohl als ['ne:bəl] wie als ['ne:bl̩] gesprochen werden. Auf diese Elision ist noch in Kapitel 5 zurückzukommen.

In Kapitel 1 wurden unter Beispiel (1.37) solche Gegensätze wie trockne (Verb) und trock(e)ne (Adj.) erwähnt. Im Verbparadigma ist durchgängig die Struktur ... CN-e anzutreffen (vgl. 4.51); weder *trockene noch *trockenet sind mögliche Verbalformen. Diese typische Struktur des Verbalstamms wäre dadurch beizubehalten, daß die synkopierte Form angesetzt würde. Das Verb vervollkommnen hat jedoch vollkommen als Basis, das wiederum auf ein 2. Partizip mit -en zurückzuführen ist, denn zum Verb schreien lautet das 2. Partizip geschri-en. Das Verb bewappnen ist morphologisch durch das Substantiv Wapp-en motiviert; daß hier ein stammbildendes Suffix -en anzusetzen ist, zeigt die normsprachliche Opposition zwischen Karr-en 'Wagen' und Karn 'Butterfaß'. Die Tilgung des e im Verbalstamm vor Nasal kann folgende Form erhalten (4.55):

(4.55) Synkope vor Nasal im Verbalstamm

$$\Bigg[e \rightarrow \emptyset \; / \; \left\{ \begin{matrix} [-\text{ son}] \\ [-\text{ cont}] \end{matrix} \right\} \_\_\_ \; [+\text{ nas}]\,[-\text{segm}] \begin{bmatrix} -\text{ cons} \\ -\text{ back} \\ -\text{ high} \end{bmatrix} \Bigg]_V$$

Gleichgültig, ob die Verbalstämme für zeichnen, atmen, vervollkommnen mit oder ohne e im Wurzelauslaut repräsentiert werden, ihre Basis hat die kanonische Form zeichn-e, atm-e, vervollkommn-e. Nach der Ausgleichsregel (4.50) erfahren diese Formen keine Themavokaleliminierung, wenn sie flektiert werden; Regel (4.52) für Vokalepenthese bleibt wirkungslos.

Die Pluralformen der 1. und 3. Person Plural sind nunmehr folgendermaßen strukturiert (4.56):

(4.56) 1. und 3. Person Plural

Präs.	1. Konj.	Prät.	2. Konj.
atm-~~e~~-en	atm-~~e~~-en	atm-e-t-~~e~~-en	atm-e-t-~~e~~-en
eiter-~~e~~-~~e~~n	?eiter-~~e~~-en	eiter-t-~~e~~-en	eiter-t-~~e~~-en

Der 1. Konjunktiv von eitern in der mit Fragezeichen versehenen Form wird vermieden und meistens ist diese Pluralform mit der des Präsens Indikativ identisch. Die Regeln erlauben es, nach Belieben eine Verbwurzel mit (atem-e) oder ohne Schwa (eitr-e) anzusetzen.

Bisher wurden in der Verbalflexion als Personalzeichen das -st und die beiden -t, als Pluralzeichen das -en, als Tempuszeichen das Morphemgefüge -t-e, als Moduszeichen das Morphem -e erstellt. Dazu gibt es noch ein Affix für das 1. Partizip, das Suffix -d, sowie die diskontinuierlichen Morpheme ge- ... -t und ge- ... -en für das 2. Partizip. Bekanntlich gibt es eine Gruppe von Verben, bei denen im 2. Partizip das Präfix ge- nicht erscheint. Es sind a) Verben des Typs beféhlen, mißdéuten (Part. befóhlen, mißdéutet) mit untrennbaren Präfixen, b) Verben mit Hauptton auf dem Suffix wie marsch-íeren, mission-íeren (Part. marsch-íert, mission-íert), c) Verben mit unbetonter erster Stammsilbe wie kalfátern, trompéten (Part. kalfátert, trompétet).

Kiparsky (1966) zeigt, daß die Regel, die das Präfix ge- tilgt, mit den Akzentregeln interagiert. In den Verben wie ǘber-be-lasten, míß-ver-stehen (Part. ǘber-be-lastet, míß-ver-standen) erreicht er die korrekte Oberflächenform, indem er die betreffende Eliminierungsregel der Betonungsregel, die den Hauptakzent vom Stamm auf das Präfix miß-, über- verlegt, vorordnet. Schultink (1973: 410 FN) deutet an, daß damit die Sache nicht restlos geklärt ist, denn zu míß-deuten ist neben míß-ge-deutet auch ge-míß-deutet belegt. Es wird hier nicht auf Akzentregeln eingegangen, aber es folgt hier immerhin Kiparskys Regel in vereinfachter Form (4.57):

(4.57) Tilgung von ge-

$$\text{ge+} \rightarrow \emptyset \;/\; \Big[\;\_\_\_\; \big[\; C_o \begin{bmatrix} V \\ -\text{stress} \end{bmatrix} \ldots$$

Darin ist [- stress] als nichthaupttontragend zu verstehen. Dieselben Bedingungen gelten im Deutschen für das Präfix be-.

Daß es sich bei der Regel (4.57) tatsächlich um ein Nullallomorph von ge- handelt, geht aus folgenden Fakten hervor. Anders als bei Kiparsky ist dieses Gegenstück zu seiner Regel nicht für die Kategorie Verb spezifiziert. Das Präfix wird nämlich auch in Ableitungen mit dem diskontinuierlichen Affix Ge- ... -de getilgt, denn die Substantive Ge-mein-de, Be-schwer-de, Be-hör-de, Ge-bär-de, Be-gier-de, Ge-schich-te, Ge-lüb-de haben als Basis Formen, die selber präfigiert sind, vgl. ge-mein, be-schwer-en, be-hör-en, ge-bar-en, be-gehr-en, ge-scheh-en, ge-lob-en.

Nicht in allen Fällen ist das Fehlen von ge-Formen jedoch als Allomorphie zu erklären. Es gibt Ableitungen von Verbalstämmen mit pejorativer Bedeutung vom Typ Ge-lách-e, Ge-schréib-e oder Áb-ge-les-e, Vór-ge-sag-e. Erwartungsgemäß fehlen das *Ge-be-súch-e, das *Ge-über-sétz-e (vgl. Fleischer (1969; 1976: 185), aber auch das *Be-súch-e, das *Über-sétz-e sind einfach ausgeschlossen. Das deutet darauf, daß die betreffende Wortbildungsregel anders als Regel (4.57) für Anfangsbetonung spezifiziert ist, so daß bloß die tatsächlich vorkommenden Bildungen beschrieben werden. Wie die Formen das Geplauder, das Gemurmel zeigen (vgl. Abschnitt 4.4), bekommen die 'Pejorativa' indessen immer die kanonische Form durch dieselbe Regel (4.53), die Eliminierung des Flexions-e bewirkt.

Bisher wurden vier Personalendungen für sechs Personalkategorien erstellt: für die 2. Person Singular -st mit dem Allomorph -est, für die 3. Person Singular des Präsens -t mit dem Allomorph -et, für die 1. und 3. Person Plural -en mit dem Allomorph -n und für die 2. Person Plural -t mit dem Allomorph -et. Gottsched gibt in seiner Grammatik aus dem Jahre 1752 folgende Verbalformen (4.58) für das Hochdeutsche an (vgl. Semenjuk 1972: 113):

(4.58)	1.P.Sg.	2.P.Sg.	3.P.Sg.	1.P.Pl.	2.P.Pl.	3.P.Pl.
	-e	-(e)st	-(e)t	-en	-et	-en

Diese Formen sind mit demselben Regelsystem wie dem vorliegenden zu beschreiben. Der einzige Unterschied läge in der 2. Person Plural, wo das längere Allomorph als zugrundeliegend angesetzt werden müßte. Auf die Entscheidung, welches der jeweiligen anderen Allomorphe als zugrundeliegend anzusetzen ist, ist noch in Kapitel 5 zurückzukommen.

Es ist sonst nicht üblich, anzunehmen, daß das -e in der 1. Person Singular des Präsens keine Personalendung, sondern ein Themavokal oder stammbildendes Suffix des Verbs ist. Sprachinterne Gründe haben diese Analyse nahegelegt. Das ausschlaggebende Argument für die Annahme, daß das -e nicht ein Flexionszeichen, sondern eine Stammesendung ist, bilden die übrigen Personalformen des Indikativ Präsens. Letztere entsprechen der kanonischen Form ... eR(C), die auch für die Substantive mit n-Flexion gilt — erstere entspricht der 'freien' Form der sonstigen Kategorien. Nur im flektierten Verbalstamm ist e-Epenthese nach (4.52) obligatorisch, und aufgrund dieser Regel hat die Personalform der 1. Person Singular als unflektiert zu gelten.

Wenn nun aber das auslautende -e der Präsensform trab-e keine Personalendung ist, dann folgt daraus, daß das auslautende -e des Präteritums trab-t-e ebenfalls keine Personalendung sein kann, sondern zur Präteritalendung gehört. Hier trifft nämlich die Kontraposition der am Ende von Abschnitt 4.4 angeführten typologischen Implikation zu. Wenn die weder für Tempus noch für Modus markierte Verbkategorie in der 1. Person Singular nicht morphologisch für die Person markiert ist, impliziert das Fehlen dieses Personalzeichens, daß im Präteritum und im Konjunktiv dieses Personalzeichen gleichfalls fehlt.

Die ostmitteldeutschen Dialekte, die mit der deutschen Standardsprache am 'verwandtesten' sind, weisen in der 1. Person Singular des Präsens auch eine e-Endung auf. Die Bestätigung für die Analyse der Personalflexion ohne 1. Person Singular kommt paradoxerweise vom Flexionssystem der anderen Dialekte. Veith (1977) gibt eine Übersicht über die Verbparadigmata aus zehn repräsentativen Regionen (4.59):

(4.59)	1.P.Sg.	2.P.Sg.	3.P.Sg.	1.P.Pl.	2.P.Pl.	3.P.Pl.
Leipzig	-e	-st	-t	-en	-t	-en
Berlin	-e	-st	-t	-en	-t	-en
Hamburg	-	-st	-t	-(e)t/en	-(e)t/en	-(e)t/en
Köln	-	-s	-t	-e	-t	-e
Frankfurt	-	-st	-t	-e	-t	-e
Stuttgart	-	-st/št	-t	-et	-et	-et
Zürich	-	-st/št	-t	-et	-et	-et
Nürnberg	-	-st	-t	-en	-t	-en
München	-	-st	-t	-en	-ts	-en
Wien	-	-st	-t	-en	-ts	-en

Aus dieser Übersicht geht hervor, daß alle Dialekte außer denen in Leipzig und Berlin keine Personalendung an der fraglichen Stelle kennen. Sonst gibt es eine auffällige Übereinstimmung in den Personalendungen aller Personen. Nur hat sich die Variante des verbalen Suffixes -t sowohl in Hamburg wie in Stuttgart und Zürich auf Kosten des für die grammatische Kategorie unmarkierten Suffixes -en ausgedehnt. Auf jeden Fall unterstützen diese Daten die Annahme, daß es in der hochdeutschen Standardsprache bloß vier Personalsuffixe im Verbparadigma gibt.

4.7 Zusammenfassung

Wenn dieses Kapitel 'Die Distribution des Schwa' als Überschrift gehabt hätte, wäre der Inhalt im großen und ganzen derselbe gewesen, allein der Aufbau hätte sich anders gestaltet. Die Eliminierung des Flexions-e nach (4.53) in den Pluralsuffixen -en und -e (vgl. 4.12 und 4.22), Apokope des Derivationssuffixes -e (vgl. Abschnitt 4.3.2 und 4.4), die Argumente für die Annahme, daß Substantive vom Typ Acker, Apfel, Graben mit zugrundeliegendem Plural-e gebildet werden, Diminutiva, auch die auf -chen dagegen nicht, der Themavokal -e bei den Verben, die e-Prothese vor Verbalsuffixen (4.47), die e-Epenthese im flektierten Stamm (4.52) und die Synkope vor Nasal im Verbalstamm (4.55), die Tilgung des Präfixes ge- in der Substantivderivation und bei Partizipialbildungen — all das hätte auch dann zur Sprache kommen müssen. Weil hier aber Flexionsmorphologie zur Diskussion gestellt wurde, muß diese Zusammenfassung diesem morphologischen Gesichtspunkt gerecht werden.

Aus den in den drei vorigen Abschnitten vorgeführten Paradigmata des Substantivs, des Adjektivs und des Verbs geht hervor, daß die Flexionszeichen einen erheblichen Synkretismus aufweisen. Von den Numeruszeichen sind -er, -e, -s auf Substantive beschränkt, aber das Pluralzeichen -en (mit dem Allomorph -n) tritt sowohl bei Substantiven wie Adjektiven und Verben auf. Das Pluralzeichen -en kommt zwar im allgemeinen nicht am Bestimmwort vor, aber am Haken der Regel (4.54) kann jeglicher Index einfach fehlen, weil die morphologischen Ausgleichsregeln (4.39) und (4.40) ihn redundant machen.

Das Genitivzeichen -s des Singulars mit dem Allomorph -es und das Dativzeichen -n des Plurals (vgl. Regel 4.36e und 4.36h) erscheinen bei Substantiven sowie bei Determinantien und Adjektiven, aber weil diese Kasus sonst in keiner Kategorie vorkommen, kann der Index am Haken ebenfalls fehlen. Von den Kasuszeichen beschränkt sich bloß das (fakultative) Dativ-e auf Substantive. Die übrigen sechs Kasuszeichen erscheinen entweder am Adjektiv oder am Determinans.

Das ausschlaggebende Argument für die Annahme, daß das -e der 1. Person Singular Präsens nicht Flexionszeichen, sondern eine Stammesendung ist, bilden die übrigen fünf Personalformen des Indikativ Präsens. Letztere entsprechen der kanonischen Form ... eR(C), die auch für die mit -en flektierten Substantive gilt – erstere entspricht der 'freien' Form der sonstigen Kategorien.

Die Personalzeichen -st mit dem Allomorph -est und die beiden -t der 2. Person Plural und der 3. Person Singular des Präsens mit ihren Allomorphen -et beschränken sich auf Verbalformen, ebenso wie das Moduszeichen -e, das Präteritumzeichen -t-e mit dem Allomorph -et-e und die Partizipial affixe -d, ge- ... -en und ge- ... -t mit dem Allomorph -et.

Eine Analyse, welche die jeweils weniger markierte Kategorie als Basis für die markiertere wählt, führt zu der Wahl des Nominativs Singular für die Bildung der übrigen Kasus und des Numerus sowohl des Adjektivs wie des Substantivs. Für die Verbalformen muß die 1. Person Singular vom Indikativ Präsens als Basis dienen, weil die 1. Person die einzige Kategorie im Paradigma ist, die nicht durch ein Flexionszeichen vertreten ist.

5. DIE SEGMENTALEN REGELN

In Kapitel 1 wurde ein zugrundeliegendes Lautinventar für das Deutsche angesetzt und wurden einige Regeln aufgestellt, welche die nachgewiesenen Alternationen verantworten konnten. In Kapitel 2 wurde versucht, externe Argumente der Markiertheit so zu formulieren, daß sie unmittelbar als Bewertungsmaßstab für im ersten Kapitel getroffene Entscheidungen dienen konnten. In Kapitel 3 wurden alternative Analysen überprüft und als unzureichend verworfen, aber gleichzeitig wurde das Segmentinventar eingeschränkt; außerdem wurde gezeigt, daß auf die phonetische Silbe als phonologische Domäne Bezug genommen werden muß. In Kapitel 4 wurde versucht, die Nullalternation in den Griff zu bekommen; die Analyse ermöglichte namentlich, zu zeigen, welche Synkretismen in der Flexion existieren.

Es ist jetzt notwendig, die segmentalen Regeln noch einmal Revue passieren zu lassen. In Kapitel 1 wurde bereits angekündigt, daß sich einige von ihnen neu formulieren lassen, denn, wenn auf Silbenstrukturverhältnisse zurückgegriffen werden kann, ist in einigen Fällen eine erhebliche Vereinfachung möglich. In unmittelbarem Zusammenhang mit der Neuformulierung steht die Frage, wie die Regeln untereinander geordnet sind. Schließlich gibt diese Übersicht Gelegenheit, einige mundartliche Besonderheiten in die Diskussion einzubeziehen. Nirgends wurden Fakten aus deutschen Dialekten als unterstützendes Argument für die Analyse verwendet — stattdessen stellt sich heraus, daß einige der für die Hochsprache aufgestellten Regeln auch für manche Dialekte gelten, sei es zum Teil in etwas abgewandelter Form.

Die Auslautverhärtungsregel erfaßt alle Lenisobstruenten an der Morphemgrenze, sofern sie nicht vor Vokal stehen (5.1):

(5.1) Auslautverhärtung (= 3.26, 1.61)

$$[-\text{ son}] \rightarrow [+\text{ tns}] \;/\; \_\_\_ \; [-\text{ segm}] \begin{Bmatrix} [-\text{ segm}] \\ [+\text{ cons}] \\ [-\text{ son}] \end{Bmatrix}$$

Die Feststellung, daß die Regel vermutlich für die Mehrheit der deutschen Mundarten ebenfalls gilt, scheint fast trivial. Die einzigen Ausnahmen von dieser Regel bilden Wörter mit stimmhaftem breitem Zischlaut im Auslaut, wie rou[ʒ], Presti[ʒ], Bour[ʒ] (vgl. Abschnitt 1.3.2). Die Sonderstellung dieser Segmente kommt nachher bei der Regel für stimmhafte Lenis (5.42) noch zur Sprache.

Die Regel, die den Ich-Laut aus zugrundeliegendem Ach-Laut ableitet, kann folgende Form erhalten (5.2):

(5.2) Dorsaler Reibelaut (Neufassung 1.71)

$$\begin{bmatrix} -\text{ son} \\ +\text{ high} \\ +\text{ cont} \end{bmatrix} \rightarrow [-\text{ back}] \;/\; \left\{ \begin{matrix} [-\text{ segm}] \\ [+\text{ cons}] \\ \begin{bmatrix} -\text{ cons} \\ -\text{ back} \end{bmatrix} \end{matrix} \right\} \;\_\_\_$$

Im Morphemanlaut (Cherusker, Männ-chen), nach Konsonanten (Schisma, Mönch) und nach vorderen Vokalen und Halbvokalen (Licht, euch) werden Ich-Laute realisiert. Die strukturelle Veränderung braucht nicht auch noch als [- coronal] spezifiziert zu werden, weil das betreffende Merkmal obligatorisch ist (vgl. die Diskussion in Abschnitt 2.8.4). Die Typologische Implikation (2.55) wird das Segment /ç/ mit der Komplexität 3 auch nicht demarkieren, denn es ist sowohl durch /š/ wie durch /x/, beides mit der Komplexität 2, hinreichend 'abgestützt'. Regel (5.2) entspricht der im WdA (: 15) vermerkten "grundsätzlichen Vorverlagerung der Artikulation", nicht nur der dorsalen, sondern auch der anderen Laute. Dialekte, die eine Alternation /x/ : /š/ kennen, unterscheiden sich im vorliegenden System nur dadurch, daß sie statt [- back] eine Spezifizierung [+ coronal] in der strukturellen Veränderung der Regel haben.

Es muß noch auf eine Besonderheit der Regel (5.2) hingewiesen werden, denn der bedingende Faktor links vom Fokus hat ein Komplement [+ segm, - cons, + back], was auf den ersten Blick dazu veranlassen könnte, eine 'umgekehrte' Regel ç → x / [- cons, + back] ___ zu formulieren (vgl. die Diskussion in Abschnitt 1.3.4). Diese Regel würde jedoch zu einem falschen Resultat führen, denn es ist dann unmöglich – zumindest im SPE-Rahmen – , größere Sequenzen als das Morphem auszuschließen.

> "We assign a very special status to formative boundary, in the following way. We assume that the presence of + can be marked in a rule, but that the absence of + cannot be marked in a rule" (SPE: 67).

M.a.W., der bedingende Faktor in der 'umgekehrten' Regel wäre eine Abkürzung für zwei konjunktiv geordnete Sequenzen: V + ___ und V ___ . Die Morphemgrenze in ersterer Sequenz wäre jedoch gerade ein Hindernis für die 'Rückverlagerung' der Artikulationsstelle. Die Umgebungsbedingungen müßten folglich eine Spezifizierung für das Fehlen der Morphemgrenze enthalten (5.3):

(5.3)
$$\begin{bmatrix} -\text{son} \\ +\text{high} \\ -\text{cor} \\ +\text{tns}\end{bmatrix} \rightarrow [+\text{back}] \;/\; X \begin{bmatrix} -\text{cons} \\ +\text{back}\end{bmatrix} \_\_\_ \; Y$$

Bedingung: X ... Y $\neq$ ... [- segm] ...

Die Spezifizierung [+ tense] im Fokus der Regel ist notwendig, um zu verhindern, daß das /j̊/ in Kajak, Koje, kujonieren zum velaren Reibelaut wird, m.a.W., von den palatalen Reibelauten /j̊,ç/ muß ersterer ausgenommen werden. Nicht nur, daß Regel (5.3) komplexer ist als (5.2), auch andere Fakten sprechen gegen diese 'Umkehrung' der Regel.

Es gibt eine Spirantisierung des /g̊/ im Hochdeutschen, die eine Alternation ewi[ç] : ewi[g]e, etwai[ç] : etwai[g]e, Käfi[ç] : Käfi[g]e bewirkt, freilich nur im Morphemauslaut nach ungespanntem /i/. Die Regel kann folgendermaßen formuliert werden (5.4):

(5.4) Spirantisierung des g

$$\begin{bmatrix} -\text{son} \\ +\text{back} \\ -\text{tns}\end{bmatrix} \rightarrow [+\text{cont}] \;/\; \left\{\begin{matrix}[+\text{cons}] \\ [+\text{tns}]\end{matrix}\right\} \begin{bmatrix} -\text{cons} \\ -\text{back} \\ -\text{tns} \\ -\text{str}\end{bmatrix} \_\_\_ \; [-\text{segm}] \left\{\begin{matrix}[-\text{segm}] \\ [+\text{cons}] \\ [-\text{son}]\end{matrix}\right\}$$

Diese Regel ist nicht anzuwenden nach Diphthong (Tei[k] neben tei[g]ig), wenn das i gespannt oder betont ist (ambí[k] neben Ambi[g]uität), oder wenn der Verschlußlaut im Morpheminlaut steht (indi[g]niert). Daß es sich um die Ableitung eines Reibelauts aus einem Verschlußlaut handelt, zeigt das Wort Pfirs[Iç], denn dessen Plural lautet nicht *Pfirs[Ig]e sondern Pfirs[Iç]e.

Die Spirantisierung unterbleibt allerdings auch, wenn die Endung um das Adjektivsuffix -lich erweitert wird, eine Art verkehrte Dissimilation. Deshalb gibt es folgende Konsonantenabstufungen: ledi[ç] : ledi[g]e : ledi[k]li[ç], Köni[ç] : Köni[g]e : köni[k]li[ç]. Die Ausnahmen können unmarkiert bleiben, wenn zusätzlich zu Regel (5.4) eine morphologische Ausgleichsregel ("readjustment rule") angesetzt wird (5.5):

(5.5) $[u\ \text{R. } 5.4] \rightarrow [-\ \text{R. } 5.4] \;/\; \_\_\_ +\text{lix}$

Auf diese Weise brauchen Formative nicht lexikalisch dafür markiert zu werden, daß Regel (5.4) nicht anzuwenden ist, obwohl sie der strukturellen Beschreibung entsprechen. Es gibt dagegen eine Form, die [m R. 5.4] als Merkmal trägt: Köni[k]reich (neben regelmäßig Köni[ç]reich).

Eine Spezifizierung [- back] in der strukturellen Veränderung der Regel (5.4) erübrigt sich, denn die letzte Teilregel von (5.2) bewirkt Palatalisierung zum /j̊/, das jedoch in dieser Position automatisch durch Regel (5.1) verhärtet wird, so daß ein /ç/ erscheint. Unterbleibt dagegen die Spirantisierung, dann ist Regel (5.2) nicht anwendbar und erscheint ein /k/. Die Regeln brauchen also nicht extern geordnet zu werden. Die Spirantisierungsregel kann indessen auch poetische Kontraktionsformen ew'ge ['e:vjə] (neben ewige ['e:vIgə]) erfassen, vorausgesetzt, daß ein Alphabetmerkmal in die Regel eingeklammert wird. In Gegenden, wo generell in allen Positionen ein spirantisiertes g gesprochen wird, z.B. Brandenburg und Nordthüringen (vgl. Meinhold/Stock 1980 für weitere Angaben), erfaßt Regel (5.2) auch stimmhafte dorsale Reibelaute, so daß Alternationen wie We[ç] : We[j]e und Ta[x] : Ta[ɣ]e das Ergebnis sind. Wenn nun außerdem Stimmhaftigkeit als zusätzliches Unterscheidungsmerkmal bei der Fortis/Lenis-Opposition fehlt, kann ebenso wie in Goethes Faust die Form neige sehr wohl mit Schmerzenreiche reimen.

Inzwischen tritt ein wesentlicher Unterschied zwischen Regel (5.2) und Regel (5.3) zutage. Beide beschreiben den Wechsel zwischen dem Ich-Laut und dem Ach-Laut (sei es, daß letztere Regel etwas komplexer ist). Regel (5.2) ist jedoch so formuliert, daß sie ohne jegliche Ergänzung gleichzeitig den Wechsel /ɣ̊ : j̊/ in einigen deutschen Dialekten erfaßt, während letztere Regel (5.3) von vornherein ungeeignet ist, diese Alternation zu beschreiben. Externe Argumente, nicht nur Markiertheitsverhältnisse im hochdeutschen Segmentsystem (vgl. Abschnitt 2.9.1) , sondern auch mundartliche Alternationen, bestätigen — im nachhinein — die Richtigkeit einer Beschreibung, die für den Wechsel /x : ç/ nach Regel (5.2) den Ach-Laut zugrundelegt.

Vor dem nominalen Derivativ -t gibt es einen Wechsel von stimmhaftem Verschlußlaut mit dem homorganen stimmlosen Reibelaut (5.6):

(5.6)	geben, gaben	Gift
	graben, gruben	Gruft
	klieben, kloben	Kluft
	schreiben, schrieben	Schrift
	treiben, trieben	Trift
	biegen, bogen	Bucht
	mag, mögen	Macht
	pflegen, gepflogen	Pflicht

(5.6) (Fortsetzung)

schlagen, schlugen	Schlacht
tragen, trugen	Tracht
wiegen, wogen	Wucht, Gewicht
laden, luden	Last, Ballast

Die semantische Motivation für die Ableitung ist kaum vorhanden, aber eine partielle Regelmäßigkeit ist noch in den abgeleiteten Substantiven zu erkennen, denn darin kommen nur ungespannte *a,i,u* vor. In Anlehnung an die Regel (K 10) aus Wurzel (1970b: 238) kann folgende Spirantisierungsregel angenommen werden (5.7):

(5.7) Wechsel vor -t

$$[-\text{son}] \rightarrow [+\text{cont}] \;/\; \langle +\text{Abl}\rangle \,\_\_\,]_{WR} \begin{bmatrix}-\text{son}\\+\text{cor}\end{bmatrix} \left\{\begin{matrix} [<]_{N} > \\ [+\text{T}] \end{matrix}\right\}$$

Alle ablautenden Wurzelmorpheme mit (stimmhaftem) Verschlußlaut im Auslaut, die eine Substantivableitung mit *-t* bilden, werden von der Hauptregel erfaßt; der Fokus braucht also nicht weiter spezifiziert zu werden. Das Alphabetmerkmal ist aufgenommen worden, so daß auch *tüchtig* (zu *taugen*), *Hälfte* (zu *halb*), *beschwichtigen* (zu *schweigen*), *Gedächtnis*, *Verdacht* (zu *denken*), sowie die Präteritalbildungen *mochte*, *brachte*, *dachte* (zu *mögen*, *bringen*, *denken*) verantwortet werden können. Das Merkmal [+ T] macht dann eine Markierung für die Sonderregel, welche den inlautenden Nasal in *bringen* und *denken* gegebenenfalls tilgt, überflüssig. Die Auslautverhärtungsregel (5.1) erfaßt alle Obstruenten vor konsonantisch anlautendem Suffix; es besteht nicht die Notwendigkeit, Regel (5.1) und (5.7) untereinander zu ordnen.

Das Basismorphem von *Jagd* (zu *jagen*) lautet nicht ab und weist diesen Wechsel nicht auf. Daß das *g* in *Predigt* (neben *predi*[g]*en*) zu *Predi*[ç]*t* spirantisiert wird, erfordert nicht das Sondermerkmal [+ T], sondern läßt sich einfach auf die Wirkung der Spirantisierungsregel (5.4) zurückführen. Im Süddeutschen fehlt, wie gesagt, diese Regel, und darin heißt es denn auch *Predi*[k]*t*, aber der Wechsel vor *-t* nach (5.7) trifft auf dieselbe Wortgruppe zu.

In Abschnitt 3.2 wurde ausführlich begründet, weshalb der velare Nasal aus einer zugrundeliegenden Sequenz /ng̊/ ableitbar ist: Es unterliegt denselben Distributionsbedingungen, die auch für Sonantencluster gelten, er wirkt wie ein Cluster auf die linke Umgebung und wie ein stimmhafter Obstruent nach rechts. Die Regel für die Assimilation wird hier, leicht abgewandelt, wiederholt (5.8):

(5.8) Regressive Nasalassimilation (Neufassung 3.12)

$$\begin{bmatrix}+\text{ nas}\\-\text{ lab}\end{bmatrix} \rightarrow [+\text{ back}] \;/\; X \;\_\_\; \begin{bmatrix}-\text{ son}\\+\text{ back}\\-\text{ cont}\end{bmatrix} Y$$

Bedingung: $X \ldots Y \neq \ldots [-\text{ segm}] \ldots$

Morphemintern wird demnach sowohl vor /k/ wie vor /g̊/ der Nasal assimiliert (*Tank*, *Tango*, *Tang*). Die Veränderung gegenüber der Regel (3.12) besteht darin, daß der velare Obstruent nunmehr als Verschlußlaut spezifiziert ist. Alle bisher in diesem Kapitel behandelten Regeln weisen nämlich eine intrinsische Ordnung auf, wogegen bei der ursprünglichen Fassung der Regel eine extrinsische Ordnung Dorsaler Reibelaut > Nasalassimilation notwendig gewesen wäre, um eine falsche Derivation von *Mönch* (/mönx/ → /möŋx/ → */möŋç/) zu verhindern.

Die Regel für *g*-Eliminierung kann unverändert bleiben, doch wird hier eine Notationsvariante der Regel (3.13) gewählt, indem das Komplement der rechten Umgebung in einer Ausgleichsregel (5.10) untergebracht und nur die linke Umgebung in Regel (5.9) zurückbelassen wird:

(5.9) g-Eliminierung (Notationsvariante 3.13)

$$\begin{bmatrix}-\text{ son}\\-\text{ tns}\end{bmatrix} \rightarrow \emptyset \;/\; \begin{bmatrix}+\text{ back}\\+\text{ nas}\end{bmatrix} \;\_\_$$

Die dazugehörige morphologische Ausgleichsregel hat folgende Form (5.10):

(5.10) Hochdeutsche Standardsprache

$$[\text{u R. } 5.9] \rightarrow [-\text{ R. } 5.9] \;/\; \_\_ \; \left(\begin{bmatrix}+\text{ cons}\\+\text{ son}\\-\text{ nas}\end{bmatrix}\right) \langle[-\text{ segm}]\rangle \left\{\begin{matrix}\begin{bmatrix}-\text{ cons}\\+\text{ son}\\-\text{ cent}\end{bmatrix}\\ \langle[-\text{ Nat}]\rangle\end{matrix}\right\}$$

Durch diese Regel wird /g̊/ außer morphemintern vor Vollvokal und vor fremdem Suffix (und fakultativer Liquida) nach velarem Nasal getilgt. Die Regel erscheint bis auf den in Abschnitt 3.2 erwähnten Fall *Ingwäone* ausnahmslos, aber zu erklären bleibt eine Opposition *a*[ŋg]*lisieren* : *e*[ŋ]*lisieren* (neben *e*[ŋ]*lisch*), denn das Verbalsuffix ist eindeutig [- Native]. Hier spielt jedoch die interne Struktur des letzteren Verbs eine Rolle, denn offensichtlich ist ebenso wie in den Verben *verdeutschen verniederländischen* das Adjektiv die Basis (5.11):

(5.11)	Aroma	aromatisch	aromatisieren
	System	systematisch	systematisieren
	Tabelle	tabellarisch	tabellarisieren

(5.11) (Fortsetzung)

Franzose	französisch	französisieren
Italien	italienisch	italienisieren (italianisieren)
Mexiko	mexikanisch	mexikanisieren
Amerika	amerikanisch	amerikanisieren

Für <u>englisieren</u> kann deshalb mit einigem Recht eine interne Struktur <u>engl-~~isch~~-isieren</u> angenommen werden.

Im übrigen ist morpheminternes <u>n</u> nicht die einzige Quelle für den velaren Nasal. In Abschnitt 3.2 wurde bereits die koartikulatorisch bedingte Regel erwähnt, die durch progressive Assimilation den dentalen Nasal assimiliert (<u>ba</u>[kŋ̍], <u>le</u>[gŋ̍]). Nur am Rande kann vermerkt werden, daß mouillierte <u>n</u> aus dem Französischen als Nasalcluster eingedeutscht werden: <u>Si</u>[ŋn]<u>e</u> (neben <u>Si</u>[gn]<u>al</u>), <u>mali</u>[ŋn]<u>e</u> (neben <u>Mali</u>[gn]<u>ität</u>) oder <u>Breta</u>[nj]<u>e</u>, <u>Champa</u>[nj]<u>er</u> (vgl. Abschnitt 1.3.3). Das WdA (: 67) warnt jedoch generell vor einer Artikulation, bei der das <u>g</u> an den folgenden Nasal assimiliert wird: <u>Dia</u>[ŋn]<u>ose</u>, <u>Si</u>[ŋm]<u>a</u> statt <u>Dia</u>[gn]<u>ose</u>, <u>Si</u>[gm]<u>a</u> (vgl. auch den Nachnamen <u>Mangnus</u>). Schließlich werden nasalierte Vokale in frequenter verwendeten französischen Lehnwörtern, wie in Abschnitt 1.2.1 und 1.2.2 erwähnt, im allgemeinen als eine Sequenz von ungespanntem Kurzvokal + Velarnasal eingedeutscht; so gibt es ['bRɔŋsə] neben ['bRɔ̃:sə] <u>Bronze</u>, [o'Raŋʃ] neben [o'Rɑ̃:ʒ(ə)] <u>orange</u>, [tɛŋ] neben [tɛ̃:] <u>Teint</u>.

Die Regel (5.9) ist erst anwendbar, wenn die regressive Nasalassimilation stattgefunden hat; diese beiden Regeln sind also intrinsisch geordnet, eine relative Ordnung gegenüber den anderen Regeln besteht nicht. Im Hochdeutschen alterniert der Konsonantismus in Paaren wie <u>Di</u>[ŋ] <u>: Di</u>[ŋ]<u>e</u> nicht, während norddeutsche Varianten eine Alternation <u>Di</u>[ŋk] <u>: Di</u>[ŋ]<u>e</u> kennen (vgl. Abschnitt 3.2). Um diese Dialektvarianten zu erfassen, verwenden u.a. Wurzel (1970b: 211), Kiparsky (1971) und Kohrt (1980) unterschiedliche Regelordnung. Je nach Regelordnung gibt es verschiedene Ausgaben (5.12):

(5.12) a Hochdeutsch

/ding/	/ding+e/	
ŋ	ŋ	Nasalassimilation
ø	ø	g-Eliminierung
-	-	Auslautverhärtung
[dIŋ]	[dIŋə]	

b Norddeutsche Variante

/ding/	/ding+e/	
ŋ	ŋ	Nasalassimilation
k	-	Auslautverhärtung
-	ø	g-Eliminierung
[dIŋk]	[dIŋə]	

In dieser Analyse wird davon ausgegangen, daß die *g*-Eliminierungsregel die Form (5.9) hat, also ohne Spezifizierung rechts vom Fokus bzw. ohne den Zusatz (5.10). In beiden Varianten wird jedoch das Wort *Ta*[ŋg]*o* mit velarem Verschlußlaut ausgesprochen, während auch in beiden Varianten das *g* vor Schwa getilgt wird. Die *g*-Eliminierung hat jedoch im Hochdeutschen einen größeren Anwendungsbereich, denn sie findet auch im Wortauslaut statt, historisch gesehen das Ergebnis eines paradigmatischen Ausgleichs. Für die norddeutsche Variante gilt dagegen statt (5.10) die Ausgleichsregel (5.13), welche den Skopus der *g*-Eliminierung folgendermaßen einengt:

(5.13) Norddeutsche Variante

$$[\text{u R. 5.9}] \rightarrow [-\text{ R. 5.9}] \;/\; \_\_\_ \left(\begin{bmatrix}+\text{ cons}\\+\text{ son}\\-\text{ nas}\end{bmatrix}\right)\langle[-\text{ segm}]\rangle \left\{\begin{array}{ll} \begin{bmatrix}-\text{ cons}\\+\text{ son}\\-\text{ cent}\end{bmatrix} & \text{(a)}\\ \langle[-\text{ Nat}]\rangle & \text{(b)}\\ [-\text{ son}] & \text{(c)}\\ [-\text{ cont}] & \text{(d)}\\ [-\text{ segm}]_2 & \text{(e)}\end{array}\right\}$$

Bedingung: (c) und (d) fakultativ

Nicht nur morphemintern vor Vollvokal und vor fremdem Suffix, sondern auch vor Geräuschlaut, vor Nasal und vor Wortgrenze unterbleibt also *g*-Tilgung. M.a.W., nach dieser Regel wird nur vor Schwa und vor einheimischem Suffix das *g* generell eliminiert. Vor Konsonanten hört man gelegentlich den velaren Verschlußlaut, wenn auch stimmlos, realisiert: *si*[ŋk]*st* statt *si*[ŋ]*st*. Über den phonemischen Status dieses Plosivs ist noch Klarheit zu schaffen, denn es könnte hier auch ein 'Sproßkonsonant' vorliegen wie in *Ga*[nts] (statt *Ga*[ns]), *Me*[ntʃ] (statt *Me*[nʃ]), A[mpt] (statt *A*[mt]).

Hermann Paul, selber aus Salbke bei Magdeburg gebürtig, wies offenbar auch diesen konsonantischen Wechsel in seiner Aussprache auf: *Kla*[ŋ]*es* : *Kla*[ŋk] (vgl. Paul 1880; 1909: 108). In seiner Deutschen Grammatik (1916) weist er übrigens darauf hin, daß zwar im Auslaut von *lang* ein stimmloser Verschlußlaut hörbar ist, aber nicht etwa in *bang*, *streng*, *eng* usw.

> "Demnach sind Reime wie *sang* : *trank* in der nördlichen Hälfte rein, in der südlichen unrein, Reime wie *bang* : *klang* in der südlichen Hälfte rein, in der nördlichen unrein" (: 300).

Dressler (1979) führt einiges Material aus der Wiener Variante an. Darin wird der velare Verschlußlaut nicht realisiert in *si*[ŋ]*en*, *Sä*[ŋ]*er*, aber wohl in *He*[ŋk]*st*, *la*[ŋk]*sam*, *si*[ŋk]*t*, *si*[ŋk]*st*, während die Aussprache im Auslaut schwankt: *si*[ŋ] neben *si*[ŋk]. Möglicherweise muß wegen der

Aussprache *E[ŋg]lisch* die Teilbedingung (5.13b) entfallen, aber sonst gilt für die Wiener Variante anscheinend dieselbe Ausgleichsregel wie für die norddeutsche, bloß daß hier (5.13e) fakultativ ist.

Was die vokalischen Regeln betrifft, ist zunächst auf die Vokallängung und die Dehnung in offener Silbe einzugehen. Beide Regeln haben eine sehr einfache Form, aber sie unterscheiden sich wesentlich in ihrem Wirkungsbereich. Die Längungsregel ist ganz generell: Gespannte Vokale werden unter Hauptton gelängt, und außerdem werden noch besonders dafür mit dem Alphabetmerkmal [+ L] spezifizierte Vokale miterfaßt (5.14):

(5.14) Vokallängung (= 1.19)

$$\begin{bmatrix} -\text{ cons} \\ \left\{ \begin{matrix} +\text{ tense} \\ +\text{ L} \end{matrix} \right\} \end{bmatrix} \rightarrow [+\text{ long}] \;/\; \left[\overline{}_{\text{1 stress}} \right]$$

Die Dehnungsregel erfaßt dagegen kaum mehr als die in (1.14) und (1.15) angeführten Beispiele, während nach dieser Formulierung alle Vokale vor einfacher Konsonanz gedehnt würden. Um klar herauszustellen, daß es sich hier in Wirklichkeit um eine "minor rule" handelt, wird ein Alphabetmerkmal mit in die eckigen Klammern aufgenommen, was heißt, daß die einzelnen betroffenen Wörter eigens markiert werden müssen (5.15):

(5.15) Dehnung in offener Silbe (Neufassung 1.16)

$$\begin{bmatrix} -\text{ cons} \\ +\text{ D} \end{bmatrix} \rightarrow [+\text{ tense}] \;/\; \_\_ \; [+\text{ cons}]_0^1 \; [-\text{ cons}]$$

Gewisse Teilregularitäten wie Affixtyp und Akzentverschiebung spielen dabei freilich eine Rolle. Das Suffix *-isch* begünstigt Präakzentuierung (*europä́isch*, *algebrá́isch*, *kanádisch*, *koreánisch* gegen *úngarisch*, *ádenisch*, *nórwegisch*, *níederländisch*, *hólländisch*), aber auch dann ist Vokaldehnung noch nicht automatisch: *aschkenásisch* (zu *Áschkenas*) gegen *triássisch* (zu *Trías*).

Sowohl Regel (5.14) wie (5.15) enthalten also ein Alphabetmerkmal im Fokus, der Unterschied zwischen beiden ist jedoch wesentlich. Erstere 'Huckepack'-Regel ist eine allgemeine Regel, die zusätzlich durch das diakritische Merkmal noch einige Sonderfälle mit hineinbezieht — also ein Fall von "overapplication". Regel (5.15) ist dagegen eine "minor rule", die nur auf eine beschränkte Anzahl von lexikalischen Einheiten anwendbar ist.

Von den vokalischen Regeln ist nunmehr die Umlautregel zu behandeln. Wurzel (1970b: 163) formuliert sie folgendermaßen (5.16):

(5.16) Umlaut (= Wurzel U 1)

$$
[+\text{silb}] \rightarrow [-\text{hint}] \;/\; \left\{ \begin{array}{ll}
\_\_\_ \; [-\text{silb}]_0 \left\{ \begin{array}{l} [+\text{UE}] \\ ]_{A,V} \quad [+\text{Trans}] \;]_V \\ ]_A \; \text{lx} \end{array} \right\} & \begin{array}{r} (a) \\ (b) \\ (c) \end{array} \\
\left[\begin{array}{l} \left\{ \begin{array}{l} \overline{+\text{Stark}} \\ +\text{Mod} \\ +\text{R (U 1d)} \end{array} \right\} \\ +\text{Prät} \\ +\text{Konj} \end{array} \right] & (d) \\
\left\{ \begin{array}{l} \_\_\_ \; [-\text{silb}]_0 \; [+\text{UB}] \\ \left[\begin{array}{l} \overline{+\text{Stark}} \\ +\text{Präs} \\ -\text{Konj} \\ -\text{1. Ps} \\ -\text{Pl} \end{array} \right] \end{array} \right\} \;/\; \left[\overline{+\text{Der-Uml}} \right] & \begin{array}{r} (e) \\ (f) \end{array} \\
\left\{ \begin{array}{l} \left[\begin{array}{l} \overline{+\text{Stark}} \\ +\text{PL-Uml} \\ +\text{Pl} \end{array} \right] \\ \left[\overline{+\text{V-Uml}} \right] \\ \left[\overline{+\text{ig-Uml}} \right] \end{array} \right\} \; [-\text{silb}]_0 \left\{ \begin{array}{l}]_N \\ ]_N]_V \\ ]_N \; g]_A \end{array} \right\} & \begin{array}{r} (g) \\ (h) \\ (i) \end{array}
\end{array} \right\}
$$

Die Teilregeln erfassen folgende Fälle:

- Regel (U 1a) betrifft etwa Substantivbildungen mit -chen und Pluralbildungen mit -er, welche das Merkmal 'Umlauterzwingend' tragen;
- Regel (U 1b) gilt für aus Adjektiven und Verben abgeleitete transitive Verben vom Typ säubern, säugen;
- Adjektive, die mit dem Suffix -lich aus Adjektiven abgeleitet werden, wie etwa bläulich, erhalten nach Regel (U 1c) den Umlaut;
- Regel (U 1d) bewirkt im 2. Konjunktiv der sogenannten 'starken' Verben, der Modalverben und einiger speziell dafür markierten Verben den Umlaut, z.B. böte, könnte, dächte;
- Regel (U 1e) und (U 1f) funktionieren nur, wenn die Wurzel der Basis mit dem Merkmal [+ Derivativumlaut] und das Suffix mit der Spezifizierung [+ Umlautbewirkend] versehen ist; ein Substantiv wie Gote bekommt in der Derivation gotisch, Gotin, also vor umlautbewirkendem Suffix, keinen Umlaut, weil die notwendige Spezifizierung an der Basis fehlt; die Ab-

leitungen von Arzt mit dem Merkmal [+ Der-Uml] bekommen dagegen den Vokalwechsel wohl, z.B. ärztlich, Ärztin;

- Verben wie tragen sind ebenfalls so gekennzeichnet und bekommen nach Regel (U 1f) den Umlaut, z.B. träg-st, träg-t.

- potentieller Umlaut bei sogenannten 'starken' Substantiven wird mit dem Merkmal [+ PL-Uml] angegeben; so bekommen Substantivableitungen von Brust (Brüste, brüsten, (dick-)brüstig) und von Auge (äugen, grünäugig) jeweils nach (U 1g,h,i) den Umlaut, während das Fehlen des Umlauts im Plural Augen sich durch die Pluralbildung mit -en statt -e erklärt.

Lieber (1980) übt Kritik an Wurzel, denn, meint sie, seine Analyse "cannot account for some of the real intricacies of the German umlaut data" (: 179). Sie führt dabei solche Wortpaare wie hochtonig und hochtönig, formlich und förmlich, vertraglich und verträglich an, und bemerkt dazu, daß z.B. ton entweder positiv als [+ ig-Umlaut] oder negativ als [- ig-Umlaut], aber nicht als beides zugleich spezifiziert werden kann. Doch, obwohl Wurzel sich nicht spezifisch über Homonymie äußert, ist auch in seinem theoretischen Rahmen die Möglichkeit vorhanden, jeweils zwei verschiedene Wurzelmorpheme ("stems") anzusetzen. Wenn man aber z.B. für vertraglich den Substantivstamm Vertrag 'Kontrakt' und für verträglich den Verbalstamm vertrage 'tolerieren' als Basis wählt, ist Homonymie der Wurzel kein Problem.

Lieber bezieht sich in erster Linie auf Wurzel (1970b) und verzichtet darauf, die ausführliche Literatur über Umlaut zu besprechen "since my main purpose is simply to find the best analysis of umlaut consistent with the framework developed above" (: 175). Sie argumentiert nun, daß Umlaut, der bei ihr in der Wurzel durch bloßes Vorhandensein eines Merkmals [+ U] ausgelöst wird, nicht strukturabhängig ist, sondern durch "string dependent morphological rules" bedingt wird. Ihre Daten umfassen auch hypothetische, allerdings nicht als solche gekennzeichnete Formen wie unlässlich (zu einem Verb lässen), einen umgelauteten Verbstamm mässen (zum Substantiv Mass), nachahmlich, passlich (neben unnachahmlich, unpässlich). Der Nachteil ihrer Analyse liegt vor allem darin, daß diese nur existierende von nichtexistierenden Umlautformen unterscheidet, daß sie aber nicht Teilregelmäßigkeiten herausstellen kann, wie sie in Wurzels Ausgleichsregeln, den "Morphologischen Interpretationsregeln" (MIR 14 - 18) zum Ausdruck kommen.

Russ (1977), der übrigens mehr die historischen Entwicklungen des Umlauts berücksichtigen will, ist eher darauf bedacht, Produktivität und

Unproduktivität der betreffenden Teilregeln herauszubringen, was allerdings nicht Wurzels Anliegen ist. Russ zieht es vor, diesen Wechsel durch lexikalische "Via"-Regeln zu beschreiben, die nicht eigentlich beim Generieren von Äußerungen eine Rolle spielen, sondern nur eine lexikalische Einheit mit einer anderen verbinden. Wurzel hat in der Tat ein Regelsystem vor Augen, das aus abstrakten lexikalischen Einheiten Oberflächenformen erzeugt; deshalb macht er auch keinen grundsätzlichen Unterschied zwischen Stammbildung und Flexion. Wortbildungsregeln, die angeben, wie Wörter strukturiert sind und welche Redundanzbedingungen zwischen den lexikalischen Einheiten gelten, haben jedoch nicht eine fundamental andere Form, sondern eine andere Interpretation. Sollte man in Russ' Sinne die verschiedenen "Via"-Regeln als eine Liste von separaten Redundanzregeln verstanden haben wollen, dann hätten diese Regeln immer noch eine bemerkenswerte Eigenschaft mit Wurzels Regeln gemeinsam, denn sie hätten denselben strukturellen Wechsel zu beschreiben.

Bergmeier/Fries (1979) bringen noch weiteres Material zu Wurzels Analyse bei, aber auch sie sind bemüht, die Produktivität oder Unproduktivität nachzuweisen, und zwar sogar durch Tests. Sie finden noch einige Teilregularitäten heraus, die mit zu berücksichtigen sind, aber ihr Beitrag läßt Wurzels Analyse im wesentlichen unberührt.

Wurzels Argumente für eine 'morphologische' Behandlung des Umlauts sind also noch immer aktuell. Er muß notwendigerweise von morphologischen Merkmalen Gebrauch machen, aber zu überlegen ist, ob die neuen Merkmale, die er anwendet, auch alle gleichermaßen berechtigt sind. Inhärent in seiner Analyse ist des weiteren, daß immer die Wurzel als Basis dient, so daß eine Wortbildung wie Bändchen und eine gewiß demotivierte Ableitung wie Ständchen den gleichen Status haben (vgl. auch 4.2.1). In seiner Darstellung ist Vater als /fātr/ repräsentiert, was in der vorliegenden Analyse nach Regel (4.52) auch möglich, aber nicht notwendig ist. Das Wort Haken repräsentiert er als /hāk+n/, aber das ist hier nicht möglich, denn aufgrund der normsprachlichen Opposition Karn : Karren muß ein stammbildendes Suffix -en angenommen werden. Das hat jedoch Konsequenzen für die Umlautregel, denn eine Silbe muß übersprungen werden, vgl. Bögen zu Bogen.

In einigen Teilregeln von (5.16) steht direkt nach dem Fokus die Spezifizierung [- silb], die das fakultative Erscheinen eines 'Glide', eines Diphthongabglitts, ermöglichen soll, aber in Abschnitt 1.2.3 wurde nachgewiesen, daß gerade dieser Abglitt umgelautet wird und daß es besser als

[- cons] zu repräsentieren ist.

Im Falle der Ableitung von *Gotin*, *gotisch* aus *Gote* und *ärztlich*, *Ärztin* aus *Arzt* wird nicht ausgenutzt, daß in ersteren die Basis ein stammbildendes Suffix *-e* enthält und im letzteren nicht. Die Tatsache, daß Diminutivsuffixe (fast) immer Umlaut auslösen, läßt sich in morphologischen Ausgleichsregeln ausdrücken, die generell Umlaut der Basis vorhersagen, auch wenn ein stammbildendes Suffix noch vor dem Diminutivsuffix vorkommt.

Die Umlautregel kann folgende Formulierung erhalten (5.17):

(5.17) Umlaut (Neufassung 1.22)

$$\begin{bmatrix} -\text{ cons} \\ \langle +\text{ low} \rangle \end{bmatrix} \rightarrow \begin{bmatrix} -\text{ back} \\ -\text{ low} \\ \langle -\text{ tense} \rangle \end{bmatrix} \; / \; \left[\left[\begin{bmatrix} \overline{\quad} \\ +\text{ U} \end{bmatrix} C_o \text{ (eR)} \right] \ldots \right]$$

Dazu kann eine Ausgleichsregel angenommen werden, welche den 'umlauterzwingenden' Charakter des Diminutivsuffixes beschreibt (5.18):

(5.18) $$[\text{u U}] \rightarrow [+\text{ U}] \; / \; \underline{\quad} \; C_o \text{ (eR)} \,]_N \, +\text{xen} \,]_N$$

Demnach erhalten die Basisformen von *Fäßchen*, *Väterchen*, *Häk-~~en~~-chen* das Merkmal [+ U], während zum Beispiel die Adjektivbases von *Grauchen*, *Jungchen* u.dgl. unmarkiert bleiben können, weil sie keinen Umlaut erhalten. *Mutterchen*, *Kuhchen*, *Frauchen* müssen allerdings markiert werden, es sei denn, man sieht Anlaß, Kosewörter wieder von (5.18) auszunehmen.

Das Pluralsuffix *-er* unterscheidet sich vom Suffix *-chen* weniger durch die Tatsache, daß es Umlaut in der Basis auslöst, als vielmehr dadurch, daß es keine stammbildenden Suffixe abkappt und fast nur an einsilbige Morpheme anschließt. Nur in der unmittelbar vorangehenden Silbe löst es Umlaut aus.

Das Erscheinen eines Konjunktivumlauts wird in der Regel (U 1d) mit drei verschiedenen Merkmalen in geschweiften Klammern dargestellt. Für das Konjunktivsuffix kann jedoch ebenfalls gelten, daß es Umlaut nur in der vorangehenden Silbe auslöst; bloß der 2. Konjunktiv *dächte*, *kennte*, *bräuchte* (zu *denken*, *kennen*, *brauchen*) müßte markiert werden. Freilich ist diese Markierung bei den ersten beiden Verben schon dadurch erreicht, daß sie im Präteritum ablauten (5.19):

(5.19) $$[\text{u U}] \rightarrow [+\text{ U}] \; / \; \left[\begin{bmatrix} \overline{\quad} \\ +\text{ Abl} \end{bmatrix} \right]_{\text{Pret}}$$

Nur das schwache Verb *brauchen* mit dem umgangssprachlichen 2. Konjunktiv bräuchte muß für den Umlaut markiert werden. Das Verb sollen bildet keine Ausnahme, denn der Vokalismus ist im Präteritum (und 2. Konjunktiv) mit dem des Präsens identisch: sollte.

Für Bildungen mit dem Suffix -isch kann folgende Ausgleichsregel angenommen werden (5.20):

(5.20) $$[\text{u U}] \rightarrow [+\text{ U}] \;/\; \left[\left[\_\_\; C_0\right] + \text{iš}\right]_A$$

Normanne ergibt demnach normannisch und Staatsmann das Adjektiv staatsmännisch. Auch gotisch kann unmarkiert bleiben für den Umlaut, aber Adjektive wie sächsisch, fränkisch, französisch müssen extra markiert werden, weil ihre Basis auf -e auslautet: Sachse, Franke, Franzose. Vermutlich ist es sinnvoll, auch noch die fremde Herkunft der Substantive zu berücksichtigen, denn das Suffix -isch ist produktiv. Allerdings ist das Adjektiv kosmisch bereits aufgrund der Regel (5.20) vom Umlaut ausgenommen, denn die Basis lautet Kosmos.

Es muß betont werden, daß diese Beschreibung, abgesehen von der Kritik an den einzelnen bei Wurzel verwendeten Merkmalen, im Prinzip eine Notationsvariante seiner Regel ist. Ein wesentlicher Unterschied ist jedoch in der Basisregel (5.17) enthalten, weil darin eine fakultative Extra-Silbe von Schwa + Sonant zugelassen ist. Auf keinen Fall dürfen also mehr Silben oder anders strukturierte Silben 'übersprungen' werden.

In Kapitel 1 wurden unter (1.23) zwei Ableitungsmuster vorgeführt, die zeigten, daß die Längungsregel der Umlautregel vorgeordnet sein müßte, und es wurde bemerkt, daß diese Regelordnung für die norddeutsche Variante des Hochdeutschen nicht nachweisbar ist. Dabei ist auffällig, daß von allen behandelten Regeln nur diese beiden eine externe Regelordnung erfordern. Des weiteren fällt auf, daß die Längungsregel gerade für die ä-Laute, die ohnehin eine Sonderstellung im System einnehmen, das Alphabetmerkmal [+ L] mit in den Klammern führt und daß die Umlautregel sogar wie eine "minor rule" einschließlich des Alphabetmerkmals [+ U] formuliert werden muß. Es sind die nichtalternierenden und die durch Umlaut aus langem a hervorgegangenen langen ä-Laute, die beide ein (innersystematisch markiertes) [ɛ:] ergeben – andere Umlautprodukte sind nicht im Spiel. Eine morphologische Ausgleichsregel gibt hier die relevante Information (5.21):

(5.21) $$[\text{u L}] \rightarrow [+\text{ L}] \;/\; \begin{bmatrix} +\ \overline{\text{tns}} \\ +\ \text{low} \\ +\ \text{U} \end{bmatrix}$$

Es sieht nun aus, als ob das Merkmal [+ L] das Merkmal [+ tense] bei den niedrigen Vokalen ersetzt, was gerade den Ergebnissen in 2.9.1 widerspräche. Dem ist jedoch nicht so, denn das Längungsmerkmal ist tatsächlich aus einer einschlägig spezifizierten Umgebung abzuleiten. Im Deutschen gibt es den Wechsel zwischen bel[e:]gen : Bel[ɑ:]g und verl[e:]gen : Verl[ɑ:]g. Wäre das gespannte a inhärent [+ L], dann wäre nur eine Alternation mit *-l[ɛ:]g-en möglich. Daraus folgt, daß die Sonderstellung des ä-Lautes direkt aus der Umlautmarkierung und nicht aus einer Regelordnung zu erklären ist.

Im übrigen gilt die Ausgleichsregel nicht für die norddeutschen Varianten des Hochdeutschen, und außerdem fehlen da die Fischangeln in eingeklammerten Spezifizierungen (5.22):

(5.22) Umlaut (Norddeutsche Variante, Neufassung 1.10)

$$[-\text{ cons}] \rightarrow \begin{bmatrix}-\text{ back}\\-\text{ low}\end{bmatrix} \;/\; \left[\begin{bmatrix}\overline{}\\+\text{ U}\end{bmatrix} C_o \text{ (eR)} \right] \ldots \Big]$$

Die Längungsregel hat jedoch auch in diesen Varianten des Hochdeutschen dieselbe Form wie (5.14), also mit dem Sondermerkmal [+ L] in den geschweiften Klammern, denn wenigstens die aus dem Englischen übernommenen Wörter wie G[œ:]l , L[ɔ:]d (vgl. Abschnitt 1.2.1 und 1.2.2) sind auch darin zu verantworten.

Diphthonge können ohne Schwierigkeiten durch die Umlautregel erfaßt werden, wenn ihr Abglitt als [- cons] repräsentiert wird, wie bereits in Abschnitt 1.2.3 angedeutet wurde. In manchen Beschreibungen wird dieser Abglitt als 'hoch' dargestellt, also h[aI]ser, H[aU]ser, H[ɔY]ser, aber für die Regel der Rundungsassimilation hat dies keine Konsequenzen (5.23):

(5.23) Rundungsassimilation (= 1.26)

$$[-\text{ cons}] \rightarrow [+\text{ lab}] \;/\; \underline{} \begin{bmatrix}-\text{ cons}\\-\text{ back}\\+\text{ lab}\end{bmatrix}$$

Diese Regel ist anwendbar, sobald ein Diphthong durch Regel (5.17) umgelautet worden ist. Für jene süddeutschen Varianten des Deutschen, in denen keine gerundeten Vokale existieren, ist sie irrelevant. Die Umlautregel wird zwar gerundete vordere Nichtkonsonanten produzieren, aber weil gerundete, palatale Vokale sonst fehlen, wird die typologische Implikation (2.55) sie zu ungerundeten Segmenten demarkieren.

Eine Repräsentation mit hohen Segmenten im Abglitt der Diphthonge liegt übrigens nahe, weil es z.B. Abstufungen gibt: s[aU]fen : s[ɔ]ff :

S[U]ff : s[Y]ffig und gr[aI]fen : gr[I]ff : gr[I]ffig. Es müßte freilich eine Regel für u-Senkung wie bei Wurzel (: 74) angenommen werden, aber eine Generalisierung wäre das Ergebnis. Insbesondere käme die morphologische Strukturbedingung (1.7) in ein anderes Licht, denn sie müßte umformuliert werden (5.24):

(5.24) MSB (Neufassung 1.7)

$$\text{wenn:}\quad [+\text{cons}]\begin{bmatrix}-\text{cons}\\-\text{tns}\end{bmatrix}\Big[\qquad\Big]_{WR}$$

$$\text{dann:}\qquad\qquad\qquad \smile\;[+\text{segm}]$$

In Wurzelmorphemen muß nach einfachem ungespanntem Vokal noch ein Vokal oder Konsonant folgen, und im Falle von Diphthongen wäre auch ein ungespannter Vokal im Morphemauslaut erlaubt. Ein Schwa kann dagegen nicht im Wurzelauslaut, sondern nur im Affixauslaut vorkommen.

Die in Abschnitt 1.2.4 erarbeitete Regel für die Reduktion des ungespannten e zum Schwa kann hier mit dem Merkmal 'central' (vgl. 2.9.1) übernommen werden (5.25):

(5.25) e-Reduktion (Neufassung 1.49)

$$\left[\begin{matrix}\begin{bmatrix}-\text{cons}\\-\text{tns}\end{bmatrix}\\ \left\{\begin{matrix}\begin{bmatrix}-\text{high}\\-\text{back}\end{bmatrix}\\ [+\text{R}]\end{matrix}\right\}\end{matrix}\right] \rightarrow [+\text{cent}] \;/\; \langle VC_o\rangle \begin{bmatrix}\_\_\\-\text{str}\end{bmatrix} C_o^{\langle 1\rangle}\,[-\text{segm}]\Big]_{\langle Pref,WR\rangle}$$

Nach dieser Regel erfahren nur in mehrsilbigen Präfixen und Wurzelmorphemen die unbetonten e eine Reduktion, und zwar wenn nicht mehr als ein Konsonant folgt, vgl. [ɛ]r-halt gegen Halt-[ə]r, v[ɛ]r-quer gegen üb[ə]r-quer, B[ɛ]rn gegen Zyp[ə]rn, Non-s[ɛ]ns gegen morg-[ə]n-s. Sonst bestehen im Morphemauslaut keine Einschränkungen. Das Alphabetmerkmal ist für Sonderfälle wie Om[ə]n (neben om[i]nös), Form[ə]l (neben form[u]lieren), Metaph[ə]r (neben metaph[o:]risch) verwendbar. In Kapitel 1 wurde vorgeschlagen, ihre jeweilige Basis nicht mit einem gespannten, sondern mit einem ungespannten Vollvokal im Auslaut anzusetzen, also als /ōmin/, /formul/, /mētāfor/ mit dem zusätzlichen Merkmal [+ R]. Diese Repräsentation ist somit ähnlich 'abstrakt' wie die in Abschnitt 4.1.3 erörterte Basisform $t^h rik^h$- 'Haar' aus dem klassischen Griechisch, deren jeweiligen Allomorphe erst durch eine spezielle Dissimilationsregel zu gewinnen sind Man könnte nun versucht sein, das Merkmal [+ R], das Vokalreduktion nach Regel (5.25) bewirkt, auch direkt statt des darin verwendeten Merkmals

[+ D] mit in die Dehnungsregel (5.15) aufzunehmen. Dasselbe Merkmal würde dann gleichzeitig Reduktion wie Dehnung verantworten. Diese Generalisierung, so erstrebenswert sie auch erscheinen mag, hätte jedoch einen ungünstigen Nebeneffekt, denn gerade die wenigen Zeugen für die Existenz einer Dehnungsregel wie Isra[ɛ]l und Darw[I]n (neben isra[e:]lisch und darw[i:]nisch, vgl. 1.14 und 1.15) müßten dann zwei Mal markiert werden, nämlich mit dem Alphabetmerkmal für Regel (5.15) und mit einem Minusmerkmal, um sie von der Reduktionsregel (5.25) auszunehmen. Die einzige Alternative ist deshalb eine Ausgleichsregel, die generell besagt, daß dieselben Vokale, die reduziert werden, auch Dehnung erfahren (5.26):

(5.26) [+ R] → [+ D]

Für die Reduktionsvokale, die aus ungespanntem /e/ abgeleitet werden etwa in Itali[ə]n, Hans[ə], Charakt[ə]r (neben itali[e:]nisch, Hanṡ[e]at, charakt[e]ristisch, vgl. 1.14, 1.15 und 1.30) ist unerheblich, ob das Merkmal [+ R] oder [+ D] verwendet wird, denn die Reduktionsregel ist ja ohnehin über ungespannte e-Laute spezifiziert.

Folgende Pronomen und Artikel (vgl. auch Wurzel: 262-6 und Höhle/Vater : 182) alternieren mit Reduktionsformen: [e:R] : [əR,əɐ̯] er, [i:m] : [əm,m̩] ihm, [du:] : [də] du, [zi:] : [zə] sie. Elision ([m̩] ihm) und r-Vokalisierung ([ɐ] er) wird hier zunächst unberücksichtigt gelassen. Die betreffenden Basisformen können indessen ebenfalls mit ungespanntem Vokal und Alphabetmerkmal [+ R] repräsentiert werden als /eR/, /im/, /du/, /z̧i/. Desgleichen können die Artikelformen /de+R/, /di/, /de+m/ usw. mit dem Alphabetmerkmal auskommen, aber das gilt nicht für alle Formen aus diesen Paradigmen, denn /es/, /de+s/ u.a. erfahren keine Dehnung. Doch wenn sie Reduktion erfahren, kann dies gemäß Regel (5.25) nur, wenn sie in 'Affix'-Position stehen, m.a.W., wenn sie klitisch verwendet werden.

In Kapitel 4 wurde eine Regel für Vokalepenthese in flektierten Verben und Substantiven präsentiert (5.27):

(5.27) e-Epenthese im flektierten Stamm (= 4.52)

$$\emptyset \rightarrow e \;/\; \left\{\begin{matrix}[-\text{ son}]\\ [-\text{ cont}]\end{matrix}\right\} \;\_\_\; \begin{bmatrix}+\text{ cons}\\ +\text{ son}\\ \langle-\text{ nas}\rangle\end{bmatrix} \; \begin{matrix}+\text{e(n)}\\ [-\text{ Mod}]\end{matrix} \Bigg]_{N,\langle V\rangle}$$

Diese Regel erlaubt es, unflektierte und flektierte Adjektive und Determinantien sowie unflektierte Substantive und Verben ohne Schwa in der Basis anzusetzen, z.B. heitr, heitr-e, edl, edl-e, unsr, unsr-e, atm-(e), er-heitr-(e), ver-edl-(e), Brodm, Nebl, Vatr, Kükn (die Regel 1.43 für Sproßvokal, deren Form übrigens noch zur Sprache kommen muß, bewirkt ja fakultative Epenthese vor Sonant im Wortauslaut), aber auch heiter, heiter-e, edel, edel-e, unser, unser-e, atem-, er-heiter-(e), ver-edel-(e) Brodem, Nebel, Vater, Küken ist als Repräsentation gleichermaßen möglich. Im Falle der Pluralbildung auf -en oder -e ist die Epenthese beim Verb und Substantiv, falls anwendbar, jedoch obligatorisch, damit nach Regel (5.28) das Flexions-e eliminiert wird:

(5.28) Eliminierung des Flexions-e (= 4.53)

$$e \rightarrow \emptyset \left[\ldots \left[\ldots \begin{Bmatrix} \overset{e}{[-\text{stress}]} \\ [+\text{E}] \end{Bmatrix} \text{R} \right]_{N,V} \left[\overline{\quad}\right]^{(n)}_{-\text{Mod}} \right]_{N,V}$$

Im Plural der Substantive Brodem-~~e~~, Nebel-~~e~~, Väter-~~e~~, Küken-~~e~~, Muskel-~~e~~n, Oper-~~e~~n und bei den Indikativ- und Infinitivformen er-heiter-~~e~~n, ver-edel-~~e~~n wird das e der letzten Silbe formgerecht getilgt. Das Alphabetmerkmal [+ E] gilt für Sonderfälle wie sein, Nachbarn. Regel (5.27) und (5.28) sind intrinsisch geordnet. Das Interagieren der Stammepentheseregel und der Eliminierungsregel wurde letzten Endes mit der in (allen) Aussprachewörterbüchern vertretenen Norm begründet, die Karr-en von Karn, schrei-en von Schrein unterscheidet. Es darf jedoch bezweifelt werden, ob in der gesprochenen Sprache die nichtelidierte Form durchgängig verwendet wird.

Schank (1975) belegt, daß Standardsprecher das Pluralzeichen -en in Raten und Bahnen oft nur in elidierter Form als -n (Ra[tn̩]) oder total assimiliert realisieren (Bah[n]).

> "Gegenüber der Singularform scheint der Stamm von <Bahnen> im zitierten Beleg zweigipflig betont zu sein, also Pluralkennzeichnung durch spezielle Intonation" (: 366).

Die anderen Pluralzeichen werden jedoch in irgendeiner Form ausgesprochen: [ə], [ɐ] und [s]. Schank mutmaßt deshalb, daß

> "das schriftsprachlich kodierte Flexionssystem nicht ausreichend ist und für diese Bereiche eigene, gesprochensprachliche (Teil-)Systeme zu erstellen sind" (: 368).

Für das beobachtete System wären ohne weiteres folgende vier Pluralzeichen anzusetzen: -e, -r, -s und -n. In diesem System könnte vollends auf die Vokalepentheseregel (5.27) verzichtet und die Eliminierungsregel folgendermaßen vereinfacht werden (5.29):

(5.29) Eliminierung des Flexions-e (Variante gesprochene Sprache)

$$e \rightarrow \emptyset \ / \ \left\{\begin{matrix}[-\text{son}]\\ [-\text{cont}]\end{matrix}\right\} \left(\begin{matrix}e\\ [-\text{stress}]\end{matrix}\right) R \ ]_N \ \text{—} \ ]_N$$

Die oben erwähnten Pluralformen können eine Basis mit oder ohne Schwa haben: Das Plural-e der Substantive Brod(e)m-e̸, Segl-e̸, Vät(e)r-e̸, Kük(e)n-e̸ wird so oder so getilgt, bei den Indikativ- und Infinitivformen er-heit(e)r-n, ver-ed(e)l-n spielt Tilgung keine Rolle. Auf dieser Stilebene spielt vermutlich auch die Themavokaleliminierung (4.46) keine Rolle, weil der Themavokal in der Basis fehlt und die Flexionsendungen direkt an die Verbwurzel treten, z.B. ra[pl̩], ra[pl̩t], ra[pl̩n]; re[çn̩], re[çn̩t], re[çnn̩] (vgl. Kastovsky 1971: 56 FN 17).

Bis jetzt wurde versäumt, die Degeminierung in den flektierten Verbalformen wie [Ra͜etst] aus reiz(es)t, [Ra͜est] aus reih-st, reiß-(es)t bzw. reis-(es)t, und [Rɛ:t] rät, [tRIt] tritt zu erfassen. Diese Regel kann folgendermaßen formuliert werden (5.30):

(5.30) Geminatenvereinfachung

$$\begin{bmatrix}-\text{son}\\ +\text{cor}\end{bmatrix}_i \longrightarrow \emptyset \ / \ \text{—} \ ]_V [-\text{segm}] \begin{bmatrix}-\text{son}\\ +\text{cor}\end{bmatrix}_i \ldots \ ]_V$$

Durch diese Regel wird ein dentaler Obstruent im Stammauslaut getilgt: reis̸-st, rät̸-t, trit̸-t. Die Entscheidung, den ersten Obstruenten und nicht den zweiten zu tilgen, ist arbiträr. Das Verbleiben der Morphemgrenze scheint sich jedoch durch eine andere Degeminierung zu rechtfertigen: Neben In-spiration gibt es Eks̸-spiration, neben Simulation das Wort Dis̸-simulation, Nerven als Basis für In̸-nervation.

Das Gegenstück zu Regel (5.30) bei Wurzel (: 223) ist viel genereller formuliert, u.a. um auch in Konjunktivformen und Pluralbildungen e vor e zu tilgen. Das geschieht hier durch Kappregeln vom Typ (4.22). Außerdem läßt er die Regel über die "phonologische Phrase" , also auch über Wortgrenzen hinweg wirken. Dies widerspricht jedoch den Empfehlungen des WdA, sei es daß eine Reduktion auftritt.

> "Sofern es das Sprechtempo erlaubt, soll jedoch bei Verschlußlauten eine Längung der Verschlußphase, bei Engelauten eine Längung des Lautes erhalten bleiben" (: 67).

Auf diese Weise wird eine Unterscheidung zwischen Schall[t]echnik und Schal[t̚t]echnik erreicht. Entsprechend wird die Aussprache a[p̚p]rallen, Rü[k̚k]ehr, Stie[f̚f]ater, He[R̚R]eise, Feh[l̚l]eistung empfohlen; bei Nasalen läßt das WdA eine Degeminierung zu, z.B. u[m]ünzen, ei[n]ehmen, A[n]ahme, aber auch hier wird doch "eine gewisse Längung" nahegelegt. Im übrigen muß die erwünschte 'Längung' nicht unbedingt das Ergebnis der Artikulationsdauer an sich sein, sie kann auch durch eine andere Syllabierung erreicht werden. Darüber ist anschließend einiges zu bemerken.

Regel (5.30) ist indessen auch anwendbar auf die Personalformen [lɛ:t] läd-t, [lɛ:tst] läd-st, ['vantə] wand-te, ['zantə] sand-te. Das d im Wurzelauslaut erfährt regelmäßig Auslautverhärtung nach (5.1), und es findet Degeminierung statt. Die Tatsache, daß bis zu diesem Punkt keine externe Regelordnung angenommen werden mußte, hat jedoch Konsequenzen für die Form, welche für Flexionssuffixe angesetzt werden muß. Die Ausgabe /l̥āḍ+et/ lad-et, /l̥āḍ+est/ lad-est, /v̥enḍ+et+e/ wend-et-e, /z̥enḍ+et+e/ send-et-e kann nur erreicht werden, wenn e-Prothese der Auslautverhärtung vorgeordnet wird, denn sonst wäre das Ergebnis *['lɑ:təst] usw. In Kapitel 4 wurde schon angedeutet, daß die Entscheidung, welches von den jeweiligen Allomorphen als zugrundeliegend angesetzt werden müßte, arbiträr sei. Wenn keine externe Regelordnung vorgenommen wird, ist jedoch nur eine Repräsentation möglich, nämlich die längere Flexionsform. Das hat als Konsequenz, daß statt einer e-Protheseregel vor Dental (4.47) und einer Ausgleichsregel (4.50), die den Themavokal in Verben vom Typ widmen erhält, eine umgekehrte Regel von e-Tilgung im Dentalsuffix formuliert werden muß, die außer nach Dentalobstruent und Nasalcluster das e eliminiert (5.31):

(5.31) Synkope im Dentalsuffix (Neufassung 4.47, 4.48 und 4.50)

$$e \rightarrow \emptyset \ / \ \left\{\begin{matrix}[+\text{U}]\\ [+\text{e/i-W}]\end{matrix}\right\} \left\langle \begin{bmatrix}+\text{son}\\+\text{cont}\end{bmatrix}\right\rangle \left\{\begin{matrix} \begin{bmatrix}+\text{son}\\ \langle-\text{nas}\rangle\end{bmatrix}\\ [-\text{cor}]\\ [\alpha\ \text{cont}]\end{matrix}\right\} \Big]_{WR} + \_\_ \begin{bmatrix}-\text{son}\\+\text{cor}\end{bmatrix} \ldots \Big]_V$$

Bedingung: wenn $\alpha = +$, dann fakultativ

Demnach bleibt sowohl bei Verben vom Typ baden (schwach), retten (schwach), leiden (stark), reiten (stark) – außer wenn Umlaut erscheint wie in läd-t oder e/i-Wechsel wie in trit-t – wie auch in Verben vom Typ atmen, öffnen, vervollkommnen das anlautende e im Suffix -est, -et, -et-e, ge- ... -et, erhalten, sonst wird es getilgt.

Unter Regel (5.27) wurde argumentiert, daß Verben vom Typ trocknen, atmen eine Basis trockn, atm oder aber trocken, atem haben könnten. Im Verbparadigma ist jedoch nur die Struktur ... CN-e anzutreffen. Die Regel, welche diese kanonische Form ergibt, hat folgende Form (5.32):

(5.32) Synkope vor Nasal im Verbalstamm (= 4.55)

$$e \rightarrow \emptyset \;/\; \left\{\begin{matrix}[-\text{son}]\\ [-\text{cont}]\end{matrix}\right\} \;\_\_\_\; [+\text{nas}]\,[-\text{segm}]\left[\begin{matrix}-\text{cons}\\ -\text{back}\\ -\text{high}\end{matrix}\right]_V$$

Obgleich es durchaus möglich ist, das morphologische System der gesprochenen Sprache als selbständiges System zu studieren und, wie es in den obigen Absätzen geschah, die Allomorphie erheblich zu vereinfachen, muß doch eine Beziehung zur (zugegebenermaßen normativen) hochsprachlichen Variante, der gemäßigten Hochlautung hergestellt werden. Es ist, wie Schank (: 368) mit Recht sagt, "kein Grund ersichtlich, aus dem heraus Lentoformen ein höherer Status zuzuschreiben ist als Allegroformen". Die aus Höhle/Vater übernommenen Beispiele in (1.50) wie neuen : neun zeigen aber, daß irgendwie die Information vorhanden sein muß, daß ersteres sowohl ein- wie zweisilbig, aber letzteres bloß einsilbig ausgesprochen wird. Diese Information ist jedoch nur in der 'längeren' Form erhalten, so daß die hochsprachliche Norm als Basis für die Lento- wie für die Allegrorealisierungen gewählt werden muß. Bevor auf Versuche von Höhle/Vater (1978), Elisionsregeln aufzustellen, eingegangen werden kann, muß noch etwas über Silbenstruktur gesagt werden.

Wenn auf morphologischer Ebene von der Silbe die Rede ist, dann führt das im allgemeinen zu keinerlei Begriffsverwirrung. Etwa das Diminutivsuffix kann über eine 'Silbe' hinweg den Umlaut im Stamm auslösen – gemeint ist dann der vokalische Silbengipfel. Weniger gelungen sind jedoch die Termini 'Silbenanlaut' und 'Silbenauslaut', weil 'Anlaut' und 'Auslaut selber unzweideutige morphologische Begriffe und gerade wortintern Silbe und Morphem verschieden strukturiert sind. In Anlehnung an die übliche englische Terminologie wird folgender Beschreibungsapparat verwendet (5.33):

(5.33) a

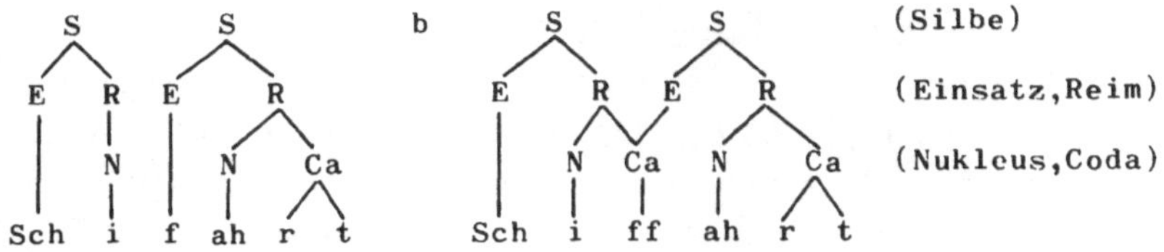

In dieser Silbenstruktur kann herausgebracht werden, daß das f in (5.33a) zur zweiten Silbe gehört, während es in (5.33b) ambisyllabisch ist.

Die Zitierform (5.34a) des Wortes wollen ist zweisilbig und enthält ein Schwa, aber die 'schwachen Formen' in der gesprochenen Sprache enthalten kein Schwa und das Wort kann sogar einsilbig realisiert werden (5.34b,c):

(5.34)

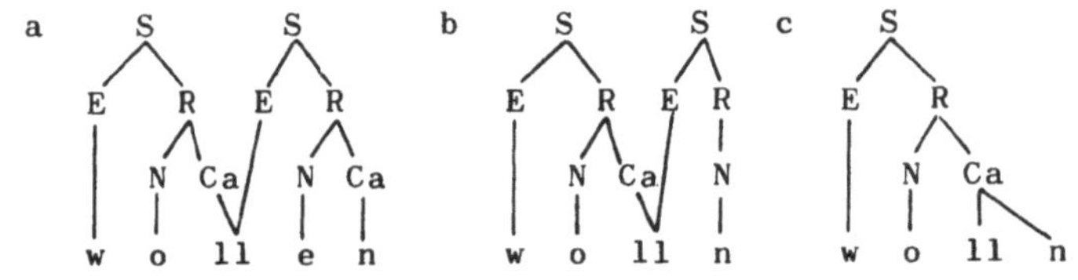

In der Zitierform gibt es also zwei Nuklei, denen zwei Vokale entsprechen, aber die Allegroform, die nur einen Vokal enthält, kann ein- oder zweigipflig sein.

Die unter der Regel für Geminatenvereinfachung (5.30) erwähnte Opposition zwischen Schalttechnik und Schalltechnik läßt sich in folgenden Silbenstrukturen ausdrücken (5.35)

(5.35)

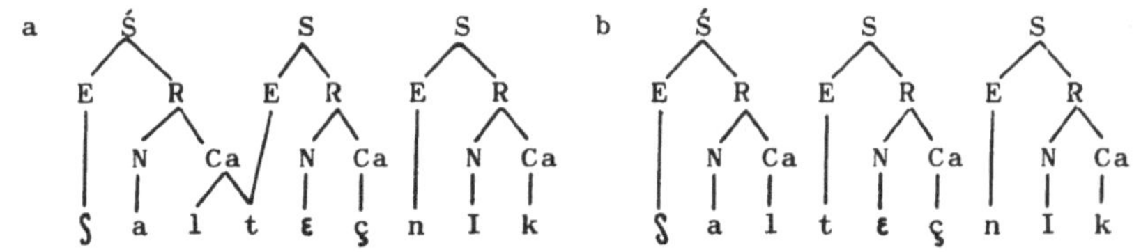

Die ambisyllabische Realisierung des [t] in Schalttechnik nach (5.35a) hat eine gewisse Längung der Artikulationsdauer zum Ergebnis. Es muß jedoch hinzugefügt werden, daß es sich hier um eine markierte Syllabierung handelt, und daß die Opposition im allgemeinen zugunsten der Syllabierung in (5.35b) aufgegeben wird.

Im Deutschen kommen nun, wie in Abschnitt 1.2.4 bereits behandelt wurde, in derselben phonologischen Umgebung nebeneinander Schwa + Sonant und silbischer Sonant ohne vorangehendes Schwa vor. Höhle/Vater (1978) beschreiben dieses Phänomen ausführlich, und hauptsächlich aus ihrem Aufsatz stammt folgendes Material. 1. Nach Obstruent gibt es diese silbischen Sonanten in He[bl̩], A[tm̩]s, Ra[xŋ̍], Frau[çn̩]s, wenn Wortgrenze oder Konsonant folgt. 2. Unter denselben Bedingungen gibt es sie nach Nasalen in Är[ml̩], la[ŋm̩], Schli[ŋl̩]s, ko[mm̩dn̩], aber es gibt auch die Alternative, den ersten Nasal zu längen, etwa in ko[m:] (neben ko[mm̩], ko[mən]). 3. Nach Liquiden tritt diese Variante auf, etwa in keh[rn̩], wo[ln̩], aber auch unsilbische Nasale kommen da vor: keh[rn], wo[ln]. 4. Ebenso nach Vokalen gibt es diese Varianten seh[n̩], seh[n̩]d, Greu[l̩] neben unsilbisch seh[n], seh[n]d sowie mutmaßlich Greu[l] (aber nicht unsilbisch *Ham[l]). Höhle/Vater formulieren dazu folgende Regel (5.36):

(5.36) (i) [- obstr] → [+ silb]

(ii) Bedingung: fakultativ für Nasale nach Sonanten und für alle Sonanten nach Nichtkonsonanten; sonst obligatorisch [...]

(iii) Voraussetzung: [Der Fokus] alterniert in derselben Wortform mit [Schwa + Sonant].

Diese Varianten lassen sich jedoch in zwei alternativen Silbenstrukturen beschreiben, welche im Deutschen gleichberechtigt nebeneinander existieren (5.37):

(5.37) Silbische Sonanten (Neufassung 1.49)

/ wo 1 [- cons, + cent] 2 [+ cons, + son]

Das durch eine Linie mit dem Sonanten verbundene Kreuz gibt an, daß dieses Segment nicht durch einen folgenden Knoten dominiert wird, m.a.W., daß er nicht ambisyllabisch sein darf. Die Zitierform mit Schwa und die 'schwache Form' sind durch einen doppelten Pfeil miteinander verbunden, weil die linke Struktur nicht etwa, wie die ursprüngliche Formulierung der Regel (1.49) suggeriert, aus der rechten Struktur abzuleiten wäre; auch das Umgekehrte wäre nicht zutreffend. Statt an eine Prozeßphonologie ist hier wohl besser an eine Registerwahl zu denken, und Elisionen sind demnach innerhalb bestimmter Grenzen (bis zur Unverständlichkeit oder sonst einer situationsbedingten Akzeptabilität) frei. Im Hochdeutschen sind silbische Sonanten unter Schwachton und eine Sequenz von Schwa + Sonans einander gleichberechtigt, oder wie Moulton (1962) es ausdrückt:

> "Before /m n ŋ l r/ ... it [das Schwa] may either show this same allophone or an allophone which can best be described as 'syllabicity of the following consonant' " (: 67).

Ob für <u>Double</u> die Realisierung ['du:bəl] oder [du:bl̩] und für <u>Atem</u> ['ɑ:təm] oder [ɑ:tm̩] gewählt wird, hängt wohl vom Register ab; es wäre aber unrichtig, die eine Form 'prozeßmäßig' aus der anderen abzuleiten. Die schwalose Form ist namentlich in Flexionsendungen — die Aussprachewörterbücher sind hier bemerkenswert konservativ — gewiß auch bei gepflegter Sprechweise eher die Regel als die Ausnahme.

Die Silbenstrukturen in (5.37) haben ein morphologisches Gegenstück u.a. in Regel (5.27) für <u>e</u>-Epenthese im flektierten Stamm und (5.28) für

Eliminierung des Flexions-e. Diese Regeln erfassen die Distribution von Schwa in flektierten Substantiven und Verben, und zwar wo es vorkommen k a n n . Regel (5.27) ist anwendbar, wenn Wörter aus diesen beiden Kategorien, die in synkopierter Form repräsentiert worden sind, eine Flexionsendung bekommen, denn davon ist die Gestalt des Flexivs abhängig; für Adjektive und Determinantien gilt diese Regel jedoch nicht. Zum Beispiel sind *Segel-e-n (Dat.Pl.) und *erheiter-en (Inf./Pl.) ausgeschlossen, aber entsprechend (5.37) stehen ['ze:gəln] und ['ze:gl̩n] sowie [εR'haetəRn] und [εR'haetR̩n] (auch mit vokalisierten r, vgl. unten 5.51) gleichberechtigt nebeneinander.

Syllabierung ist – innerhalb von bestimmten Grenzen – frei. Im Deutschen ist im Prinzip mit jedem vokalischen Element ein Silbennukleus zu verbinden, aber wie die Diphthonge zeigen, muß das nicht der Fall sein. Doch auch Sonanten können entsprechend (5.37) den Silbengipfel bilden. Nicht erlaubt sind dagegen silbische Obstruenten, zumindest in 'Sinnwörtern'. Dies läßt sich in einer negativen Silbenstrukturbedingung (5.38) ausdrücken:

(5.38) SSB ~ N
|
[- son]

Diese Einschränkung gilt nicht in der Allegrorede für "clitics", nämlich Flexionsendungen und 'Formwörter'. Die Aufforderung zur Ruhe [s̩]t! und das Pronomen es zum Beispiel in I[s.s̩] auch wahr? enthalten ein silbisches s, das im letzten Fall vielleicht auch noch zugleich ambisyllabisch ist.

Aufgrund der SSB (5.38) sind für die Lautkette [vɔln] silbisches und nichtsilbisches n wie in (5.34b) und (5.34c) gleichermaßen zulässig. Bloß der Sprechstil beeinflußt hier die endgültige Realisierung. Nicht erlaubt ist im Deutschen eine Silbencoda mit der Sequenz Nasal + Liquida (5.39):

(5.39) SSB ~ Ca
[- cont] [+ cons, + son, - nas]

So wird *[haml] neben [haml̩] Hammel ausgeschlossen, aber [alm] neben [alm̩] allem zugelassen. Die SSB begünstigt im ersteren Fall mehr als im letzteren eine Aussprache mit Schwa entsprechend der linken Variante in (5.37). Im übrigen schließt die SSB (5.39) gleichzeitig Silbencodas aus, welche eine Sequenz von Plosiv + Liquida enthalten. Dieser Bereich der SSB überlappt den Bereich der SSB (5.40), welche eine Silbencoda mit der Sequenz Obstruent + Sonant ausschließt:

(5.40) SSB ~

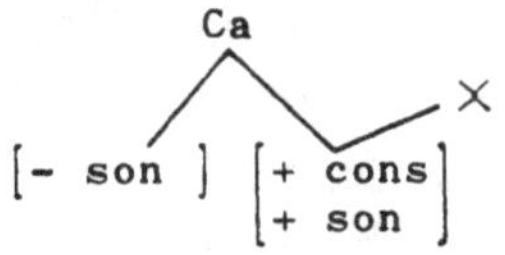

Demnach muß ein Sonant den Nukleus in der folgenden Silbe bilden entsprechend der rechten Variante in (5.37).

Es ist im Deutschen unmöglich, daß eine Silbengrenze nach einem stimmhaften Obstruenten fällt bzw. daß die Silbencoda stimmhafte Obstruenten enthält (5.41):

(5.41) SSB ~ (Neufassung 3.22)

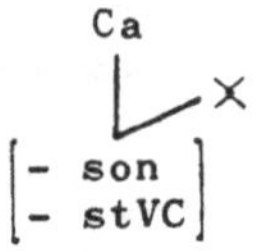

Diese SSB hat ihr Gegenstück in der Auslautverhärtungsregel (5.1). Stimmhafte Obstruenten sind also nur im Silbeneinsatz zu erwarten, allerdings muß eine 'begünstigende' Umgebung vorhanden sein, und zwar in der Form von stimmhaften Segmenten. Bei stimmhaften Segmenten in der vorangehenden Silbencoda kann es sich nur um Sonanten oder Vokale handeln, im selben Silbeneinsatz können noch stimmhafte Obstruenten oder Sonanten stehen, und falls das folgende Segment zum Nukleus gehört, kann es nur ein Vokal oder Sonant sein. Folglich ist ein Obstruent stimmlos, wenn das vorangehende Segment zur vorigen Silbe gehört (vgl. SSB 5.41) oder wenn das folgende Segment ein stimmloser Obstruent ist (5.42):

(5.42) Stimmhafte Lenis (Neufassung 1.60)

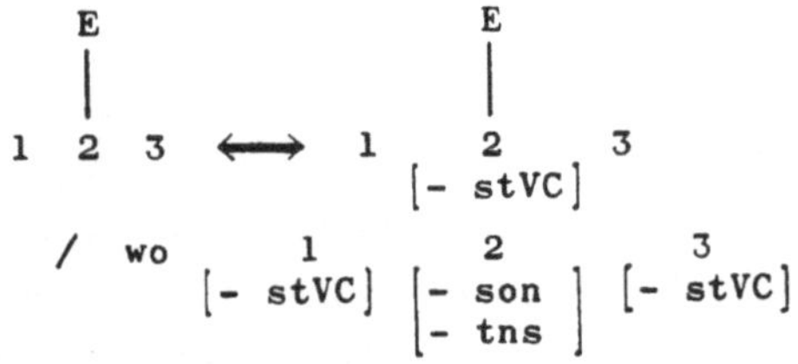

Entsprechend der rechten Struktur in (5.42) ist zwischen stimmhaften Segmenten eine stimmhafte Realisierung von Lenisobstruenten im Silbeneinsatz möglich, aber nach der linken Struktur ist sie nicht absolut notwendig (obwohl hochsprachlich empfohlen). Im absoluten Anlaut wird laut WdA (: 68) "überwiegend Lenis ohne Stimmton realisiert". Diese beiden

Varianten haben ein Gegenstück in der morphologischen Strukturbedingung (1.57), nach der Obstruentencluster im Deutschen stimmlos sind.

Nach (5.42) ist im Konsonantencluster von Ja[kd̥]en, Sta[tg̊]asse kein Stimmton zu erwarten, obwohl die Lenes im Silbeneinsatz stehen, aber in Heine[g]asse, Haydn[g]asse, Blei[g]las, Spiegel[g]las ist die Bedingung der stimmhaften Umgebung erfüllt. Einen Sonderfall bilden die stimmhaften breiten Zischlaute [ʒ] (vgl. Abschnitt 1.3.2). Im Cluster [gʒ]imek, Bu[dʒ]et, im Anlaut [ʒ]enie und im Auslaut rou[ʒ] sind sie immer stimmhaft. Sie bilden also Ausnahmen sowohl von der MSB (1.57), die Stimmlosigkeit im Obstruentencluster vorhersagt, wie von der Auslautverhärtungsregel (5.1). Es ist also angebracht, in diesem Segment den Sonderstatus auch durch die Markierung [m stVC] anzuzeigen statt [m tense]. Das /d̥/ im Cluster von Budget braucht nicht markiert zu werden, denn es kann nach (5.42) regelmäßig stimmhaft realisiert werden.

Die Behauchung ist ebenfalls besser auf der Ebene der Silbe zu beschreiben nach (5.43a) und (5.43b):

(5.43) Behauchung (Neufassung 1.62)

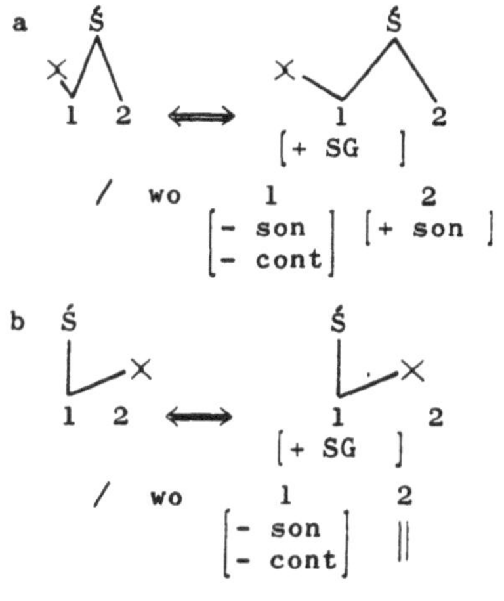

Im unmittelbaren Silbeneinsatz und vor Pause werden Plosive in der betonten Silbe aspiriert. So wird As[pʿ]i[kʿ] zweimal behaucht, ebenso das einsilbige [tʿ]ros[tʿ]. Die nichtbehauchte Realisierung entsprechend der jeweiligen linken Struktur in (5.43a,b) ist nicht unüblich, besonders bei schnellerer Sprechweise; die behauchte Aussprache entsprechend der jeweiligen rechten Struktur ist die der gemäßigten Hochlautung. Unter diesen Bedingungen wird das t in Matrose wohl, das in mattrosa nicht aspiriert (5.44):

(5.44) a ... b

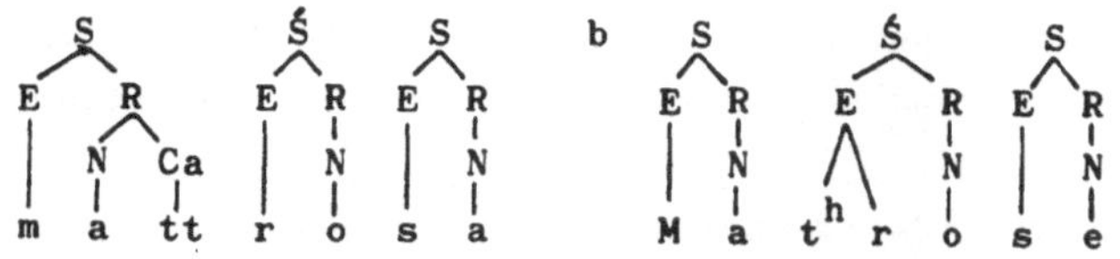

Vokale können nicht im Silbeneinsatz vorkommen, das kann nur ein Konsonant oder Laryngallaut (5.45):

(5.45) SSB ~ (Neufassung 3.23)

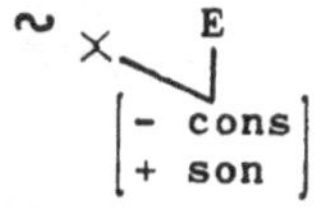

Der fakultative vokalische Neueinsatz läßt sich auch auf der Ebene der Silbe beschreiben (5.46):

(5.46) Vokalischer Neueinsatz

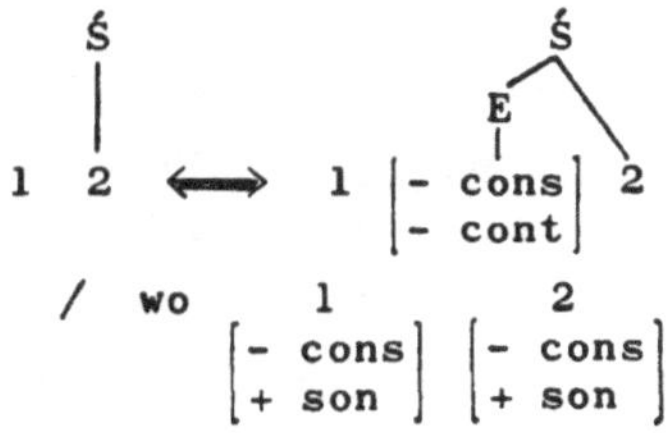

Wörter wie Anti[']óchia, Schi[']ít u.dgl., aber auch mehrsilbige Wörter wie Serbokro[']áte (gegen Kroáte) können unter Haupt- oder Nebenton den Neueinsatz bekommen. Gleichzeitig ist jedoch die morphologisch bedingte Regel für den festen Einsatz im Anlaut beizubehalten (5.47):

(5.47) Fester Einsatz im Anlaut (Neufassung 1.77)

$$\emptyset \rightarrow \begin{bmatrix} -\text{cons} \\ -\text{cont} \end{bmatrix} \; / \; {}_{\text{Pref,WR}}\Big[\,[-\text{segm}]\;\_\_\;\begin{bmatrix} -\text{cons} \\ +\text{son} \end{bmatrix}$$

Diese Regel funktioniert im Anlaut von Präfixen und Wurzelmorphemen, so daß z.B. verreisen von ver[']eisen, mitteilen von mit[']eilen unterschieden wird. Das Suffix -ei bekommt dagegen keinen festen Einsatz, und so unterscheiden sich Reiherei 'Vomieren' und Reiher[']ei 'Storchvogelei'. Nicht nur ist dieser feste Einsatz unter Umständen bedeutungsunterscheidend, er ist auch Voraussetzung für die Erklärung der Stimmlosigkeit in He[p]amme (neben He[b]amme), wie in Abschnitt 1.4 nahegelegt wurde. In Abschnitt 3.3 wurde nachgewiesen, daß die Silbengrenze kein bedingender Faktor für die Auslautverhärtung sein kann, weil eine Silbengrenze nach SSB (5.41) im Deutschen nicht nach einem stimmhaften Obstruenten vorkommen kann. Das Wort Hebamme muß also fakultativ für Regel (5.47) markiert werden. Der vokalische Neueinsatz nach (5.46) ist dagegen als stilbedingt zu betrachten, ebenso wie die Behauchung und stimmhafte Aussprache der Lenis.

Zwei Regeln mit identischem Ergebnis auf zwei verschiedenen Ebenen scheinen redundant, aber es ist zu beachten, daß die Regel (5.47) eine natürliche Silbeneinteilung C V $ C V verhindert, während die rechte Variante in (5.46) sie gerade begünstigt, indem sie die Leerstelle vor dem Silbennukleus , also den Einsatz, ausfüllt. Diese Redundanz ist also nur scheinbar. Wie gesagt, gibt es für den velaren Nasal außer dem durch die morpheminterne regressive Assimilationsregel (5.8) abgeleiteten Nasal noch drei Quellen: den dentalen Nasal, der durch progressive Nasalassimilation verändert wird, den velaren Lenisplosiv, der sich an den folgenden Nasal angleicht, und den nasalierten Vokal, der als reiner Vokal + Velarnasal realisiert wird.

Statt der Regel für das jotierte *i* (1.69) sind negative Silbenstrukturbedingungen anzusetzen. Wenn das *i* im Wort *Region* unsilbisch realisiert wird, geschieht eigentlich Folgendes: Die auslautende Silbe, die zunächst bloß einen Reim enthält, läßt die vorangehende Silbe unter dem leeren Knoten des Einsatzes zu. Das unsilbische *i* nimmt dabei die Stelle ein, die sonst nur für Liquiden reserviert ist, was den in 2.4.1 angestellten Betrachtungen über die Ähnlichkeit zwischen Liquiden und 'Glides' durchaus entspricht. Im übrigen ist bemerkenswert, daß diese Jotierung voraussetzt, daß dem *i* noch ein Konsonant vorangeht – es kann nicht die erste Stelle im Silbeneinsatz einnehmen, das kann entsprechend SSB (5.45) nur ein echter Konsonant oder ein Laryngallaut. Übrigens nimmt das *j* fast immer die erste (und dann auch einzige) Stelle im Silbeneinsatz ein; Ausnahmen sind etwa *Fjord*, *Computer*, *Sowjet*, *Interview*, wenn man die Transkription in den Ausspracheworterbüchern als absoluten Maßstab nimmt.

Für die Jotierung des *i* gelten noch weitere Einschränkungen. In den meisten Varianten des Hochdeutschen dürfen die Sequenzen *Gledí*[tʃi]*e*, *Brón*[çi]*e*, *bra*[xi]*ál* kein unsilbisches *i* enthalten (5.48):

(5.48) SSB ∾

$$\overset{E}{\overbrace{\begin{bmatrix} -\text{son} \\ +\text{high} \\ +\text{cont} \end{bmatrix} \quad \begin{bmatrix} -\text{cons} \end{bmatrix}}}$$

So erklärt sich auch, daß das Wort [hy'gie:nə] *Hygiene* nach Spirantisierung des *g* als [hy'je:nə] ausgesprochen wird.

Auch in variieren kann das unbetonte i nicht unsilbisch werden (5.49):

(5.49) SSB ~

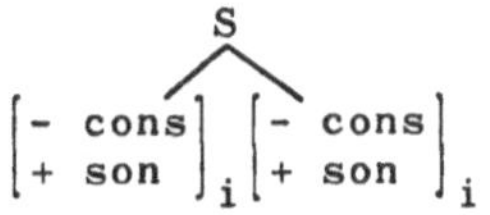

Eine Silbe kann nämlich nicht zwei identische Vokale enthalten, wohl zwei nichtkonsonantische Elemente, von denen das erste ein Laryngal ist. Schließlich ist Jotierung im Standarddeutschen nicht erlaubt nach r, wenn der Akzent davor liegt, z.B. Impé[riUm], aber diese Einschränkung gilt nicht für alle Deutschsprechende (5.50):

(5.50) SSB ~

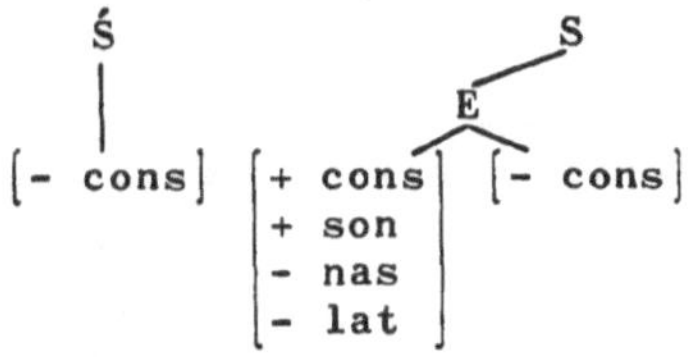

Die Jotierung des i kann unter folgenden Bedingungen geschehen (5.51):

(5.51) Jotierung des i (Neufassung 1.69)

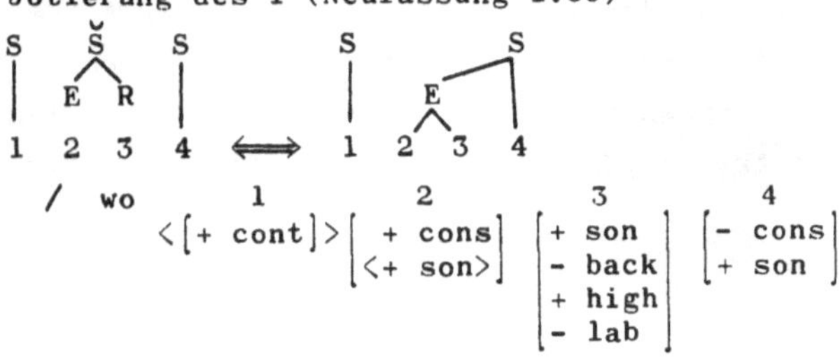

Ein unbetontes i kann demnach unsilbisch werden, wenn ihm ein Obstruent vorangeht (Helvetien, Asien, Aktien), aber nach Sonant ist das nur möglich, wenn diesem kein Obstruent oder Nasal vorangeht (Gallium, Hernie, Holmium); in Hafnium, industriell, Omnium, Ganglion ist also kein unsilbisches i zu erwarten.

In den Beispielen in (1.80) wurde suggeriert, daß die vokalische Auflösung des r immer postvokalisch stattfindet. Dem ist jedoch nicht so, denn das r kann außer im Silbeneinsatz auch unter dem Knoten des Nukleus oder der Coda vorkommen, doch in der Coda ist seine Position auf die erste Stelle beschränkt. Wenn ihm nämlich ein Plosiv oder Nasal (vgl. SSB 5.39) bzw. ein Obstruent (vgl. SSB 5.40) vorangeht, muß das r zur nächsten Silbe gehören. Die Vokalisierungsregel braucht deshalb keine Spezifizierungen über benachbarte Segmente zu enthalten (5.52):

(5.52) Vokalische Auflösung des r

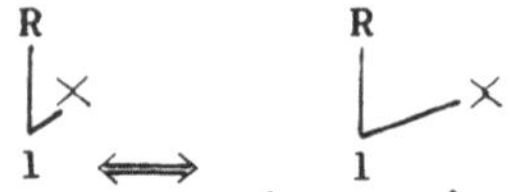

$$\begin{bmatrix} +\ \text{cent} \\ +\ \text{low} \end{bmatrix}$$

/ wo l

$$\begin{bmatrix} +\ \text{cons} \\ +\ \text{son} \\ -\ \text{nas} \\ -\ \text{lat} \end{bmatrix}$$

Das r im Silbenreim, ob unter dem Knoten des Nukleus oder der Coda, kann demnach vokalisiert realisiert werden: ['tɛ̃bR] neben ['tɛ̃bɐ] Timbre, ['tsIməR] neben ['tsImər̯,'tsImɐ] Zimmer. Im Wort bitterer (vgl. 1.80) wird aufgrund der Syllabierung nur das auslautende r vokalisiert. Obwohl das WdA diese r-Variante nicht als 'gleichberechtigt' neben dem Zungenspitzen-r und dem Zäpfchen-r bzw. dem Reibe-r aufführt und nur von einer "Tendenz zur Auflösung" (: 50) spricht, ist sie in dieser Position die weitaus häufigste.

Es gibt keine Hinweise, daß eigens Regeln für die Epenthese von (hier nur informell durch Scudosymbol $ angedeuteten) Silbengrenzen existieren. Vielmehr wird hier die Syllabierung durch Silbenstrukturbedingungen (SSB) der oben skizzierten Art eingeschränkt, und ansonsten ist sie frei.

5.1 Ergebnisse

Das für das Deutsche zugrundeliegende Segmentinventar hat ein [ʒ], das durch seine Markierung als [m stVC] eine Sonderstellung einnimmt. Des weiteren sind die nasalierten Vokale [ɑ̃:, ɛ̃:, œ̃:, ɔ̃:] durch ihre Markierung [m nas] als peripher zu betrachten. Der ä-Laut ist durch ein sprachspezifisches Merkmal [+ L] (das im Falle des Umlauts aus [+ U] für 'Umlaut' abgeleitet wird) in das System integriert. Das Schwa ist dagegen direkt durch Regel (5.25) ohne Sondermerkmal mit einem ungespannten e zu identifizieren. Desgleichen kann der velare Nasal ohne zusätzliches Diakritikum aus einer zugrundeliegenden Sequenz von Nasal und velarem Plosiv durch Regel (5.8) und (5.9) abgeleitet werden.

Die auf der Ebene der phonetischen Silbe existierenden (jedoch durch SSB eingeschränkten) artikulatorischen Varianten werden durch Sprechstil bedingt und sind fakultativ. Auf morphologischer Ebene brauchen weder die

Wortbildungsregeln noch die (ihnen naturgemäß nachgeordneten) Allomorphieregeln, welche Wortgrenzen, Alphabetmerkmale oder Kategoriespezifizierungen enthalten, untereinander geordnet zu werden. Die Markiertheitskonventionen interpretieren die binär spezifizierten Segmente auf ihren Markiertheitswert, und das zugrundeliegende Segmentinventar des Hochdeutschen kann nunmehr in der Markiertheitsmatrix in (5.53) dargestellt werden:

(5.53) Markiertheitsmatrix der deutschen Hochlautung (Neufassung 2.66)

	m	n	l	R	p	b̥	f	v̥	t	d̥	s	z̥	č	š	j̇	k	ġ	x	i	ī	ǖ	ǖ	u	ū	e	ē	ö	ȫ	o	ō	a	ā	h
cons	+	+	+	+	+	+	+	+	+	+	+	+	+	+	+	+	+	+	-	-	-	-	-	-	-	-	-	-	-	-	-	-	-
son	m	m	m	m																													m
back				m												m	m	m	m	m	m	m			m	m	m	m					
low																							m	m					m	m			
high				m									m	m	m										m	m	m	m	m	m			
lab	m				m	m	m	m													m	m					m	m					
cor															m																		
nas			m	m																													
cont							m	m			m	m		m	m			m															m
tns						m		m		m		m			m		m			m		m		m		m		m		m		m	

Konsonantentabelle

	bilabial	labio-dental	dental + alveolar	retroflex	palato-alveolar	palatal	velar	labial-velar	uvular	pharyngal
Nasale	m	ɱ	n	ṇ		ɲ	ŋ	ŋ͡m	N	
Plosive	p b		t d	ṭ ḍ		c ɟ	k g	k͡p g͡b	q G	
Implosive	ɓ		ɗ				ɠ			
Ejektive	p'		t'				k'		q'	
Frikative	ɸ β	f v	θ ð s z	ṣ ẓ	š ž	ç j	x ɣ		χ ʁ	ħ ʕ
Affrikaten		$p^f b^v$	$t^s d^z$		č ǰ	$c^ç$	k^x			
Laterale Frikative			l ɮ							
'Glides'	β̆		ð̆	ɹ̣	ĭ		ɰ̆			
Laterale Liquiden			l	ḷ	l^j					
Vibranten			r						R	
'tap'-Laute	V		D							
'flap'				Ḍ						

Diakritische Zeichen

stimmlos	̥	: n̥	gerundet	w	: t^w
behaucht	h	: t^h	palatalisiert	j	: t^j
gemurmelt	h	: d^h	gerundet-palatalisiert	ü	: $t^ü$
laryngalisiert	̰	: b̰	velarisiert	ɯ	: $t^ɯ$
silbisch	̩	: n̩	pharyngalisiert	ɒ	: $t^ɒ$
unsilbisch	̯	: u̯	nasaliert	~	: ã

Merkmalmatrizes

	i	ī	ü	ǖ	u	ū	e	ē	ö	ȫ	o	ō	æ	ǣ	a	ā	h	?
consonantal	-	-	-	-	-	-	-	-	-	-	-	-	-	-	-	-	-	-
sonorant	+	+	+	+	+	+	+	+	+	+	+	+	+	+	+	+	-	-
back	-	-	-	-	+	+	-	-	-	-	+	+	-	-	+	+	+	+
low	-	-	-	-	-	-	-	-	-	-	-	-	+	+	+	+	+	+
high	+	+	+	+	+	+	-	-	-	-	-	-	-	-	-	-	-	-
labial	-	-	+	+	+	+	-	-	+	+	+	+	-	-	-	-	-	-
round	-	-	+	+	+	+	-	-	+	+	+	+	-	-	-	-	-	-
coronal	-	-	-	-	-	-	-	-	-	-	-	-	-	-	-	-	-	-
*anterior	-	-	-	-	-	-	-	-	-	-	-	-	-	-	-	-	-	-
nasal	-	-	-	-	-	-	-	-	-	-	-	-	-	-	-	-	-	-
continuant	+	+	+	+	+	+	+	+	+	+	+	+	+	+	+	+	+	-
lateral	-	-	-	-	-	-	-	-	-	-	-	-	-	-	-	-	-	-
delayed release	+	+	+	+	+	+	+	+	+	+	+	+	+	+	+	+	+	-
stiff vocal cords	-	-	-	-	-	-	-	-	-	-	-	-	-	-	-	-	+	+
spread glottis	-	-	-	-	-	-	-	-	-	-	-	-	-	-	-	-	+	-
constricted glottis	-	-	-	-	-	-	-	-	-	-	-	-	-	-	-	-	-	+
tense	-	+	-	+	-	+	-	+	-	+	-	+	-	+	-	+	-	-

	m	n	ŋ	l	r	R	p	b	f	v	t	d	s	z	č	ǰ	š	ž	ç	j	k	g	ɣ	x
consonantal	+	+	+	+	+	+	+	+	+	+	+	+	+	+	+	+	+	+	+	+	+	+	+	+
sonorant	+	+	+	+	+	+	-	-	-	-	-	-	-	-	-	-	-	-	-	-	-	-	-	-
back	-	-	+	-	-	+	-	-	-	-	-	-	-	-	-	-	-	-	-	-	+	+	+	+
low	-	-	-	-	-	-	-	-	-	-	-	-	-	-	-	-	-	-	-	-	-	-	-	-
high	-	-	+	-	-	-	-	-	-	-	-	-	-	-	+	+	+	+	+	+	+	+	+	+
labial	+	-	-	-	-	-	+	+	+	+	-	-	-	-	-	-	-	-	-	-	-	-	-	-
round	-	-	-	-	-	-	-	-	-	-	-	-	-	-	-	-	-	-	-	-	-	-	-	-
coronal	-	+	-	+	+	-	-	-	-	-	+	+	+	+	+	+	+	+	-	-	-	-	-	-
*anterior	-	+	-	+	+	-	-	-	-	-	+	+	+	+	-	-	-	-	-	-	-	-	-	-
nasal	+	+	+	-	-	-	-	-	-	-	-	-	-	-	-	-	-	-	-	-	-	-	-	-
continuant	-	-	-	+	+	+	-	-	+	+	-	-	+	+	-	-	+	+	+	+	-	-	+	+
lateral	-	-	-	+	-	-	-	-	-	-	-	-	-	-	-	-	-	-	-	-	-	-	-	-
delayed release	-	-	-	+	+	+	-	-	+	+	-	-	+	+	+	+	+	+	+	+	-	-	+	+
stiff vocal cords	-	-	-	-	-	-	+	-	+	-	+	-	+	-	+	-	+	-	+	-	+	-	-	+
spread glottis	-	-	-	-	-	-	-	-	-	-	-	-	-	-	-	-	-	-	-	-	-	-	-	-
constricted glottis	-	-	-	-	-	-	-	-	-	-	-	-	-	-	-	-	-	-	-	-	-	-	-	-
tense	-	-	-	-	-	-	+	-	+	-	+	-	+	-	+	-	+	-	+	-	+	-	-	+

LITERATUR

Anderson, S. R. (1976): "On the description of multiply-articulated consonants". Journal of Phonetics 4: 17-27.
Aronoff, M. (1976): Word formation in generative grammar. Cambridge, Mass. etc.: M.I.T. Press.
Bach, E. / King, R. D. (1970): "Umlaut in Modern German". Glossa 4: 3-21.
Basbøll, H. (1975): "On the phonological interpretation of the falling diphthongs in Danish". Annual Report of the Institute of Phonetics University of Copenhagen 9: 49-108.
Bech, G. (1963): "Zur Morphologie der deutschen Substantive". Lingua 12: 177-89.
Belletti, A. / Brandi, L. / Nencioni, G. / Rizzi, L. (eds.) (1981): Theory of markedness in generative grammar. Proceedings of the third GLOW conference. Pisa.
Bergenholtz, H. (1976): Zur Morphologie deutscher Substantive, Verben und Adjektive. Probleme der Morphe, Morpheme und ihrer Beziehung zu den Wortarten. Beihefte zur kommunikativen Grammatik. Bonn: Dümmler.
Bergmeier, R. / Fries, N. (1979): "Bemerkungen zum Umlaut im Neuhochdeutschen". Beiträge zur Geschichte der deutschen Sprache und Literatur (Tübingen) 101: 36-44.
Bierwisch, M. (1967): "Syntactic features in morphology. General problems of so-called pronominal inflection in German". To honor Roman Jakobson. Essays on the occasion of his seventieth birthday, 11. October 1966. I. Janua linguarum, series maior 31. Den Haag: Mouton: 239-70. - Übers.: "Syntaktische Merkmale in der Morphologie: generelle Probleme der sogenannten pronominalen Flexion im Deutschen. Kiefer, F. (ed.) (1975): Morphologie und generative Grammatik. Linguistische Forschungen 24. Frankfurt: Athenaion: 1-55.
Bloomfield, L. (1933): Language. New York: Holt.
Bluhme, H. (1970): "Das phonologische System des Deutschen". Lingua 25: 358-80.
Campbell, L. (1974): "Phonological features. Problems and proposals". Language 50: 52-65.
Chomsky, N. (1965): Aspects of the theory of syntax. Cambridge, Mass. etc.: M.I.T. Press.
- / Halle, M. (1968): The sound pattern of English. New York: Harper and Row.
Colarusso, J. (1979): "Phonemic contrasts and distinctive features. Caucasian examples". Clyne, P. R. / Hanks, W. F. / Hofbauer, C. L. (eds.) (1979): The elements. A parasession on linguistic units and levels, including papers from the conference on non-Slavic languages of the USSR. Chicago Linguistic Society. Chicago: University of Chicago Press: 307-21.
Curme, G. O. (1905): A grammar of the German language. New York: Ungar, 2.A. 1922.

Dal, I. (1940): "Systemerhaltende Tendenzen in der deutschen Kasusmorphologie". Norsk Tidskrift for Sprogvidenskap 12: 199-212. - Wieder in: Moser, H. (ed.) (1973): Das Ringen um eine deutsche Grammatik. Aufsätze aus drei Jahrzehnten (1929-1959). Wege der Forschung 25. Darmstadt: Wissenschaftliche Buchgesellschaft: 74-88.
- (1952): Kurze deutsche Syntax auf historischer Grundlage. Tübingen: Niemeyer, 3.A. 1966.
Dell, F. C. / Selkirk, E. O. (1979): "On a morphologically governed vowel alternation in French". Keyser, S. J. (ed.) (1979): Recent transformational studies in European languages. Cambridge, Mass. etc.: M.I.T. Press: 1-51.
Dinnsen, D. A. (1980): "Phonological rules and phonetic explanation". Journal of Linguistics 16: 171-91.
Dressler, W. U. (1973): "Die Anordnung phonologischer Prozesse bei Aphatikern". Wiener Linguistische Gazette 4: 9-19.
- (1977): Grundfragen der Morphonologie. Österreichische Akademie der Wissenschaften. Philosophisch-historische Klasse, Sitzungsberichte 315: Veröffentlichungen der Kommission für Linguistik und Kommunikationsforschung, Heft 5. Wien: Österreichische Akademie der Wissenschaften.
- (1979): "External evidence for an abstract analysis of the German velar nasal". Wiener Linguistische Gazette 19: 3-28.
Duden. Aussprachewörterbuch. Der Große Duden 6. Bearbeitet von M. Mangold und der Dudenredaktion. Mannheim etc.: Bibliographisches Institut: 1962
Durrell, M. (1977): "Zur morphologischen Struktur der deutschen Nominalgruppe". Deutsch als Fremdsprache 14: 44-52.
Eliasson, S. (1976a): Theoretical problems in Scandinavian contrastive phonology". Reports from Uppsala University department of Linguistics 5: 1-46.
- (1976b): "Abstract phonology and contrastive analysis". Nickel, G. (ed.) (1976): Proceedings of the fourth international congress of applied linguistics 2. Stuttgart: HochschulVerlag: 137-50.
- (1977): "Inferential aspects of phonological rules". Dressler, W. U. / Pfeifer, O. E. (eds.) (1977): Phonologica 1976. Akten der 3. internationalen Phonologietagung, Wien, 1.-4. September 1976. Innsbrucker Beiträge zur Sprachwissenschaft. Innsbruck: 103-10.
Esau, H. (1973): "Form and function of German adjective endings". Folia Linguistica 6: 136-45.
Feinstein, M. H. (1977): "The linguistic nature of prenasalization". Diss. C.U.N.Y. (unveröffentl.).
- "Prenasalization and syllable structure". Linguistic Inquiry 10: 245-78.
Feudel, G. (ed.) (1972): Studien zur Geschichte der deutschen Sprache. Bausteine zur Geschichte des Neuhochdeutschen 49. Berlin: Akademie-Verlag.
Fischer-Jørgensen, E. (1975): Trends in phonological theory. A historical introduction. Kopenhagen: Akademisk Forlag.
Fisiak, J. (ed.) (1978): Recent developments in historical phonology. Trends in linguistics. Studies and monographs 4. Den Haag etc.: Mouton.
Fleischer, W. (1966): Strukturelle Untersuchungen zur Geschichte des Neuhochdeutschen. Sitzungsberichte der sächsischen Akademie der Wissenschaften zu Leipzig. Philologisch-historische Klasse. 112, Heft 6. Berlin: Akademie-Verlag.
- (1969): Wortbildung der deutschen Gegenwartssprache. Leipzig: Bibliographisches Institut, 4.A. 1976.
Fourquet, J. (1979): "Zur Morphologie der deutschen Nominalgruppe". Rauch, I. / Carr, G. F. (eds.) (1979): Linguistic method. Essays in honor of Herbert Penzl. Den Haag etc.: Mouton: 45-53.

Fry, D. B. (1964): "The function of the syllable". Zeitschrift für Phonetik und allgemeine Sprachwissenschaft: 215-37.
Fujimura, O. (1975): "Syllable as a unit of speech recognition". Institute of Electrical and Electronics Engineers transactions on acoustics, speech, and signal processing ASSP 23: 82-7.
Gamkrelidze, T. / Ivanov, V. (1973): "Sprachtypologie und die Rekonstruktion der gemeinindogermanischen Verschlüsse". Phonetica 27: 150-6.
Garvin, P. (1950): "Wichita I. Phonemes". International Journal of American Linguistics 16: 179-84.
Gimson, A. C. (1962): An introduction to the pronunciation of English. London: Arnold, 2.A. 1970.
Greenberg, J. H. (1966): Language universals. Den Haag: Mouton. - Wieder in: Sebeok, T. A. (ed.) (1970): Current trends in linguistics. III: Theoretical foundations. Den Haag: Mouton, 2.A. 61-112.
- (1970): "Some generalizations concerning glottalic consonants, especially implosives". International Journal of American Linguistics 36: 123-45.
Halle, M. (1954): "The strategy of phonemics". Word 10: 197-209. - Übers.: "Die Strategie der Phonemik". Heike, G. (ed.) (1974): Phonetik und Phonologie. Aufsätze 1925-1957. Kritische Information 20. München: Fink: 179-95.
- (1970): "Markedness". Hála, B. / Romportl, M. / Janota, P. (eds.) (1970): Proceedings of the sixth international congress of phonetic sciences held at Prague 7-13 September 1967. Prag: Academia: 61-72.
- (1977): "Tenseness, vowel shift, and the phonology of the back vowels in Modern English". Linguistic Inquiry 8: 611-25.
- / Stevens, K. N. (1970): "On the feature 'Advanced Tongue Root'". M.I.T research laboratory of electronics Quarterly Progress Report # 94: 209-15.
- / - (1971): "A note on laryngeal features". M.I.T. research laboratory of electronics Quarterly Progress Report # 101: 198-213.
Harms, R. T. (1966): "Stress, voice, and length in Southern Paiute". International Journal of American Linguistics 32: 228-35.
Harris, J. W. (1969): "Sound change in Spanish and the theory of markedness". Language 45: 538-52.
- (1979): "Some observations on 'Substantive principles in natural generative phonology'". Dinnsen, D. A. (ed.) (1979): Current approaches in phonological theory. Bloomington, Ind.: Indiana University Press: 281-93.
- (1980): "Palatal - ∅ alternations in Spanish". Nuessel, F. H. (ed.) (1980): Contemporary studies in Romance languages. Proceedings of the eighth annual symposium on Romance languages. Bloomington, Ind.: Indiana University Linguistics Club (vervielf.): 108-30.
Hinderling, R. (1978): "Das Phonem /ä:/ im Lichte der Sprachgeschichte". Hinderling, R./ Weibel, V. (eds.) (1978): Fimfchustim. Festschrift für Stefan Sonderegger zum 50. Geburtstag am 28. Juni 1977. Bayreuth: 29-61.
Hoard, J. E. (1971): "Aspiration, tenseness and syllabication in English". Language 47: 133-40.
- (1978a): "Obstruent voicing in Gitksan. Some implications for distinctive feature theory". Cook, E-D. / Kaye, J. (eds.) (1978): Linguistic studies of native Canada. Vancouver: University of British Columbia Press: 111-9.
- (1978b): Syllabication in Northwest Indian languages. With remarks on the nature of syllabic stops and affricates". Bell, A. / Hooper, J. B. (eds.) (1978): Syllables and segments. Amsterdam etc.: North-Holland: 59-72.

Hofmann, J. B. / Szantyr, A. (1965): Lateinische Syntax und Stilistik. Mit dem allgemeinen Teil der lateinischen Grammatik. Leumann, M. / Hofmann, J. B. / Szantyr, A. (eds.) (1965): Lateinische Grammatik. II. Handbuch der Altertumswissenschaft, 2. Abteilung, Teil 2. II. München: Beck.
Hogg, R. M. (1979): "Analogy and phonology". Journal of Linguistics 15: 55-85.
Höhle, T. N. / Vater, H. (1978): "'Derivational constraints' und die silbischen Konsonanten im Deutschen". Birnbaum, H. / Durowić, L. / Jacobsson, G. (eds.) (1978): Studia linguistica Alexandro Vasilii filio Issatschenko a collegis amicisque oblata. Lisse: De Ridder: 169-86.
Hooper, J. B. (1972): "The syllable in phonological theory". Language 48: 525-40.
- (1976): An introduction to natural generative phonology. New York etc.: Academic Press.
Hopper, P. J. (1973): "Glottalized and murmured occlusives in Indo-European". Glossa 7: 141-66.
- (1977): "Indo-European consonantism and the New Look". Orbis 24: 57-72.
Hyman, L. M. (1975): Phonology, theory and analysis. New York etc.: Holt, Rinehart and Winston.
Isačenko, A. V. (1963): "Der phonologische Status des velaren Nasals im Deutschen". Zeitschrift für Phonetik, Sprachwissenschaft und Kommunikationsforschung 16: 77-84. - Wieder in: Steger (ed.): 468-79.
- (1972): "Rol' usečenija v russkom slovoobrazovanii". Journal of Slavic Linguistics and Poetics 15: 95-125.
Issatschenko, A. V. (1973): "Das Suffix -chen und der phonologische Status des [ç] im Deutschen". Deutsche Sprache 3: 1-6.
- (1974): "Das 'Schwa mobile' und 'Schwa constans' im Deutschen". Engel, U. / Grebe, P. (eds.) (1974): Sprachsystem und Sprachgebrauch. Festschrift für Hugo Moser zum 65. Geburtstag. Sprache der Gegenwart 33. Düsseldorf: Schwann: 142-71.
Jakobson, R. (1941): Kindersprache, Aphasie und allgemeine Lautgesetze. Uppsala. - Übers.: Child language, aphasia and phonological universals. Den Haag etc.: Mouton (1968).
- (1948): "Russian conjugation". Word 4: 155-67.
Jørgensen, H. P. (1969): "Die gespannten und ungespannten Vokale in der norddeutschen Hochsprache mit einer spezifischen Untersuchung der Struktur ihrer Formantenfrequenzen". Phonetica 19: 217-45.
Juret, A-C. (1937): Formations des noms et des verbes en latin et en grec. Publications de la faculté des lettres de l'université de Strasbourg 80. Paris: Belles Lettres.
Kahn, D. (1976): Syllable-based generalizations in English phonology. Diss. M.I.T. - Bloomington, Ind.: Indiana University Linguistics Club, 1976 (vervielf.).
Kastovsky, D. (1971): Studies in morphology. Aspects of English and German verb inflection. Tübinger Beiträge zur Linguistik 18. Tübingen: TBL-Verlag.
- (1980): "Zero in morphology. A means of making up for phonological losses?". Fisiak, J. (ed.) (1980): Historical morphology. Trends in linguistics. Studies and monographs 17. Den Haag etc.: Mouton: 213-50.
Kean, M-L. (1972): "Are glottal stop and h sonorants?". M.I.T. research laboratory of electronics Quarterly Progress Report # 106: 151-9.
- (1975): The theory of markedness in generative grammar. Diss. M.I.T. - Bloomington, Ind.: Indiana University Linguistics Club, 1980 (vervielf.).
- (1979): On a theory of markedness. Some general considerations and a case in point. Social sciences research reports 41. Irvine, Cal. (vervielf.). - Wieder in Belletti et al. (eds.).

Kiparsky, P. (1965): Phonological change. Diss. M.I.T. - Bloomington, Ind.: Indiana University Linguistics Club, 1971 (vervielf.).
- (1966): "Über den deutschen Akzent". Untersuchungen über Akzent und Intonation im Deutschen. Studia Grammatica 7. Berlin: Akademie-Verlag, 2.A. 1971: 69-98.
- (1971): "Historical linguistics". Dingwall, W. O. (ed.) (1971): A survey of linguistic science. College Park, Md.: Linguistics Program University of Maryland: 577-642.
- (1972): "Explanation in phonology". Peters, S. (ed.) (1972): Goals of linguistic theory. Englewood Cliffs, N. J.: Prentice Hall: 189-227.
- (1974): "A note on the vowel features". Papers from the fifth annual meeting of the North Eastern Linguistic Society: 162-71.
Kloeke, W.U.S. van Lessen (1978a): "The features 'long' and 'tense' and the place of stress rules in German". Zonneveld, W. (ed.) (1978): Linguistics in the Netherlands 1974-1976. Lisse: de Ridder: 176-87.
- (1978b): "Kappen und Umlaut in der deutschen Morphologie". Raad, A. A. van / Voorwinden, N. Th. J. (eds.) (1978): Studien zur Linguistik und Didaktik. Festschrift für C. Soeteman. Leiden: Vakgroep Duits: 151-77. - Auch in: Utrecht Working Papers in Linguistics 6, 1978: 29-58.
- (1979): "The markedness of laryngeals". Gramma 3: 197-204. - Wieder in: Zonneveld, W. (ed.) (1980): Linguistics in the Netherlands 1977-1979. Dordrecht: Foris: 371-9.
- (1980a): "How strident is the raspberry? Likely, unlikely, and impossible feature configurations in phonology". Bloomington, Ind.: Indiana University Linguistics Club (vervielf.). - Auch in: Belletti et al. (eds.).
- (1980b): "Lauttheorie und Markiertheit". Rupp, H. / Roloff, H-G. (eds.) (1980): Akten des sechsten internationalen Germanisten-Kongresses, Basel 1980. Jahrbuch für Internationale Germanistik, Reihe A. Kongressberichte. VIII. Teil 2: 390-3.
- (1981): "Die Opposition zwischen null und nichts. Suffixe im Flexionsparadigma". Kohrt, M. / Lenerz, J. (eds.) (1981): Sprache: Formen und Strukturen. Akten des 15. Linguistischen Kolloquiums, Münster 1980. I. Tübingen: Niemeyer: 355-60.
Kohler, K. (1979): "Kommunikative Aspekte satzphonetischer Prozesse im Deutschen". Vater, H. (ed.) (1979): Phonologische Probleme des Deutschen. Studien zur deutschen Grammatik 10. Tübingen: Narr: 13-39.
Kohrt, M. (1980): "Rule ordering, rule extension, and the history and present state of /ng/-clusters in German". Linguistics 18, 1981: 777-802.
Kortlandt, F. H. H. (1972): "Russian conjugation. Computer synthesis of Russian verb forms". Tijdschrift voor Slavische Taal- en Letterkunde 1: 51-80.
- (1975): Slavic accentuation. A study in relative chronology. Lisse: de Ridder.
- (1978a): "Comment on W. Winter's paper". Fisiak (ed.): 447.
- (1978b): "Proto-Indo-European obstruents". Indogermanische Forschungen 83, 1979: 107-18.
Kuryłowicz, J. (1961): "Zum Begriff des Nullzeichens". Zeichen und System der Sprache. Veröffentlichungen des 1. Internationalen Symposions in Erfurt, 1959. I. Berlin: Akademie: 211.
Kylstra, A. D. (1972): "Die Präaspiration im Westskandinavischen und Lappischen". Orbis 21: 367-82.
Ladefoged, P. (1971a): "The limits of phonology". Hammerich, L. L. / Jakobson, R. / Zwirner, E. (eds.) (1971): Form and substance. Phonetic and linguistic papers presented to Eli Fischer-Jørgensen 11th February

1971. Kopenhagen: Akademisk Forlag: 47-56.
Ladefoged, P. (1971b): Preliminaries to linguistic phonetics. Chicago etc.: University of Chicago Press.
- / Traill, T. (1980): "The phonetic inadequacy of phonological specifications of clicks". UCLA Working Papers in Phonetics 49: 1-27.
Lanham, L. W. (1969): "Generative phonology and the analysis of Nguni consonants". Lingua 24: 155-62.
Lass, R. (1976): English phonology and phonological theory. Synchronic and diachronic studies. Cambridge studies in linguistics 17. Cambridge etc.: Cambridge University Press.
- / Anderson, J. M. (1975): Old English phonology. Cambridge studies in linguistics 14. Cambridge etc.: Cambridge University Press.
Lebrun, Y. (1966): "Sur la syllabe, sommet et sonorité". Phonetica 14: 1-15.
Lejeune, M. (1947): Phonétique historique du mycénien et du grec ancien. Paris: Klincksieck, 3. verb. A. 1972.
Lieber, R. (1980): On the organization of the lexicon. Diss. M.I.T. - Bloomington, Ind.: Indiana University Linguistics Club, 1981 (vervielf.).
Linell, P. (1979): Psychological reality in phonology. A theoretical study. Cambridge studies in linguistics 25. Cambridge etc.: Cambridge University Press.
Lopatin, V. V. / Uluxanov, I. S. (1974): "Neskol'ko spornyx voprosov russkoj slovoobrazovatel'noj morfonologii". Voprosy Jazykoznanija: 57-69.
Marchand, J. W. (1961): Applied linguistics. German. A guide for teachers. Boston, Mass.: Heath.
Martens, P. (1975): "Fortfall oder Bewahrung von unbetonbarem '-e'. Einige phonetische, orthographische und grammatische Implikationen". Zeitschrift für Dialektologie und Linguistik 42: 39-52.
Mater, E. (1967): Rückläufiges Wörterbuch der deutschen Gegenwartssprache. Leipzig: Enzyklopädie, 3.A. 1970.
Matthews, P. H. (1972): Inflectional morphology. A theoretical study based on aspects of Latin verb conjugation. Cambridge studies in linguistics 6. Cambridge etc.: Cambridge University Press.
- (1974): Morphology. An introduction to the theory of word-structure. Cambridge textbooks in linguistics 1. Cambridge etc.: Cambridge University Press.
Mayerthaler, W. (1977): Studien zur theoretischen und französischen Morphologie. Reduplikationen, Echowörter, morphologische Natürlichkeit, Haplologie, Produktivität, Regeltelescoping, paradigmatischer Ausgleich. Linguistische Arbeiten 40. Tübingen: Niemeyer.
McCawley, J. D. (1967): "Le rôle d'un système de traits phonologiques dans une théorie de langage". Langages 8: 112-23.
- (1977): "Jakobsonian ideas in generative grammar". Armstrong, D. / Schooneveld, C. H. van (eds.) (1977): Roman Jakobson: echoes of his scholarship. Lisse: de Ridder: 269-83.
Meillet, A. / Vendryès, J. (1927): Traité de grammaire comparée des langues classiques. Paris: Champion.
Meinhold, G. / Stock, E. (1980): Phonologie der deutschen Gegenwartssprache. Leipzig: Bibliographisches Institut.
Meringer, R. (1908): Aus dem Leben der Sprache. Versprechen, Kindersprache, Nachahmungstrieb. Berlin: Behr.
Miller, P. D. (1974): "A critical bibliography of the tense/lax distinction in vowels". Ohio State University Working Papers in Linguistics 17: 222-31.
Milner, J. / Milner, J. C. (1972): La morphologie du groupe nominal en allemand moderne. LB-Papier 30. Wiesbaden: Vieweg (vervielf.).

Moulton, W. G. (1947): "Juncture in modern standard German". Language 23: 212-26. - Übers.: "Phonemische Segmentierungsmerkmale in der deutschen Hochsprache der Gegenwart". Steger (ed.): 429-53.
- (1952): "Jacob Böhme's uvular r". Journal of English and Germanic Philology 51: 83-9.
- (1956): "Syllable nuclei and final consonant clusters in German". Halle, M. / Lunt, H. G. / McLean,H. / Schooneveld, C. H. van (eds.) (1956): For Roman Jakobson. Essays on the occasion of his sixtieth birthday, 11 October 1956. Den Haag: Mouton: 372-81.
- (1961): "Zur Geschichte des deutschen Vokalsystems". Beiträge zur Geschichte der deutschen Sprache und Literatur (Tübingen) 83: 1-35. - Wieder in: Steger (ed.): 480-517.
- (1962): The sounds of English and German. Contrastive structure series. Chicago etc.: University of Chicago Press.
Mugdan, J. (1977): Flexionsmorphologie und Psycholinguistik. Untersuchungen zu sprachlichen Regeln und ihrer Beherrschung durch Aphatiker, Kinder und Ausländer am Beispiel der deutschen Substantivdeklination. Tübinger Beiträge zur Linguistik 82. Tübingen: Narr.
Odden, D. (1979): "Some unnatural consequences of natural generative phonology. A review of 'An introduction to natural generative phonology' by J. Hooper". Linguistic Analysis 5: 439-60.
Paul, H. (1880): Prinzipien der Sprachgeschichte. Halle: Niemeyer, 4.A. 1909.
- (1916): Deutsche Grammatik. I: Teil 2: Lautlehre. Halle Niemeyer.
- (1917): Deutsche Grammatik. II: Teil 3: Flexionslehre. Halle Niemeyer.
Penzl, H. (1961): "Old High German <r> and its phonetic identification". Language 37: 488-96.
- (1971): Lautsystem und Lautwandel in den althochdeutschen Dialekten. München: Hueber.
Philipp, M. (1974): Phonologie des Deutschen. Urban-Taschenbücher 192. Stuttgart etc.: Kohlhammer, 1973.
Rardin, R. B. (1975): Studies in derivational morphology. Diss. M.I.T. (unveröffentl.).
Reis, M. (1974): Lauttheorie und Lautgeschichte. Untersuchungen am Beispiel der Dehnungs- und Kürzungsvorgänge im Deutschen. Internationale Bibliothek für allgemeine Linguistik 14. München: Fink.
Rietveld, A. C. M. (1979): "Über die artikulatorische Ähnlichkeit deutscher Vokale". Phonetica 36: 115-29.
- (1980): Een beknopte literatuurstudie over de syllabe. Intern rapport van het instituut voor fonetiek. Katholieke Universiteit Nijmegen (vervielf.).
Robinson, O. W. (1972): Synchronic reflexes of diachronic phonological rules. Diss. Cornell (unveröffentl.).
- (1974): "Das deutsche [š]". Roloff, H. G. (ed.) (1974): Jahrbuch für Internationale Germanistik 6. Bern etc.: Lang: 72-81.
Ross, J. R. (1967): "Der Ablaut bei den deutschen starken Verben". Phonologische Studien. Studia Grammatica 6. Berlin: Akademie-Verlag: 47-118.
Ruijgh, C. J. (1975): "Analyse morphophonologique de l'attique classique. La seconde et la première déclinaison. II: Esquisse d'une méthode d'analyse morphophonologique pour l'attique". Mnemosyne 28: 337-79.
Runge, R. M. (1973): "The phonetic realization of Proto-Germanic /r/". Zeitschrift für vergleichende Sprachforschung 87: 228-47.
Russ, C. V. J. (1977): "Die Entwicklung des Umlauts im Deutschen im Spiegel verschiedener linguistischer Theorien". Beiträge zur Geschichte der deutschen Sprache und Literatur (Tübingen) 99: 213-40.
Sanders, W. (1972): Hochdeutsches /ä̅/ - 'Ghostphonem' oder Sprachphänomen?" Zeitschrift für Dialektologie und Linguistik 39: 37-58.

Sasse, H-J. (1976): "Multikolumnale Segmente in der Phonologie". Institut für Phonetik und sprachliche Kommunikation der Universität München. Working Papers 6: 115-62.
Saussure, F. de (1916): Cours de linguistique générale. Publié par Ch. Bally, A. Sechehaye. Paris: Payot, 2.A. 1922.
Schane, S. A. (1968): French phonology and morphology. Cambridge, Mass. etc.: M.I.T. Press.
- (1973): Generative phonology. Englewood Cliffs, N.J.: Prentice Hall.
Schank, G. (1975): "Morphologie und Satzphonetik. Beobachtungen und Überlegungen zur Untersuchung der Morphologie in gesprochener deutscher Standardsprache". Wirkendes Wort 25: 361-77.
Scholz, H-J. (1972): Untersuchungen zur Lautstruktur deutscher Wörter. Structura Schriftenreihe zur Linguistik 3. München: Fink.
Schultink, H. (1973): "Het prefix ge- in Nederlandse (en Duitse) verleden deelwoorden". De Nieuwe Taalgids 66: 409-18.
- (1977): "Nederlandse affixen en hun boundaries". Spektator 6: 472-6.
- (1980): "On stacking up affixes, mainly in Dutch words". Alkemade, W.J. van / Feitsma, A. / Meys, W. J. / Reenen, P. van / Spa, J. J. (eds.) (1980): Linguistic studies offered to Berthe Siertsema. Amsterdam: Rodopi: 229-42.
Semenjuk, N. N. (1972): "Zustand und Evolution der grammatischen Normen des Deutschen in der 1. Hälfte des 18. Jh.". Feudel (ed.): 79-166.
Siebs. Deutsche Aussprache. Reine und gemäßigte Hochlautung mit Aussprachewörterbuch. Herausgegeben von H. de Boor, H. Moser, C. Winkler. Berlin: de Gruyter, 19.A. 1969.
Siegel, D. (1974): Topics in English morphology. Diss. M.I.T. - New York: Garland Press, 1980.
Sievers, E. (1901): Grundzüge der Phonetik zur Einführung in das Studium der Lautlehre der indogermanischen Sprachen. Bibliothek der indogermanischen Grammatiken 1. Leipzig: Breitkopf und Härtel, 5.A.
Slobin, D. I. (1970): "Universals of grammatical development in children". Flores d'Arcais, G. B. / Levelt, W. J. M. (eds.) (1970): Advances in psycholinguistics. Research papers presented at the Bressanone conference on psycholinguistics, summer courses of the University of Padova, July 1969. Amsterdam etc.: North-Holland; New York: Elsevier: 174-86.
Stahlke, H. F. W. (1971): Topics in Ewe phonology. Diss. U.C.L.A. (unveröffentl.).
Stampe, D. (1973): A dissertation on natural phonology. Diss. Chicago. - Bloomington, Ind.: Indiana University Linguistics Club, 1979. - Auch: New York: Garland Press, 1979.
Stark, J. (1974): "Aphasiological evidence for the abstract analysis of the German velar nasal [ŋ]". Wiener Linguistische Gazette 7: 21-37.
St.Clair, R. (1973): "Affricates as compound phonological segments". Linguistische Berichte 26: 21-4.
Steger, H. (ed.) (1970): Vorschläge für eine strukturale Grammatik des Deutschen. Wege der Forschung 146. Darmstadt: Wissenschaftliche Buchgesellschaft.
Stepanowa, M. D. (1973): Methoden der synchronen Wortschatzanalyse. Saale: Niemeyer.
Stevens, K. N. (1977): "Physics of laryngeal behavior and larynx modes". Phonetica 34: 264-79.
- / Perkell, J. S. (1977): "Speech physiology and phonetic features". Sawashima, M. / Cooper, F. S. (eds.) (1977): Dynamic aspects of speech production. Current results, emerging problems, and new instrumentation. Tokyo: University of Tokyo Press: 323-45.
Strauss, S. L. (1979): Some principles of word structure in English and German. Diss. C.U.N.Y. (unveröffentl.).

Thráinsson, H. (1978): "On the phonology of Icelandic preaspiration". Nordic Journal of Linguistics 1: 3-54.
Thurber, R. M. (1959): "Syllabics and phonetic clusters in German". General Linguistics 4: 10-22.
Toorn, M. C. van den (1981): "De tussenklank in samenstellingen waarvan het eerste lid een afleiding is". De Nieuwe Taalgids 74: 172-205.
Trojanskaja, J. (1972): "Einige Besonderheiten in der Deklination der deutschen Adjektive im 16. und 17. Jahrhundert". Feudel (ed.): 43-78.
Trubetzkoy, N. S. (1931): "Die phonologischen Systeme". Travaux du Cercle Linguistique de Prague 4: 96-116.
- (1939): Grundzüge der Phonologie. Göttingen: Vandenhoeck und Ruprecht, 4.A. 1967.
Ulbrich, H. (1972): Instrumentalphonetisch-auditive R-Untersuchungen im Deutschen. Schriften zur Phonetik, Sprachwissenschaft und Kommunikationsforschung 13. Berlin: Akademie-Verlag.
Ungeheuer, G. (1969): "Das Phonemsystem der deutschen Hochlautung". Siebs: 27-42. - Wieder in: Ungeheuer (1977): 63-78.
- (1977): Materialien zur Phonetik des Deutschen. Forschungsberichte des Instituts für Kommunikationsforschung und Phonetik der Universität Bonn 61. Reihe 2: Phonetik und Phonologie. Hamburg: Buske.
Vater, H. (1963): Das System der Artikelformen im gegenwärtigen Deutsch. Linguistische Arbeiten 78. Tübingen: Niemeyer, 2.verb.A. 1979.
Veith, W. (1977): "Zur Variation der deutschen Verbflexion". Muttersprache 87: 149-58.
Vennemann, T. (1968): German phonology. Diss. U.C.L.A. (unveröffentl.).
- (1970): "The German velar nasal. A case for abstract phonology". Phonetica 22: 65-81.
- (1972): "On the theory of syllabic phonology". Linguistische Berichte 18: 1-18.
- (1974a): "Phonological concreteness in natural generative grammar". Shuy, R. W. / Bailey, C-J. (eds.) (1974): Towards tomorrow's linguistics. Washington: Washington University Press: 202-19.
- (1974b): "Words and syllables in natural generative grammar". Bruck, A./ Fox, R. A. / La Galy, M. W. (eds.) (1974): Papers from the parasession on natural phonology. Chicago: Chicago Linguistic Society: 346-74.
Voge, W. M. (1978): The pronunciation of German in the 18th century. Hamburger phonetische Beiträge. Untersuchungen zur Phonetik und Linguistik 26. Hamburg: Buske.
Vogel, I. B. (1977): The syllable in phonological theory. With special reference to Italian. Diss. Stanford (unveröffentl.).
Wang, W. (1968): "Vowel features, paired variables and the English vowel shift". Language 44: 695-708.
Werner, O. (1969): "Das deutsche Pluralsystem. Strukturelle Diachronie". Sprache, Gegenwart und Geschichte. Probleme der Synchronie und Diachronie. Jahrbuch 1968. Sprache der Gegenwart 5. Düsseldorf: Schwann: 92-128.
- (1972): Phonemik des Deutschen. Sammlung Metzler 108. Stuttgart: Metzler.
Wetzels, W. L. M. (1981): Analogie et lexique. Diss. K.U. Nijmegen (unveröffentl.).
Wilmanns, W. (1896): Deutsche Grammatik. Gotisch, Alt-, Mittel- und Neuhochdeutsch. II: Wortbildung. Strassburg: Trübner, 2.A. 1911.
Winter, W. (1964): "Form and meaning in morphological analysis". Linguistics 3: 5-18.
- (1978): "The distribution of short and long vowels in stems of the type Lith. ẽsti : vèsti : mèsti and OCS jasti : vesti : mesti in Baltic and Slavic languages". Fisiak (ed.): 431-46.

Wörterbuch der deutschen Aussprache. Herausgegeben von dem Kollektiv H. Krech, E-M. Krech, E. Kurka, H. Stelzig, E. Stock, U. Stötzer, R. Teske, K. Jung-Alsen. Leipzig: Bibliographisches Institut, 3.A. 1970.
Wurzel, W. U. (1970a): "Der Fremdwortakzent im Deutschen". Linguistics 56: 87-108.
- (1970b): Studien zur deutschen Lautstruktur. Studia Grammatica 8. Berlin: Akademie-Verlag.
Zacher, O. (1969): Deutsche Phonetik. Caxer, O. X.: Fonetika nemeckogo jazyka. Teoretičeskij kurs. Na nemeckom jazyke. Leningrad: Prosveščenie, 2.A.
- / Griščenko, N. (1972): "Hauchlaut - Achlaut - Ichlaut der hochdeutschen Gegenwartssprache in phonologischer Sicht". Folia Linguistica 5: 109-16.
Zonneveld, W. (1978): A formal theory of exceptions in generative phonology. Lisse: de Ridder; Dordrecht: Foris.
- (1982): "On the descriptive power of the Dutch theme vowel". Spektator 11.
Zwaardemaker, H. / Eijkman, L. P. H. (1928): Leerboek der phonetiek, inzonderheid met betrekking tot het Standaard-Nederlandsch. Haarlem: Bohn.
Zwicky, A. M. (1967): "Umlaut and noun plurals in German". Phonologische Studien. Studia Grammatica 6. Berlin: Akademie-Verlag: 35-45.

SUMMARY

This monograph deals with the phonology and morphology of German. Its contents are as follows.

Chapter 1: The sounds of High German are classified with internal arguments and then specified by means of binary distinctive features. In particular it is argued that the long ä sound should be distinguished by a diacritic feature rather than a phonological feature 'long'. It is shown that shwa is in complementary distribution with short, lax e and that German contains neither labial nor dental affricates in native words but that it does have a palato-alveolar affricate.

Chapter 2: The phonological distinctive features themselves are examined as for their intrinsic content. Following Kean (1975), it is assumed that for each phonological feature there exists a Markedness Convention which, in accordance with a Complement Convention, can be projected into a set of Markedness Rules. The Markedness Rules exhaustively characterize the markedness specifications of each of the set of distinctive features defined on single segments. Because of these formal constraints the markedness specifications cannot vary arbitrarily across different classes of segments, so there is a limitation on the class of possible features. Through the Markedness Rules it is possible to compute the complexity of the individual segments as well as the complexity of the German segmental system as a whole. By formulating the external arguments of markedness this way the Markedness Conventions can function as an evaluation measure for the decisions which have been taken in Chapter 1.

Chapter 3: The notion of Naturalness is discussed as a possible criterion for phonological rules. Alternative analyses for German, in particular those of Morpheme Final Fortition (less felicitously named Devoicing) and the representation of the velar nasal are examined upon their adequacy. Further it is argued that 'syllabic' is not an appropriate distinctive feature , but that in addition to the morphemic level also the phonetic syllable should be available as a domain for phonological description.

Chapter 4: Word formation and allomorphy are discussed with a view to the analysis of inflectional morphology. It is shown that not only the word but also the morpheme, consequently an inflectional ending, may constitute a Saussurian sign. This implies that a form which contains an inflectional ending is itself a composite sign. It follows that fully specified words must form the basis for inflection. By claiming that morphemes must have phonological content zero morphemes are being excluded from description, but zero allomorphs are allowed for. Different types of zero allomorphy, among which Chopping (German: 'Kappen'), the regular truncation of specific morphemes before specific other morphemes, are reviewed. It is also postulated that for all types of inflection the less marked inflectional category forms the basis for the more marked category. The analysis of the paradigms of noun, adjective, and verb shows which syncretisms exist among the inflectional endings, also across word categories. In particular it is shown that the final e in the first person singular indicative present is not a personal ending but a theme vowel.

Chapter 5: The various segmental rules of German are reviewed on the basis of the apparatus that has been worked out in the preceding chapters, viz. with the help of distinctive features as well as non-segmental features. But for a number of explicitly formulated negative Syllable Structure Constraints syllabification is free, but the rules which function on the level of the phonetic syllable appear to be subject to style of speech. On the morphological level neither word formation rules nor rules of allomorphy, which are specified over morpheme boundaries, alphabet features, and morphological categories, have to be ordered.